高·等·职·业·教·育·教·材

中国石油和化学工业优秀出版物奖·教材一等奖

仪器分析 YIQI FENXI

第二版

赵艳霞　王大红　朱俊　主编

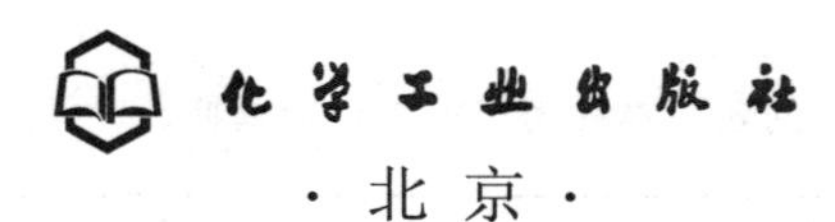

·北京·

内容简介

《仪器分析》在保留第一版教材注重基础、精选内容、强化技能等特点和风格的基础上，结合仪器分析学科的发展及教学需求和生产实际，同时根据其他院校在使用过程中提出的意见和建议，根据《中华人民共和国药典》(2020版）进行修订再版。本书系统地介绍了电位分析法、紫外可见分光光度法、原子吸收光谱法、气相色谱法、高效液相色谱法和其他分析方法，着重阐述了各种分析方法的原理、定性定量分析、仪器的构造及主要操作等内容。每章以典型工作案例为切入点，以思维导图为主线帮助学习。本书植入了二维码，扫码即可得相关数字化资源。内容包括理论知识点、操作技能等，以微课、视频等形式进行讲解和操作，形象生动、重难点突出，便于学生掌握和理解。

本书可作为高职高专药品质量检测技术、食品营养与检测、生物制药、食品药品监督管理、药品生产技术、工业分析与检验、农产品质量分析等专业的教材，也可供分析工作者参考使用。

图书在版编目（CIP）数据

仪器分析/赵艳霞，王大红，朱俊主编．—2版．—北京：化学工业出版社，2022.8（2024.1重印）
高等职业教育教材
ISBN 978-7-122-41434-2

Ⅰ.①仪… Ⅱ.①赵…②王…③朱… Ⅲ.①仪器分析-高等职业教育-教材 Ⅳ.①O657

中国版本图书馆CIP数据核字（2022）第082189号

责任编辑：旷英姿　王　芳　　装帧设计：王晓宇
责任校对：边　涛

出版发行：化学工业出版社（北京市东城区青年湖南街13号　邮政编码100011）
印　　装：三河市延风印装有限公司
787mm×1092mm　1/16　印张13½　字数286千字　2024年1月北京第2版第3次印刷

购书咨询：010-64518888　　售后服务：010-64518899
网　　址：http://www.cip.com.cn
凡购买本书，如有缺损质量问题，本社销售中心负责调换。

定　　价：39.00元

编写人员名单

主　　编　赵艳霞　王大红　朱　俊

副 主 编　侯鹏飞　谢克英

编写人员　（按姓名汉语拼音排序）

侯鹏飞　漯河职业技术学院
罗　超　长江职业学院
王大红　武汉职业技术学院
谢克英　河南农业职业学院
赵荣敏　石家庄职业技术学院
赵艳霞　武汉职业技术学院
朱　俊　中山火炬职业技术学院

前言

2019年国务院印发《国家职业教育改革实施方案》（简称职教20条）中提出“三教”改革的任务。教材改革是教育教学质量保证的载体。本教材以就业为导向、以岗位需求为原则，坚持“三贴近”的教材编写规律，使教材内容更贴近分析检测专业人才培养目标、更贴近分析检测职业岗位需求、更贴近学生现状和学习兴趣。主要供高职高专药学、药品质量检测技术、食品营养与检测、生物制药、食品药品监督管理、药品生产技术、工业分析与检验、农产品质量分析、医学检验技术等专业的师生使用。

为了充分体现高职教育的特色，在修订过程中，保留了原有的特色内容，如“案例导入”“思维导图”“课程目标”“习题思考”等内容，同时增加了“课程思政元素”板块，将课程思政中的安全教育、历史教育、爱国教育、创新教育、环保教育等融入教材；增加了仪器分析中的新知识、新技术、新方法、新标准等内容；第二版根据2020版《中华人民共和国药典》（简称《中国药典》）进行了相关内容的更新。全书共六章，主要内容有：电位分析法、紫外可见分光光度法、原子吸收光谱法、气相色谱法、高效液相色谱法和其他分析方法。

在本书的编排上做了一些尝试，力求打造立体化的，能适应学生自主学习的新型多媒体教材。主要有以下特点：

一是突出教学内容的实用性、针对性。通过到企业调研、邀请企业专家指导，职业院校老师根据职业标准和行业发展趋势，梳理课程对应岗位的主要职业能力要求，并从知识、技能和素养三方面罗列职业能力。采用案例引导式教学，实训项目来自于企业典型的工作案例，使教学内容更符合工作需求，使教材更具有实用性、针对性。

二是突出教学资源的丰富性。教材内容与仪器分析教学资源有机结合，将重要的理论知识点及仪器操作、仪器故障排除等技能点等做成二维码，在书中扫码可得。这些教学资源主要以微课、视频、电子课件等形式对相关理论知识点及技能点进行讲解和操作，形象生动、重难点突出，使教学内容更加丰富，扩宽了学习空间，增强了教材的直观性，便于学生掌握和理解。

三是突出对学生岗位能力和实践能力的培养统一性。教材后附有16个相关实验的实践指导，实验内容均来自学生就业工作岗位具体完成的工作任务，教师可根据各院校的实际情况进行选做。并按照企业检验具体要求，提供了检验记录单和检验报告单，实现了学习即工作，工作即学习。

本书由武汉职业技术学院赵艳霞、王大红、中山火炬职业技术学院朱俊担任主编。绪论、第六章由罗超编写，第一、第二章由赵艳霞编写，第三章由侯鹏飞编写，第四章由谢克英编写，第五章由赵荣敏编写，实训项目由王大红、朱俊编写。全书由赵艳霞、朱俊统稿。

由于编者水平和能力有限，书中难免有不妥和疏漏之处，恳请各位专家和读者予以批评指正。

编者

2022 年 5 月

第一版前言

目前，仪器分析技术在药品、食品、工业等各个领域发挥了重要的作用。随着社会经济的发展，人们对产品质量的关注度越来越高，对分析检测人才的数量、质量和结构提出了更高的要求。本教材充分与岗位能力需求接轨，在借鉴近年来仪器分析教学改革成果的基础上，结合现有仪器分析课程教学资源，对“仪器分析”的课程定位与课程目标进行了充分的调研和论证，对教学内容进行了改革，对教材编写形式进行了创新，着力为学生后续专业课程学习和从事分析检测工作奠定基础，培养学生的自主学习能力、实践能力、判断性思维能力和创新能力。

《仪器分析》在编写过程中，紧紧围绕“高技能型人才”这一培养目标，坚持“学生易学、教师易教”和“终身学习、能力本位、岗位需要、教学需要、社会需要”的教材编写理念；坚持三基（基本理论、基本知识、基本技能）、五性（思想性、科学性、先进性、启发性、适用性）的教材编写原则；坚持“三贴近”的教材编写方针，使教材内容更贴近分析检测专业人才的培养目标、更贴近分析检测职业的岗位需求、更贴近学生的现状和学习兴趣。

为充分体现高职教材的特色，我们在本书的编排上做了一些尝试，力求打造立体化的、能适应学生自主学习的新型教材。一是体现“实用、够用”原则。在企业调研的基础上，本书介绍了企业常用的仪器分析方法，包括紫外-可见分光光度法、气相色谱法、液相色谱法、高效液相色谱法、电位分析法等。同时加大了实验技术方面的介绍，如样品的预处理、软件处理数据的方法等。二是体现“内容配套”原则。该教材内容将仪器分析素材有机结合，设置了“二维码扫描微课视频”，将教学图片、课件、动画有机结合，使教学内容更加丰富，扩宽了学习空间。三是体现“职业性和实践性”原则。全书采用案例引导式教学，实训项目来自于企业典型的工作案例，使教学内容更符合工作需求，使教材更具有实用性、针对性。四是体现“教师主导、学生主体”原则。全书分“案例导入”、“思维导图”、“课程导入”、“阅读材料”、“思考与练习”等部分，使教、学、做一体化，以提高教学质量和教学效果。

本书由武汉职业技术学院赵艳霞、王大红担任主编。绪论、第六章由罗超编写，第一、第二章由赵艳霞编写，第三章由侯鹏飞编写，第四章由谢克英编写，第五章由赵荣敏编写，实训项目由王大红编写。在编写过程中，还参考了有关专家和编者的文献资料和教材，在此一并表示最衷心的感谢！

尽管编者具有多年的教学经历，经验也较为丰富，但鉴于编者对高等职业教育的理解及学术水平有限，尤其是和教学资源库的接轨尚需进一步完善，不足之处恳请各位专家和读者予以批评指正。

编者
2017 年 4 月

绪论

第一章 电位分析法

第二章 紫外-可见分光光度法

第三章 原子吸收光谱法

第四章 气相色谱法

第五章　高效液相色谱法

第六章　其他分析方法

实训项目　检验报告（样本）

绪论

仪器分析是借助精密的分析仪器，它是依据物质的物理性质或物理化学性质来确定物质的化学组成、含量及结构的分析方法。近年来，随着电子技术、计算机技术、激光技术等的发展，分析技术发生了深刻变化，许多新方法、新技术、新仪器不断涌现，经典的化学分析也正在不断仪器化。目前，仪器分析在石油、化工、冶金、医药、食品、地质、环保、国防等领域的应用突飞猛进。因此，掌握各种仪器分析的原理与操作、理解仪器分析的方法已成为分析工作者必须具备的职业技能。

课程思政点 **美学教育**

科学与艺术

仪器的设计与制造，其实是科学与艺术的结合。科学与艺术相互促进、相互影响。拥有艺术修养，可以陶冶情操，培养人文情怀。钱学森先生是我国航天科技事业的重要开创者和“两弹一星”元勋，同时他也具有深厚的人文艺术造诣，在音乐、绘画、摄影等方面均有较高的水平。在上海交通大学读书时，还是学校铜管乐团的一名出色的圆号手，并编著出版了《科学的艺术与艺术的科学》。

一、仪器分析方法的分类

仪器分析是一门多学科相互渗透的综合性应用科学，分类方法很多。根据测定的方法原理不同，主要分为光学分析法、电化学分析法、色谱分析法等。仪器分析方法的分类见表 0-1。

表 0-1 仪器分析方法分类

方法分类	被测物理参数	相应分析方法(部分)	检测目的
光学分析法	辐射的发射	原子发射光谱法	元素的定性、定量分析
		火焰发射光谱法	碱金属、碱土金属元素含量测定
		原子荧光光谱法	元素定量分析
	辐射的吸收	紫外-可见分光光度法	定量分析，紫外可定性分析
		红外吸收光谱法	结构鉴定、定量分析
		原子吸收光谱法	金属、半金属元素含量测定
		核磁共振波谱法	物质结构鉴定

续表

方法分类	被测物理参数	相应分析方法(部分)	检测目的
电化学分析法	电极电位	直接电位法、电位滴定法	定量分析
	电导	直接电导法、电导滴定法	定量分析
	电量	库仑分析法	定量分析
	电流-电压	极谱分析法	定量分析
色谱分析法	两相间的分配	气相色谱法、液相色谱法	混合物的分离与定量分析
	相对迁移率	电泳分析法	混合物的分离与定量分析
	质荷比	质谱法	分子量测定、结构鉴定,色质联用物质的鉴定和定量分析

1. 光学分析法

光学分析法是基于物质与光作用时，物质内部发生能级间的跃迁而产生特征光谱，通过测定其吸收或发射光谱的波长与强度，进行定性分析、定量分析、结构分析和各种数据测定的一种分析方法。光学分析法包括吸收光谱法和发射光谱法两类。

2. 电化学分析法

电化学分析法是基于物质电化学性质与浓度的关系来测定被测物质含量的一类分析方法。包括电位分析法、电导分析法、库仑分析法、电泳分析法等。

3. 色谱分析法

色谱分析法是基于样品中各组分物质在两相中分配系数不同而将混合物分离，然后用各种检测器测定各组分含量的分析方法。包括气相色谱法（GC）、液相色谱法（LC）等。

以上三类是目前应用最广的分析方法。由于仪器分析发展迅速，也涌现出很多其他仪器分析方法，如差热分析法、放射分析法、核磁共振波谱法、X 射线荧光分析法等。本教材着重介绍紫外-可见分光光度法、原子吸收光谱法、电位分析法、气相色谱法和液相色谱法等常用的仪器分析方法。

二、仪器分析的特点

仪器分析作为分析化学中的一类分析方法，具有以下特点。

（1）灵敏度高　与化学分析相比，仪器分析灵敏度高，相对检出限量一般在 10^{-6} 或 10^{-9} 数量级，甚至可达 10^{-12}，如气相色谱法的检出限可达 10^{-12}～10^{-8}，原子吸收光谱法的检出限可达 10^{-9}。因而仪器分析方法适用于微量及痕量成分的分析。

（2）分析速度快，自动化程度比较高　在分析过程中，绝大多数分析仪器都是将被测组分的浓度变化或物理性质变化转变成某种电性能（如电阻、电导、电位、电容、电流等），从而易与计算机连接，实现自动化和智能化。因此仪器分析具有分析速度快，操作简便的特点。如光电直读光谱仪可在 1～2min 内测出钢样中 20～30 种元素的含量。

（3）试样用量少，适合于微量和超微量分析　如在气相色谱分析中样品的进样量只要几微升。

（4）选择性高　由于仪器本身具有较高的分辨能力，容易方便地选择最佳条件进行测试，还可以利用其他辅助技术如掩蔽和分离方法等，大大提高其选择性。

除了上述特点外，仪器分析方法也具有一定的局限性。其一，仪器分析设备昂贵，难保养，工作条件要求较高。其二，相对误差较大（通常为5%），不适合于常量和高含量组分的分析，但绝对误差很小，可满足微量组分的分析。

化学分析是利用化学反应及其计量关系来进行分析，对于常量组分的测定，具有经典、成熟、准确等特点。在仪器分析中，有时会利用化学分析法的相关知识。如在仪器分析中，一般都要用标准物质进行定量工作曲线校准，而很多标准物质却需要用化学分析进行准确含量的测定。因此，正如著名分析化学家梁树权先生所说："化学分析和仪器分析同是分析化学的两大支柱，两者唇齿相依，相辅相成，彼此相得益彰"。总的来说，化学分析是基础，仪器分析是发展方向。

三、仪器分析的发展趋势

从19世纪40年代开始，仪器分析方法得到了迅速的发展，并逐步成为分析化学的主要组成部分。另外，一些科学技术的发展，为许多新的仪器分析方法的建立和发展奠定了良好的基础，并提供了技术支持。目前，仪器分析在石油工业、化学工业、环境保护、冶金工业、药物分析、食品分析等各个领域中的应用日趋广泛。如利用红外光谱、紫外光谱、核磁共振及质谱分析等方法对药物的结构进行分析；利用原子吸收光谱仪测定食品中微量金属元素；利用气相色谱仪、薄层色谱扫描仪测定农产品中的农药残毒及其他有机化合物等。

由于科学技术的发展，对分析技术又提出很多新的研究课题。从常量分析到痕量分析，从总体到微区分析，从整体到表面分析，从定性、定量到微观结构分析，从静态到追踪分析，要求快速、灵敏、准确、高效、自动化地检测物质的含量、状态、价态及结构。科学技术的发展鞭策着仪器分析不断向前发展，目前仪器分析的发展趋势具有如下5个特点。

1. 新的仪器和新的分析方法不断涌现

现代最新的科学技术，如激光、等离子体、计算机等先进的电子技术都引入仪器分析中，使得这门科学得到飞速发展，新的分析仪器、新的分析方法将会不断涌现。

2. 自动化程度越来越高

目前世界各地展出的分析仪器，一个共同特点就是微机化和自动化，这不但使分析操作和数据处理的整个过程都自动化，而且还可以对科学实验条件或工业生产进行自动调节和控制。

3. 多种分析方法联合使用

仪器分析多种方法的联合使用可以使每种分析方法的优点得以发展，每种方法的缺点得以补救。目前联用分析技术已成为当前仪器分析的重要方向。

4. 分析的灵敏度越来越高，分析速度越来越快

随着科学技术与经济的发展，进一步提高了仪器分析法的灵敏度和选择性，如

活化分析和质谱分析的绝对灵敏度为 10^{-14} g。同时要求仪器分析方法分析速度越来越快。据报道，在临床分析中，一次取血样 4mL，可在 0.5h 内报出 31 种临床分析项目的结果。

5. 学科的相互交叉和渗透

生物、物理、数学等各学科的相互渗透、相互融合，使仪器分析逐渐成为一门以一切可能的方法和技术，一切可以利用的物质属性，对一切可以测定的化学组分及其形态、状态、结构、分布进行测量及表征的综合学科。

安全教育

课程思政点

实验室安全警示录

2021年10月24日下午，位于江苏省南京市的某高校一实验楼发生爆燃，事故造成2人死亡，9人受伤。作为一名未来分析检测人员，一定要树立正确的安全操作意识，严格做到：实验前认真学习实验室的各项规章制度和规定；实验中严格遵守仪器设备的操作规程，不得随意离开岗位，根据实验情况采取必要的安全措施；实验后，仔细检查水、电、气等，并将仪器设备放归原处。清洁环境后，方可离开实验室。

思考与练习 0.1

一、单选题

1. 仪器分析主要利用物质的（　　）性质。

A. 物理性质　　B. 化学性质

C. 物理性质或物理化学性质　　D. 物理性质或化学性质

2. 下列不属于仪器分析特点的是（　　）。

A. 分析速度快　　B. 灵敏度高　　C. 准确度高　　D. 精密度高

二、简答题

绪论

1. 简述仪器分析的定义及分类。

2. 仪器分析的发展趋势是什么？

第一章
电位分析法

案例导入

青霉素作为首个 β-内酰胺类的抗生素，在酸性或碱性条件下，其 β-内酰胺环容易发生裂环从而使药效下降或消失，因此《中华人民共和国药典》(简称《中国药典》)二部中，关于青霉素质量标准，需检查其原料及制剂的酸碱度，其主要测定方法为电位分析法。

思考：1. 什么是电位分析法?

2. 电位分析法为什么可以测定 pH? 使用的仪器是什么?

思维导图

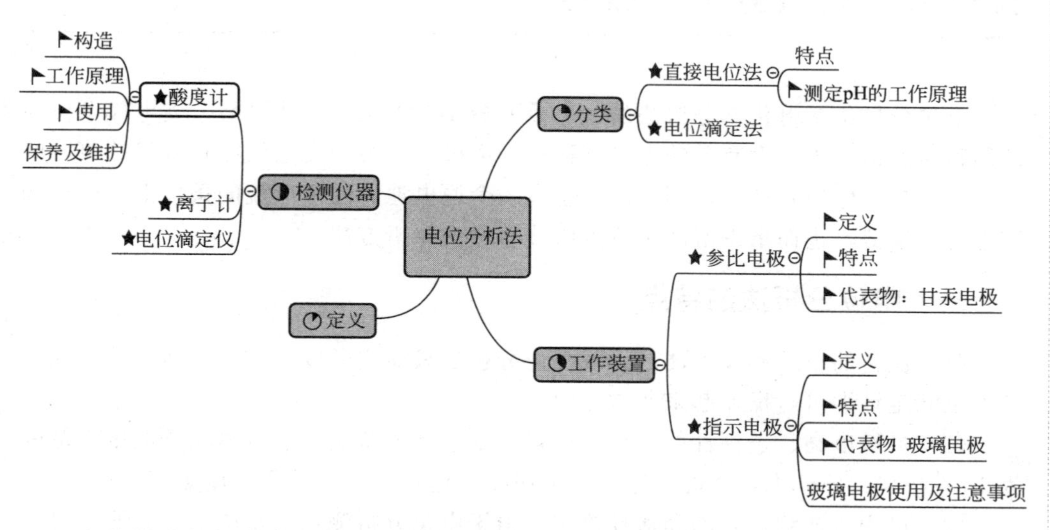

电化学分析法是依据物质的电化学性质(如电流、电位、电导、电量等)，来测定物质组成及含量的分析方法，最早是由德国化学家 C·温克勒尔在 19 世纪首先引入分析化学领域的。根据测定的参数不同，电化学分析法主要分为电位分析法、库仑分析法、电导分析法、电解分析法等。

通过本章学习，达到以下学习目标：

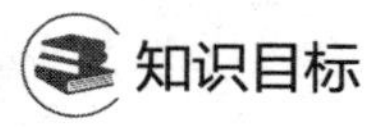

知识目标 掌握电位分析法的基本原理；掌握 pH 玻璃电极测量溶液 pH 的原理和实验方法；熟悉酸度计、电位滴定仪的基本结构和操作；了解电位滴定法的基本原理。

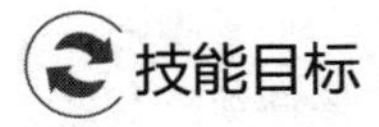

技能目标　能熟练操作酸度计、电位滴定仪；正确掌握 pH 玻璃电极的使用方法；了解酸度计的维护与保养。

素养目标　培养学生严谨的工作作风和安全意识；精益求精的学习态度；养成科学规范操作仪器的职业素养。

课程思政点　　**家国情怀教育**

电化学领域的父子双院士

中国科学院院士、物理化学家田中群的父亲田昭武是我国著名的物理化学家，也是中国科学院院士，中国电化学学科带头人之一。田中群从小受父亲田昭武忘我投入工作精神以及理论和实践相结合作风的影响，致力于电化学领域的研究。田昭武的研究比较偏传统电化学，而田中群比较偏其他学科的光谱电化学方面的研究，父子俩都在电化学领域作出了突出成就，并且双双都成为了院士。

第一节　电位分析法概述

电位分析法是电化学分析法的一个重要分支。电位分析法是将一支电极电位与被测物质的活（浓）度有关的电极（称指示电极）和另一支电位已知且保持恒定的电极（称参比电极）插入被测溶液中组成一个原电池，在零电流的条件下，通过测定电池电动势，进而求得溶液中待测组分含量的分析方法。

一、电位分析法的特点

（1）设备简单，操作方便　一般电位分析法只需用酸度计（离子活度计）或自动电位滴定计即可，操作起来非常方便。

（2）灵敏度高、选择性好、重现性好　如直接电位法一般可测离子的浓度范围为 $10^{-1}\sim10^{-5}$mol/L，个别可达 10^{-8}mol/L。电位滴定法的灵敏度更高。

（3）可用于连续、自动和遥控测定　由于电位分析测量的是电信号，所以可方便地将其传播、放大，也可作为反馈信号来遥控测定和控制。

（4）应用范围广　可用于许多阴离子、阳离子、有机物离子的测定，尤其是一些其他方法较难测定的碱金属、碱土金属离子、一价阴离子及气体的测定。此外，可以制作成传感器，用于工业生产流程或环境监测的自动检测；也可以制成微电极，用于血液、活体、细胞等对象的分析。

二、电位分析法的分类

电位分析法包括直接电位法和电位滴定法。直接电位法是 20 世纪 70 年代初才发展起来的一种应用广泛的快速分析方法，常用于溶液 pH 和一些离子浓度的测定。直接电位法采用专用的指示电极，通过直接测定原电池的电动势来计算待测离子的活度（浓度），也称为离子选择电极法，如图 1-1 所示。根据直接电位法的原理制得的仪器称为 pH 酸度计、离子计。直接电位法广泛应用于环境检测、生化分析、医学临床检验等，如表 1-1 所示。

表 1-1 直接电位法部分应用举例

被测物质	离子选择电极	适用 pH 范围	应用举例
F^-	氟	5～8	水、牙膏、生物体液、矿物
Cl^-	氯	2～11	水、碱液、催化剂
CN^-	氰	11～13	废水、废渣
NO_3^-	硝酸根	3～10	天然水
H^+	pH 玻璃电极	1～14	溶液酸度
Na^+	pNa 玻璃电极	9～10	锅炉水、天然水、玻璃
NH_3	气敏氮电极	11～13	废气、土壤、废水
脲	气敏氮电极		生物化学
氨基酸	气敏氮电极		生物化学
K^+	钾微电极	3～10	血清
Na^+	钠微电极	4～9	血清
Ca^{2+}	钙微电极	4～10	血清

电位滴定法是以滴定过程中指示电极电位（或原电池的电动势）的变化为依据进行分析的，如图 1-2 所示。与化学分析法中滴定分析不同的是，电位滴定法的滴定终点是由测量电位突跃来确定，而不是由指示剂颜色变化来确定。根据电位滴定法的原理制得的仪器称为电位滴定仪。

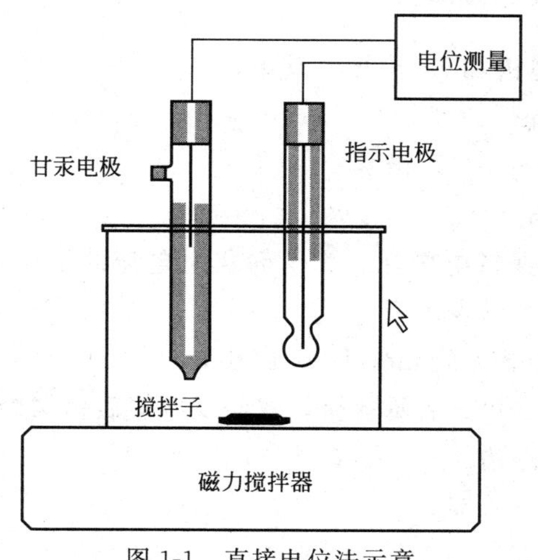

图 1-1 直接电位法示意

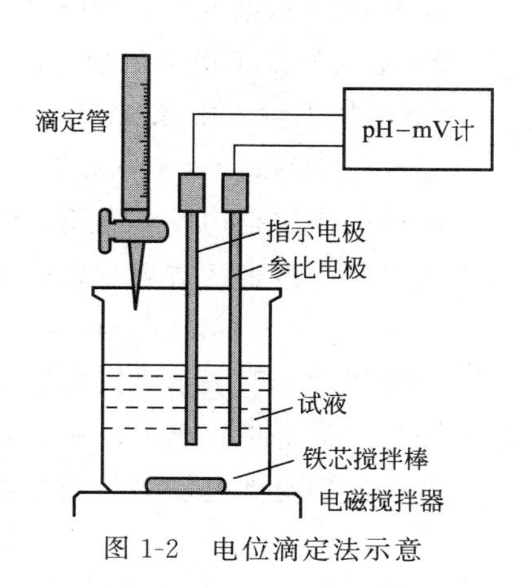

图 1-2 电位滴定法示意

电位滴定法广泛用于酸碱、氧化还原、沉淀、配位等各类滴定反应终点的确定，特别适用于滴定突跃小、溶液有色或浑浊的滴定，如表 1-2 所示。

表 1-2 电位滴定法部分应用举例

滴定方法	参比电极	指示电极	应用举例
酸碱滴定	饱和甘汞电极	玻璃电极 锑电极	在 HAc 介质中，用 $HClO_4$ 溶液滴定吡啶；在乙醇介质中用 HCl 滴定三乙醇胺
沉淀滴定	饱和甘汞电极 玻璃电极	银电极 汞电极	用 $AgNO_3$ 滴定 Cl^-、Br^-、I^-、CNS^-、S^{2-}、CN^- 等；用 $HgNO_3$ 滴定 Cl^-、I^-、CNS^-、$C_2O_4^{2-}$ 等
氧化还原滴定	饱和甘汞电极 钨电极	铂电极	$KMnO_4$ 滴定 I^-、NO_2^-、Fe^{2+}、Sn^{2+}、$C_2O_4^{2-}$ 等；K_2CrO_7 滴定 I^-、Fe^{2+}、Sn^{2+}、Sb^{3+}；$K_3[Fe(CN)_6]$ 滴定 Co^{2+}
配位滴定	饱和甘汞电极	汞电极 铂电极	用 EDTA 滴定 Cu^{2+}、Zn^{2+}、Ca^{2+}、Mg^{2+}、Al^{3+} 等多种金属离子

三、电位分析法预备知识——原电池

原电池是自发地将化学能转化为电能的装置。原电池反应的本质是氧化还原反应。原电池是由两支活性不同的电极、容器和适当的电解质溶液组成一个闭合回路。Cu-Zn 原电池如图 1-3 所示。

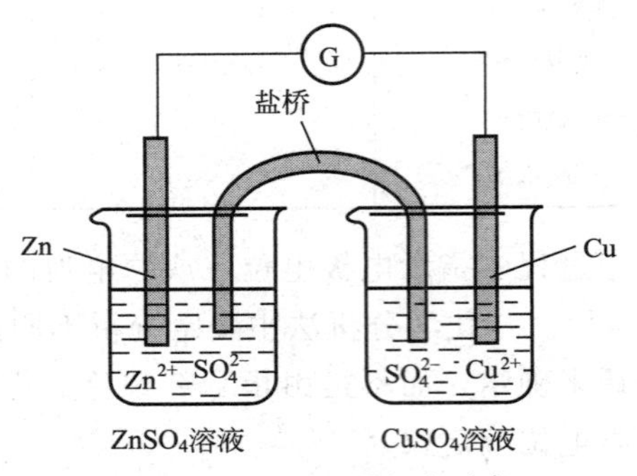

图 1-3 Cu-Zn 原电池示意

在 Cu-Zn 原电池中，有两个电极，Cu 电极和 Zn 电极。其中，

Zn 电极发生了电极反应：$Zn-2e \longrightarrow Zn^{2+}$（负极）

Cu 电极发生了电极反应：$Cu^{2+}+2e \longrightarrow Cu$（正极）

总反应方程式：$Zn+Cu^{2+} \longrightarrow Zn^{2+}+Cu$

盐桥的作用是构成电通路，使溶液一直保持电中性。为了简化对电池的描述，通常可以用电池表达式表示。如上述原电池可以表示为

$$(-)Zn|ZnSO_4(X mol/L)||CuSO_4(Y mol/L)|Cu(+)$$

单竖线“|”表示不同相界面；双竖线“||”表示盐桥。双竖线两边表示两个半电池。习惯上把正极写在右边，负极写在左边。

原电池的电池电动势为两个电极的电位差。即

$$E=\varphi(+)-\varphi(-) \tag{1-1}$$

式中，E 为原电池的电池电动势；$\varphi(+)$ 为电位较高的正极的电极电位；$\varphi(-)$ 为电位较低的负极的电极电位。

电位分析法的实质就是通过将两支电极插入被测溶液中组成原电池，通过测两

电极之间的电位差（电池电动势），从而得到待测组分含量的一种分析方法。

课程思政点 **爱国教育**

储能技术的发展

原电池原理的发现是储能和供能技术的巨大进步，是化学对人类的一项重大贡献。效率高、多样化、个性化、智能化的储能设备也在不断被开发应用。中国科技大学季恒星教授课题组制备出一种黑磷复合材料助力超级快充技术，充电9分钟即可恢复约80%的电量，有可能真正实现“充电1分钟，通话 2 小时”。虽然我国科研工作起步较晚，但是中国科研人员仍然坚定科技强国信念，不断努力，目前全球高端储能设备已经打上了中国烙印。

思考与练习 1.1

一、单选题

1. 通过电位的突跃变化来确定滴定终点的分析方法是（　　）。

A. 直接电位法　　B. 电位滴定法

C. 配位滴定法　　D. 氧化还原滴定法

2. 下列方法中不属于电化学分析方法的是（　　）。

A. 电位分析法　　B. 伏安法　　C. 库仑分析法　　D. 电子能谱

3. 下列参量中，不属于电分析化学方法所测量的是（　　）。

A. 电动势　　B. 电流　　C. 电离　　D. 电量

4. 区分原电池正极和负极的根据是（　　）。

A. 电极电位　　B. 电极材料　　C. 电极反应　　D. 离子浓度

5. 下列关于原电池的叙述中，正确的是（　　）。

A. 原电池将化学能转化为电能

B. 原电池负极发生的反应是还原反应

C. 原电池在工作时其正极不断产生电子并经过外电路流向负极

D. 原电池的电极只能由两种不同的金属构成

6. 下列关于原电池的叙述中，错误的是（　　）。

A. 原电池是将化学能转化为电能的装置

B. 用导线连接的两种不同金属同时插入液体中，能形成原电池

C. 在原电池中，电子流出的一极是负极，发生氧化反应

D. 在原电池中，电子流入的一极是正极，发生还原反应

二、简答题

1. 简述直接电位法和电位滴定法的特点。

2. 电位分析法的工作原理是什么？

第二节 电位分析法的基本原理

一、电位分析法的理论依据

将一金属片浸入该金属离子的水溶液中，在金属和溶液界面间将产生扩散双电层，两相之间产生电极电位，其电极半反应为

$$M^{n+}+ne \longrightarrow M$$

电极的电位值与溶液中对应离子活度之间的关系可用能斯特方程式表示：

$$\varphi_{M^{n+}/M}=\varphi^{\ominus}_{M^{n+}/M}+\frac{2.303RT}{nF}\lg\frac{a_{M^{n+}}}{a_M} \quad (1\text{-}2)$$

式中，$\varphi_{M^{n+}/M}$ 为电极电位，V；$\varphi^{\ominus}_{M^{n+}/M}$ 为标准电极电位，V，一般通过查找文献可以得到；T 为热力学温度，K；n 为电极反应中转移的电子数；R 为理想气体常数，8.3144J/(K·mol)；F 为法拉第常数，96487C/mol；$a_{M^{n+}}$ 为金属离子（氧化态）的活度，mol/L；a_M 为金属（还原态）的活度，mol/L。

将以上这些常数代入式(1-2) 中，在 $t=25℃$ （$T=298K$）时，能斯特方程可以简化为：

$$\varphi_{M^{n+}/M}=\varphi^{\ominus}_{M^{n+}/M}+\frac{0.05916}{n}\lg\frac{a_{M^{n+}}}{a_M} \quad (1\text{-}3)$$

由式(1-3) 可知，测定了电极电位值，就可确定离子的活度或浓度。在电极反应中，若有固态物质或纯液体时，则它们的浓度可作为常数 1。

在实际工作中，由于测定的是溶液的浓度，而能斯特方程式中用的是活度，活度与浓度之间的关系为：

$$a=\gamma c \quad (1\text{-}4)$$

式中，a 为活度；γ 为活度系数；c 为浓度。活度系数通常小于 1，所以活度通常小于浓度。当溶液无限稀释时，离子间的相互作用趋于 0，活度系数接近于 1，活度也就接近于浓度。在实际应用中，目前技术上还无法配制标准活度溶液，只有设法使待测组分的标准溶液与被测溶液的离子强度相等，活度系数不变，这时才可以用浓度来代替活度。因此，式(1-3) 又可表示为：

$$\varphi_{M^{n+}/M}=\varphi^{\ominus}_{M^{n+}/M}+\frac{0.05916}{n}\lg\frac{c_{M^{n+}}}{c_M}$$

【例 1-1】 根据能斯特方程，计算在 25℃条件下，Zn 电极的电极电位值。已知 $c_{Zn^{2+}}=0.1mol/L$、Zn 电极的电极反应为：$Zn^{2+}+2e^- \longrightarrow Zn$，且 $\varphi^{\ominus}Zn^{2+}/Zn=-0.7626V$。

解 由能斯特方程可知：

$$\varphi_{Zn^{2+}/Zn}=\varphi^{\ominus}_{Zn^{2+}/Zn}+\frac{0.05916}{2}\lg c_{Zn^{2+}}=-0.7626+\frac{0.05916}{2}\lg 0.1=0.7922(V)$$

二、参比电极与指示电极

1. 参比电极

在工作电池中，电位值恒定不变的电极称为参比电极。参比电极是决定指示电极电位的重要因素。最精确的参比电极是标准氢电极，但由于其制作比较麻烦，实际应用不多。常见的参比电极是甘汞电极和银-氯化银电极。

(1) 甘汞电极　甘汞电极是由汞（Hg）和甘汞（Hg_2Cl_2）的糊状物装入一定浓度的（KCl）溶液中构成，如图 1-4 所示。

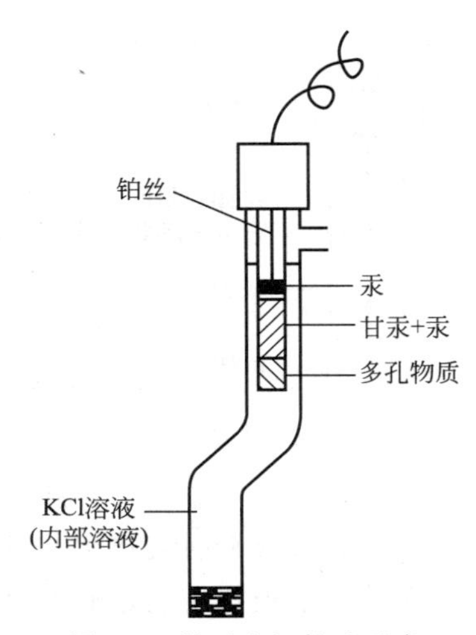

图 1-4　甘汞电极构造示意

甘汞电极（参比电极）的特点是电位值固定不变。其电极反应式如下：

$$Hg_2Cl_2 + 2e \longrightarrow 2Hg + 2Cl^-$$

在 $t=25$℃时，电位表达式为：

$$\varphi_{Hg_2Cl_2/Hg} = \varphi^{\ominus}_{Hg_2Cl_2/Hg} - 0.05916\lg c_{Cl^-} \quad (1\text{-}5)$$

式中，$\varphi^{\ominus}_{Hg_2Cl_2/Hg}$ 为标准甘汞电极电位值。

由式(1-5) 可知，当 t 一定时，甘汞电极的电位值主要取决于 KCl 溶液中的 Cl^- 浓度。当 Cl^- 浓度一定时，电极的电位就是一个恒定值。甘汞电极中氯化钾溶液常用的浓度有三种，每种浓度对应的甘汞电极的电极电位如表 1-3 所示。

表 1-3　甘汞电极的电极电位（25℃）

电极类型	0.1mol/L 甘汞电极	标准甘汞电极	饱和甘汞电极
KCl 浓度/(mol/L)	0.1	1	饱和溶液
电极电位/V	+0.3365	+0.2828	+0.2438

(2) 银-氯化银电极　银-氯化银电极也是一种广泛应用的参比电极，它是将银丝表面镀上一层氯化银，浸入到一定浓度的氯化钾溶液中。其电极反应为：

$$Ag + Cl^- \longrightarrow AgCl + e$$

在 $t=25$℃时，

$$\varphi_{AgCl/Ag} = \varphi^{\ominus}_{AgCl/Ag} - 0.05916\lg c_{Cl^-} \quad (1\text{-}6)$$

由式(1-6) 可知，当 t 一定时，银-氯化银电极的电位值取决于 KCl 溶液中的 Cl^- 浓度。银-氯化银电极中氯化钾溶液常用的浓度有三种，每种浓度对应的银-氯化银电极的电极电位如表 1-4 所示。

表 1-4　银-氯化银电极的电极电位（25℃）

电极类型	0.1mol/L 银-氯化银电极	标准银-氯化银电极	饱和银-氯化银电极
KCl 浓度/(mol/L)	0.1	1	饱和溶液
电极电位/V	+0.2880	+0.2223	+0.2000

2. 指示电极

指示电极的特点是其电位值随待测离子浓度的变化而发生改变。为避免共存离子的干扰，要求指示电极对其响应离子应具有较高的选择性。另外，指示电极还应具有灵敏度高、测量浓度范围宽、响应速度快等特点。按结构和原理的不同，指示电极可分为金属-金属离子电极、金属-金属难溶盐电极、惰性金属电极和离子选择性电极等。在指示电极中，最常见的是离子选择性电极中的 pH 玻璃电极。

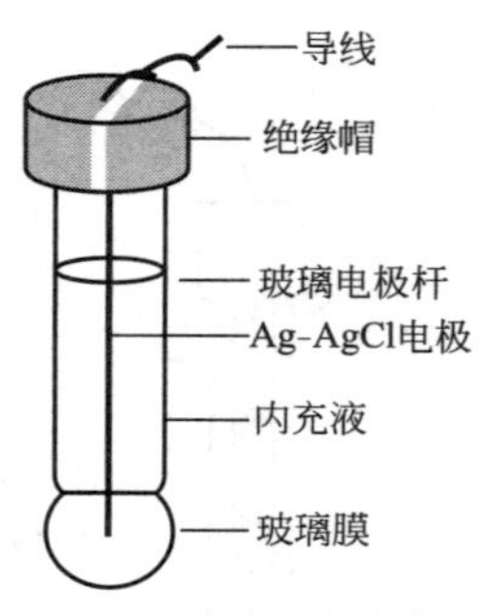

图 1-5 pH 玻璃电极的构造

pH 玻璃电极的构造如图 1-5 所示。它的主要部分是一个玻璃泡，泡的下半部为特殊材料组成的玻璃薄膜，玻璃薄膜是由 SiO_2、Na_2O 和 CaO 熔融制成（摩尔分数约为 Na_2O 22%、CaO 6%、SiO_2 72%）。膜厚为 30～100μm。在玻璃泡中装有 0.1mol/L HCl 溶液作为内参比溶液（或称为内充液），内充液中插入一根银-氯化银电极作为内参比电极。内参比电极的电位是恒定的，与被测溶液的 pH 无关。

玻璃电极作为指示电极，其作用主要在玻璃膜上。pH 玻璃电极的玻璃膜之所以能测定试液的 pH，是由于玻璃膜与试液接触时会产生与试液 pH 有关的膜电位 $E_{膜}$。

在玻璃电极使用前，必须在水溶液中浸泡，此时玻璃膜上的 Na_2SiO_3 晶体骨架中的 Na^+ 与水中的 H^+ 发生交换反应：

$$G^-Na^+ + H^+ \rightleftharpoons G^-H^+ + Na^+$$

因为平衡常数很大，因此，玻璃膜内、外表层中的 Na^+ 的位置几乎全部被 H^+ 所占据，从而形成所谓的“水合硅胶层”。此时生成三层结构，即中间的干玻璃层和内水合硅胶层、外水合硅胶层，具体结构如图 1-6 所示。

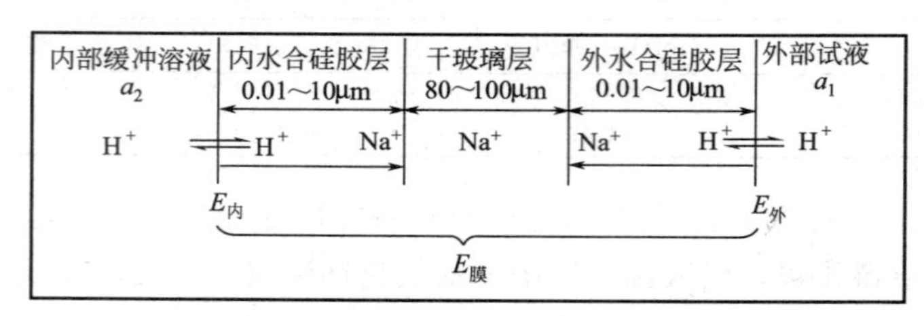

图 1-6 玻璃电极膜电位形成示意

当玻璃电极外水合硅胶层与试液接触时，由于外水合硅胶层表面氢离子与溶液中的氢离子的浓度不同，因此氢离子从高浓度向低浓度进行了迁移，这就改变了外水合硅胶层和溶液两相界面的电荷分布，于是产生了外相界电位 $E_{外}$。同样，玻璃电极内水合硅胶层与内参比溶液也产生了内相界电位 $E_{内}$。由此可见，玻璃电极两侧的相界电位的产生不是由于电子的得失，而是由于氢离子在溶液和玻璃水化层界面之间转移的结果。当温度 $t=25℃$ 时，

$$E_{内}=k_1+0.05916\lg(a_2/a_2') \quad (1\text{-}7)$$

$$E_{外}=k_2+0.05916\lg(a_1/a_1') \quad (1\text{-}8)$$

式中，a_1、a_2 分别表示外部试液和电极内参比溶液的 H^+ 活度，mol/L；a_1'、a_2'分别表示玻璃膜外、内水合硅胶层表面的 H^+ 活度，mol/L；k_1、k_2 则是由玻

璃膜外、内表面性质决定的常数。

理论上，玻璃膜内、外表面的性质基本相同，则 $k_1=k_2$，$a_1'=a_2'$

$$E_{膜}=E_{外}-E_{内}=0.05916\lg(a_1/a_2) \tag{1-9}$$

由于内参比溶液中的 H^+ 活度（a_2）是固定的，则：

$$E_{膜}=K_{膜}+0.059\lg a_1=K-0.059\text{pH}_{试液} \tag{1-10}$$

理论上，当玻璃膜内外溶液 H^+ 浓度相等时，即 $a_1=a_2$。从式(1-9）可知，$E_{膜}=0$，但实际上 $E_{膜}$不为 0，这说明玻璃膜内外表面性质是有差异的，如表面的几何形状不同、结构上的微小差异、水化作用的不同等。由此引起的电位差称为不对称电位。实验中，若要消除不对称电位对 pH 测定的影响，可通过充分浸泡电极和用标准 pH 缓冲溶液校正的方法加以消除。

在式(1-10）中，$K_{膜}$由玻璃膜电极本身的性质决定，对于某一确定的玻璃电极，其 $K_{膜}$是一个常数。在一定温度下，玻璃电极的膜电位与外部试液的 pH 呈线性关系。

pH 玻璃电极结构中具有内参比电极，通常是银-氯化银电极，其电位是恒定的，与待测 pH 无关。因此 pH 玻璃电极的电位值应是内参比电极和膜电位之和。

$$E_{玻璃}=\varphi_{AgCl/Ag}+E_{膜}=\varphi_{AgCl/Ag}+K_{膜}-0.05916\text{pH}_{试}=K_{玻}-0.05916\text{pH}_{外} \tag{1-11}$$

式中，$K_{玻}=\varphi_{AgCl/Ag}+K_{膜}$。

玻璃电极的优点是对 H^+ 有高度的选择性，使用范围广，不受氧化剂、还原剂影响，适用于有色、浑浊或胶态溶液的 pH 测定。但由于膜太薄，不能用于含 F^- 的溶液，并且电极电阻高，因此玻璃电极的测量范围一般为 1～10。当待测试液 pH<1 时，使测量结果偏高，称为“酸差”。当待测试液 pH>10 时，测定结果偏低，称为“碱差”或“钠差”。

使用玻璃电极时，要注意如下事项：

① 使用前要仔细检查所选电极的球泡是否有裂纹，内参比电极是否浸入内参比溶液中，内参比溶液内是否有气泡。有裂纹或内参比电极未浸入内参比溶液的电极不能使用。若内参比溶液内有气泡，应稍晃动以除去气泡。

② 玻璃电极在长期使用或储存中会老化，老化的电极不能再使用。

③ 玻璃电极中玻璃膜很薄，容易受碰撞或受压而破裂，使用时要特别注意。

④ 清洗玻璃电极时，要先用无二氧化碳的蒸馏水清洗，再用滤纸吸干水分。玻璃球泡不能用浓硫酸溶液、洗液或浓乙醇洗涤，也不能用于含氟较高的溶液中，否则电极会失去功能。

新技术——微电极

微电极电化学是在 20 世纪 70 年代发展起来的一门新兴的电化学学科。它作为电化学和电分析化学的前沿领域，具有很多新的特性，为人们对物质的微观结构进行探索提供了一种有力手段。微电极是指电极的至少一维度的尺寸为微米或纳米级的电极（即<100μm）。根据微电极的制作材料可将微电极分为碳纤维微电极、铂

微电极、铜微电极、钨微电极、金微电极、铱微电极、银微电极、粉末微电极。当电极的一维尺寸从毫米级降至微米和纳米级时，表现出许多不同于常规电极的优良电化学特性。

微电极的各种特性都可体现出它在分析化学中的优势，在分析化学领域被广泛应用，如：可作为各种离子选择电极；可用作生物传感器；可作为气体传感器，检测一氧化氮和二氧化氮；可用于临床分析活体测定血液中氧的含量；可用于检验食品新鲜程度；可用于环境分析中检测水中的重金属离子等。微电极上物质传输速率的加快、充电电流的减小都有助于提高法拉第电流和充电电流的比值，增大了信噪比，可显著提高分析的灵敏度。

思考与练习 1.2

一、单选题

1. 甘汞电极是常用参比电极，它的电极电位取决于（　　）。

A. 温度　　B. 氯离子的活度

C. 被测溶液的浓度　　D. K^+ 的浓度

2. 下列不是玻璃电极的组成部分的是（　　）。

A. Ag-AgCl 电极　　B. 一定浓度的 HCl 溶液

C. 饱和 KCl 溶液　　D. 玻璃膜

3. 测定溶液 pH 时，常用的指示电极是（　　）。

A. 氢电极　　B. 铂电极

C. Ag-AgCl 电极　　D. pH 玻璃电极

4. pH 玻璃电极产生的不对称电位来源于（　　）。

A. 内外玻璃膜表面特性不同　　B. 内外溶液中 H^+ 浓度不同

C. 内外溶液的 H^+ 活度系数不同　　D. 内外参比电极不一样

5. 下列关于指示电极和参比电极的说法正确的是（　　）。

A. 指示电极是玻璃电极

B. 参比电极是用作参比的，其电位值随被测溶液浓度的改变而改变

C. 参比电极是用作参比的，其电位值不随被测溶液浓度的改变而改变

D. 玻璃电极是参比电极

6. 玻璃电极在使用前，需在去离子水中浸泡 24h 以上，其目的是（　　）。

A. 清除不对称电位　　B. 清除液接电位

C. 清洗电极　　D. 使不对称电位处于稳定

7. pH 玻璃电极产生酸误差的原因是（　　）。

A. 玻璃电极在强酸溶液中被腐蚀

B. H^+ 浓度高，它占据了大量交换点位，pH 偏低

C. H^+ 与 H_2O 形成 H_3O^+，结果 H^+ 降低，pH 增高

D. 在强酸溶液中水分子活度减小，使 H^+ 传递困难，pH 增高

8. 能斯特方程主要根据电极的电极反应来求电极的（　　）。

A. 电位　　B. 电动势　　C. 电流　　D. 电容

9.在直接电位法中的指示电极，其电位与被测离子的活度的关系为（　　）。

A.成正比　　B.与其对数成正比

C.符合能斯特公式　　D.无关

10.膜电位产生的原因是（　　）。

A.电子得失　　B.离子的交换和扩散

C.吸附作用　　D.电离作用

11.为使pH玻璃电极对H^+响应灵敏，pH玻璃电极在使用前应在（　　）浸泡24h以上。

A.自来水中　　B.稀碱中

C.纯水中　　D.标准缓冲溶液中

12.玻璃电极使用前必须在水中浸泡，其主要目的是（　　）

A.清洗电极　　B.活化电极

C.校正电极　　D.清除吸附杂质

13.将pH玻璃电极（负极）与饱和甘汞电极组成电池，当标准溶液pH＝4.0时，测得电池的电动势为－0.14V；将标准溶液换作未知溶液时，测得电动势0.02V，则未知液的pH为（　　）。

A.7.6　　B.6.7　　C.5.3　　D.3.5

14.用玻璃电极测定pH＞10的碱液的pH时，结果（　　）。

A.偏高　　B.偏低　　C.误差最小　　D.不能确定

15.用普通玻璃电极测定pH＜1的酸液的pH时，结果（　　）。

A.偏高　　B.偏低　　C.误差最小　　D.误差不定

二、判断题

1.参比电极的电极电位是随着待测离子的活度的变化而变化的。（　　）

2.玻璃电极的优点之一是电极不易与杂质作用而中毒。（　　）

3.pH玻璃电极的膜电位是由于离子的交换和扩散而产生的，与电子得失无关。（　　）

4.电极电位随被测离子活度的变化而变化的电极称为参比电极。（　　）

5.强碱性溶液（pH＞9）中使用pH玻璃电极测定pH，则测得pH偏低。（　　）

6.pH玻璃电极可应用于具有氧化性或还原性的溶液中测定pH。（　　）

7.指示电极的电极电位是恒定不变的。（　　）

8.普通玻璃电极不宜测定pH＜1的溶液的pH，主要原因是玻璃电极的内阻太大。（　　）

9.Ag-AgCl电极常用作玻璃电极的内参比电极。（　　）

10.酸度计是专门为应用玻璃电极测定pH而设计的一种电子仪器。（　　）

11.普通玻璃电极应用在pH≈11的溶液中测定pH，结果偏高。（　　）

12.用玻璃电极测定pH＜1的酸性溶液的pH时，结果往往偏高。（　　）

13.pH玻璃电极的膜电位的产生是由于电子的得失与转移的结果。（　　）

14.指示电极的电极电位随溶液中有关离子的浓度变化而变化，且响应快。（　　）

三、简答题

1. 何谓指示电极及参比电极？试各举例说明其作用。

2. 实验中，在使用 pH 玻璃电极时要注意哪些？

第三节 直接电位法测定溶液 pH

直接电位法是通过直接测定试液组成原电池的电动势来计算待测离子的活度（浓度）。即将两支性能不同的电极插入同一被测液中构成原电池，在零电流的条件下，由于两支电极的电位存在着电位差（电池电动势），从而建立了电池电动势与被测液浓度之间的关系。直接电位法应用最早、最广泛的是测定溶液的 pH。

一、直接电位法测定溶液 pH 的原理

直接电位法测定溶液的 pH，通常用 pH 玻璃电极作指示电极（负极），饱和甘汞电极（SCE）作参比电极（正极），与待测溶液组成原电池，如图 1-7 所示。

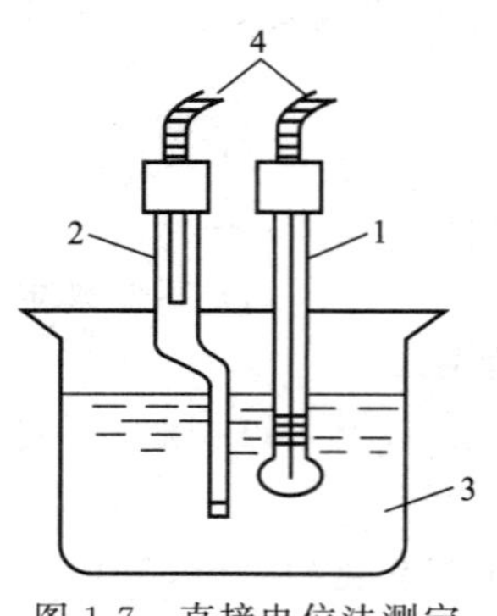

图 1-7 直接电位法测定溶液 pH 的工作示意

1—玻璃电极；2—饱和甘汞电极；3—试液；4—pH 计

在一定实验条件下，原电池的电动势 E 与溶液的 pH 之间的关系符合能斯特方程式，即

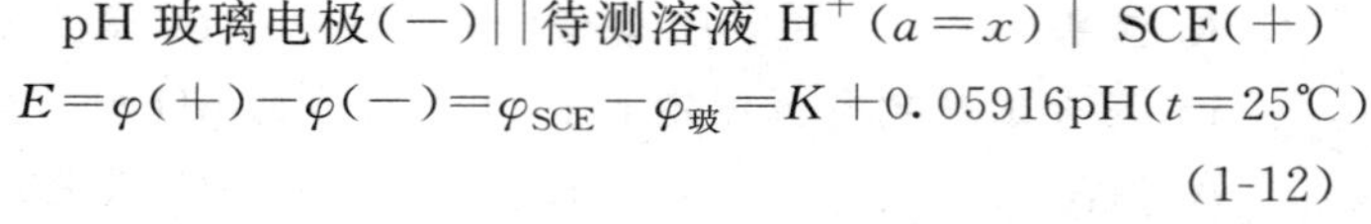

pH 玻璃电极(－)||待测溶液 $H^+(a=x)$ | SCE(＋)

$$E=\varphi(+)-\varphi(-)=\varphi_{SCE}-\varphi_{玻}=K+0.05916\text{pH}\ (t=25℃) \tag{1-12}$$

由式(1-12) 可知，当温度一定时，原电池的电动势与被测溶液的 pH 呈线性关系。这就是直接电位法测定溶液 pH 的工作原理。

在实际测量中，采用酸度计测定溶液的 pH 时常采用比较法。即先配制一个与待测溶液 pH 接近的标准溶液，然后在相同条件下分别测定标准溶液和待测溶液的电动势 E_s、E_x，设标准溶液和待测溶液的 pH 分别为 pH_s、pH_x，根据能斯特方程有：

$$E_s=K+0.0592\text{pHs}$$

$$E_x=K+0.0592\text{pH}_x$$

$$\text{pH}_x=\text{pH}_s+\frac{E_x-E_s}{0.0592}(t=25℃) \tag{1-13}$$

在式(1-13) 中，pH_s 为已知值，测量出 E_s、E_x 即可求出 pH_x。通常将式(1-13) 称为 pH 实用定义或 pH 标度。在实际测定中，将 pH 玻璃电极和 SCE 插入 pH_s 标准溶液中，通过调节测量仪器上的“定位”旋钮使仪器显示出测量温度下的 pH_s，就可以达到消除 K 值、校正仪器的目的，然后再将电极浸入到被测液中，直接读取溶液 pH。

式(1-13) 其实是标准曲线（pH-ΔE 作图）的一种，即两点校正方法。测定

pH 的方法有单标准 pH 缓冲溶液法和双标准 pH 缓冲溶液法。如果待测溶液的 pH 与选用的标准溶液 pH 非常接近，可选用单标准 pH 缓冲溶液法；如果想进一步提高测量的准确度，应选用双标准 pH 缓冲溶液法，且要求待测溶液的 pH 处在两种标准缓冲溶液的 pH 之间。

二、酸度计的基本构造

根据直接电位法测溶液 pH 的工作原理，制得的仪器称为酸度计，也称为 pH 计。目前，酸度计种类、型号很多，但基本构造都相似，都主要由指示电极、参比电极、被测液、导线连接组成一个原电池装置。

为了使用方便，市面上很多酸度计将 pH 玻璃电极和参比电极制成一体，称为 pH 复合电极，简称为复合电极，如图 1-8、图 1-9 所示。

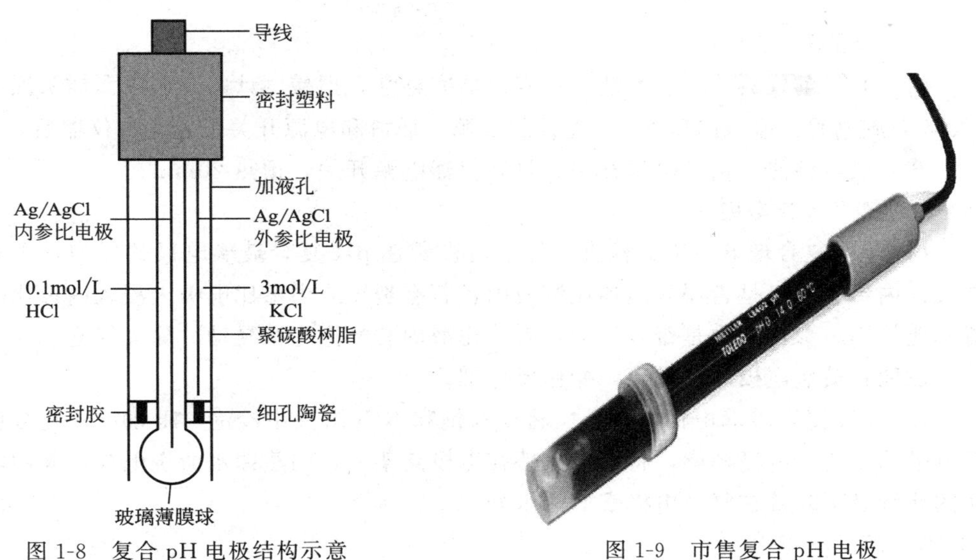

图 1-8 复合 pH 电极结构示意

图 1-9 市售复合 pH 电极

目前，不同型号的酸度计，操作面板和操作方法略有不同（在使用前应仔细阅读仪器说明书），但基本操作相同。以雷磁 pHS-3C 酸度计为例。

1. 仪器面板按钮介绍

雷磁 pHS-3C 酸度计仪器面板按钮名称如图 1-10 所示。

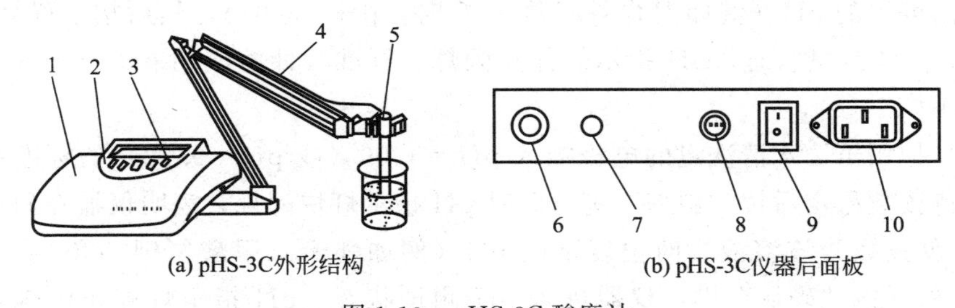

图 1-10 pHS-3C 酸度计

1—机箱；2—键盘；3—显示屏；4—多功能电极架；5—电极；6—测量电极插座；7—参比电极接口；8—保险丝；9—电源开关；10—电源插座

2. 控制面板按键介绍

控制面板按键介绍见表 1-5。

表 1-5 控制面板按键

按键	功能
“pH/mV”键	pH、mV 选择键，按一次进入“pH”测量状态；再按一次进入“mV”测量状态。
“定位”键	定位选择键，按此键上部“△”为调节定位数值上升；按此键下部“▽”为调节定位数值下降
“斜率”键	斜率选择键，按此键上部“△”为调节斜率数值上升；按此键下部“▽”为调节斜率数值下降
“温度”键	温度选择键，按此键上部“△”为调节温度数值上升；按此键下部“▽”为调节温度数值下降
“确认”键	确认键，按此键为确认上一步操作。此键的另外一种功能是如果仪器因操作不当出现不正常现象时，可按住此键，然后将电源开关打开，使仪器恢复初始状态

酸度计的操作

三、酸度计的基本操作

1. 准备工作

（1）开机前仪器检查、安装　检查仪器完整性，把酸度计的三芯电源插头插入 220V 交流电源插座（pHS-3C 酸度计的电源、插口和电源开关位置均在仪器后）。

（2）仪器预热　接通电源开关，打开仪器电源开关，预热 20min。

2. 检查和安装电极

（1）pH 复合玻璃电极的检查　仔细检查所选 pH 复合玻璃电极的球泡是否有裂纹；内参比电极是否浸入内参比溶液内，若有裂纹或内参比电极未浸入内参比液者不能使用；参比液内是否有气泡，若参比液内有气泡应稍晃动，除去气泡。

注意：玻璃电极球泡易碎，操作要仔细。

（2）pH 复合玻璃电极的安装　将已在饱和 KCl 溶液中浸泡 24h 的 pH 复合玻璃电极插入复合电极插座，将电极夹持在电极支架上，用蒸馏水清洗电极，并用洁净的滤纸吸干附着在复合电极表面的水分。

3. 标定

（1）打开电源开关，按“pH/mV”按钮，使仪器进入 pH 测量状态。

（2）按“温度”按钮，使显示为溶液温度值（此时温度指示灯亮），然后按“确认”键，仪器确定溶液温度后回到 pH 测量状态。

（3）把用蒸馏水清洗过的电极插入 pH＝6.86 的标准缓冲溶液中，待读数稳定后按“定位”（此时 pH 指示灯慢闪烁，表明仪器在定位标定状态）使读数为该溶液当时温度下的 pH（例如混合磷酸盐 10℃时，pH＝6.92），然后按“确认”键，仪器进入 pH 测量状态，pH 指示灯停止闪烁。标准缓冲溶液的 pH 与温度关系对照见表 1-6。

（4）把用蒸馏水清洗过的电极插入 pH＝4.00（或 pH＝9.18）的标准缓冲溶液中，待读数稳定后按“斜率”键（此时 pH 指示灯快闪烁，表明仪器在斜率标定状态），使读数为该溶液当时温度下的 pH（例如邻苯二甲酸氢钾 10℃时，pH＝4.00），然后按“确认”键，仪器进入 pH 测量状态，pH 指示灯停止闪烁，标定完成。

（5）用蒸馏水清洗电极后即可对被测溶液进行测量。

需要注意：

（1）如果在标定过程中操作失误或按键按错而使仪器测量不正常，可关闭电源，然后按住“确认”键再开启电源，使仪器恢复初始状态。然后重新标定。

（2）经标定后，“定位”键及“斜率”键不能再按，如果触动此键，此时仪器pH指示灯闪烁，请不要按“确认”键，而是按“pH/mV”键，使仪器重新进入pH测量即可，而无须再进行标定。

（3）标定的缓冲溶液一般第一次用pH＝6.86的溶液，第二次用接近被测溶液pH的缓冲液，如被测溶液为酸性时，缓冲溶液应选pH＝4.00；如被测溶液为碱性时则选pH＝9.18的缓冲溶液。

（4）一般情况下，在24h内仪器不需再标定。

（5）标准缓冲溶液的配制是否准确，关系到测量结果的准确度。目前，我国标准计量局颁布的pH标准缓冲溶液体系有六种缓冲溶液，现列出三种常用的缓冲溶液，它们在不同温度下的pH如表1-6所示。

表1-6　不同温度下标准缓冲溶液的pH

温度/℃	0.05mol/kg 邻苯二钾酸氢钾	0.025mol/kg 混合物磷酸盐	0.01mol/kg 四硼酸钠
5	4.00	6.95	9.39
10	4.00	6.92	9.33
15	4.00	6.90	9.28
20	4.00	6.88	9.23
25	4.00	6.86	9.18
30	4.01	6.85	9.14
35	4.02	6.84	9.11
40	4.03	6.84	9.07
45	4.04	6.84	9.04
50	4.06	6.83	9.03
55	4.07	6.83	8.99
60	4.09	6.84	8.97

由于同种标准缓冲溶液在不同温度下的pH稍有不同，而酸度计上的pH分度值是按照25℃时的条件进行划分的，为了测量其他温度下溶液的pH，必须进行温度补偿。

4. 结束工作

关闭电源开关，拔出电源插头。取出pH复合玻璃电极用蒸馏水清洗干净后，浸泡在饱和KCl溶液中。清洗烧杯，晾干后妥善保存。用干净抹布擦净工作台，罩上仪器罩，填写仪器使用记录。

酸度计

四、酸度计的维护与保养

为了保证测试结果的准确可靠，新制造或使用中、修理后的pH计都应定期进行检查。使用中若能够合理维护电极、按要求配制标准缓冲液和正确操作电极，可大大减小pH示值误差，从而提高检验数据的可靠性。

1. 正确使用与保养电极

目前实验室使用的电极都是复合电极，其优点是使用方便，不受氧化性或还原性物质的影响，且平衡速度较快。使用时，将电极加液口上所套的橡胶套和下端的橡皮套全取下，以保持电极内氯化钾溶液的液压差。电极的维护主要有以下几点：

（1）复合电极不用时，可充分浸泡在 3mol/L 氯化钾溶液中。切忌用洗涤液或其他吸水性试剂浸洗。

（2）测量浓度较大的溶液时，尽量缩短测量时间，用后仔细清洗，防止被测液黏附在电极上而污染电极。

（3）清洗电极后，不要用滤纸擦拭玻璃膜，而应用滤纸吸干，避免损坏玻璃薄膜，防止交叉污染，影响测量精度。

（4）测量中注意电极的银-氯化银内参比电极应浸入球泡内氯化物缓冲溶液中，避免酸度计显示部分出现数字乱跳现象。使用时，注意将电极轻轻甩几下。

（5）电极不能用于强酸、强碱或其他腐蚀性溶液。

（6）严禁在脱水性介质如无水乙醇、重铬酸钾等中使用。

2. 标准缓冲液的配制及其保存

标准缓冲溶液的配制影响结果的准确度，因此，标准溶液的正确配制与保存是关键。

（1）pH 标准物质应保存在干燥的地方，如混合磷酸盐 pH 标准物质在空气湿度较大时就会发生潮解，一旦出现潮解，pH 标准物质即不可使用。

（2）配制 pH 标准溶液应使用二次蒸馏水或者是去离子水。

（3）配制 pH 标准溶液时，存放 pH 标准物质的塑料袋除了应倒干净以外，还要用蒸馏水多次冲洗，用小烧杯稀释后一起定容到容量瓶中，以保证配制的 pH 标准溶液准确无误。

（4）配制好的标准缓冲溶液一般可保存 2～3 个月，如发现有浑浊、发霉或沉淀等现象时，不能继续使用。

（5）碱性标准溶液应装在聚乙烯瓶中密闭保存，防止二氧化碳进入标准溶液后形成碳酸，降低其 pH。

3. 酸度计的正确校准

酸度计的校准方法均采用两点校准法，即选择两种标准缓冲液：一种是 pH＝6.86 标准缓冲液，第二种是 pH＝9.18 标准缓冲液或 pH＝4.00 标准缓冲液。先用 pH＝6.86 标准缓冲液对酸度计进行定位，再根据待测溶液的酸碱性选择第二种标准缓冲液。如果待测溶液呈酸性，则选用 pH＝4.00 标准缓冲液；如果待测溶液呈碱性，则选用 pH＝9.18 标准缓冲液。若是手动调节的酸度计，应在两种标准缓冲液之间反复操作几次，直至不需再调节其零点和定位（斜率）旋钮，酸度计即可准确显示两种标准缓冲液的 pH。

校准过程结束后，在测量过程中零点和定位旋钮就不应再动。若是智能式酸度计，则不需反复调节，因为其内部已储存几种标准缓冲液的 pH 可供选择，而且可以自动识别并自动校准。但要注意标准缓冲液选择及其配制的准确性。

其次，在校准前应特别注意待测溶液的温度。调节酸度计面板上的温度补偿旋钮，使其与待测溶液的温度一致。不同的温度下，标准缓冲溶液的 pH 是不一样的，见表 1-6。

校准工作结束后，对使用频繁的酸度计一般在48h内仪器不需再次标定。

思考与练习 1.3

一、单选题

1. 直接电位法测定溶液pH时，所用的参比电极是（　　）。

A. 饱和甘汞电极　　B. pH玻璃电极　　C. Ag-AgCl电极　　D. 铂电极

2. 酸度计在使用时，为了消除温度对测量造成的误差，一般需要对仪器进行（　　）。

A. 斜率校正　　B. 定位　　C. 温度补偿　　D. 开关机

3. 在实验中，使用酸度计测量溶液pH，一般常采用（　　）。

A. 两点校正法　　B. 一点校正法

C. 三点校正法　　D. 不需要校正

4. 酸度计标定所选用的pH标准缓冲溶液同被测样品pH应（　　）。

A. 相差较大　　B. 尽量接近　　C. 完全相等　　D. 无关系

5. 用酸度计测量溶液pH时，首先要（　　）。

A. 消除不对称电位　　B. 用标准pH溶液定位

C. 选择内标溶液　　D. 用标准pH溶液浸泡电极

6. 测量溶液pH时所用的复合电极，“复合”的是（　　）。

A. 两个参比电极　　B. 两个指示电极

C. 一个参比电极和一个指示电极　　D. 上述三种都有可能

二、简答题

1. 酸度计采用两点校正法，具体方法是什么？

2. 如何选择pH标准缓冲溶液？

三、计算题

用玻璃电极和饱和甘汞电极构成原电池，在25℃时，对pH＝4.00的缓冲溶液，测得电池的电动势为0.209V。当缓冲液由未知液代替时，测得电池的电动势为0.088V，计算未知液的pH。

第四节　直接电位法测定其他离子活（浓）度

一、直接电位法测定其他离子活（浓）度的工作原理

与直接电位法测定pH的工作原理相似，其他离子活（浓）度的测定也是将对待测离子有响应的离子选择性电极（指示电极）与参比电极浸入待测溶液组成原电池，并用仪器测量其电池电动势，如图1-11所示。

当$t=25℃$，工作电池的电动势与离子活（浓）度之间的关系为

$$E=K\pm 0.05916\lg a_i \tag{1-14}$$

式中，K在一定实验条件下为一常数。与测定pH同样，K的数值也取决于

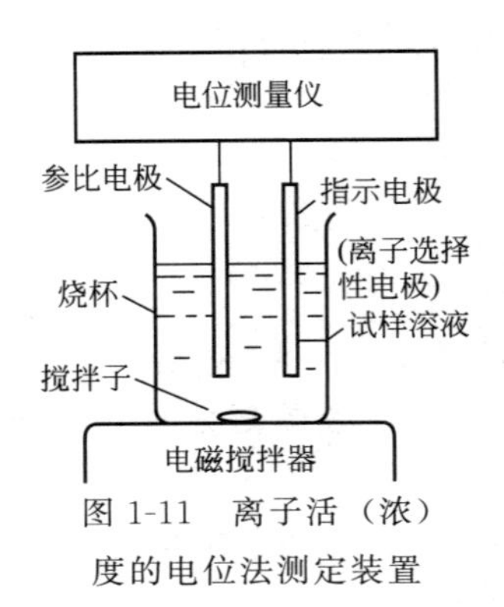

图 1-11 离子活（浓）度的电位法测定装置

离子选择性电极的薄膜、内参比溶液及内外参比电极的电位。通常在要求不高并保证离子活度系数不变的情况下，用浓度代替活度进行测定。

在式(1-14)中，若是对阳离子响应的电极，K 后面一项取负值；对阴离子响应的电极，K 后面一项取正值。

二、离子选择性电极

离子选择性电极是对特定离子有选择性响应的一类电极，是电位分析法的主要部件。如 pH 玻璃电极，就是具有氢离子专属性的典型离子选择性电极。随着科学技术的发展，目前已制成了几十种离子选择性电极，如对 Na^+ 有选择性的钠离子玻璃电极等。尽管离子选择性电极种类很多，但其基本构造相同，都是由敏感膜、内参比溶液、内参比电极（AgCl/Ag）等组成。

对阳离子有响应的电极，电极电位为：

$$E_{\text{阳离子}}=K'+2.303\frac{RT}{nF}\lg a_{\text{阳离子}} \tag{1-15}$$

对阴离子有响应的电极，电极电位为：

$$E_{\text{阴离子}}=K'-2.303\frac{RT}{nF}\lg a_{\text{阴离子}} \tag{1-16}$$

根据国际纯粹与应用化学联合会的推荐，按照膜的组成和结构的不同，将离子选择性电极分类如下：

$$\text{离子选择性电极}\begin{cases}\text{原电极}\begin{cases}\text{晶膜电极}\\\text{非晶膜电极}\end{cases}\\\text{敏化电极}\begin{cases}\text{气敏电极}\\\text{酶电极}\end{cases}\end{cases}$$

原电极是指敏感膜直接与待测试液接触的离子选择性电极。敏化电极是以原电极为基础装配成的离子选择性电极。

1. 晶膜电极

晶膜电极的敏感膜是由一种或几种难溶盐晶体压制而成。可分为均相晶膜电极和非均相晶膜电极。均相晶膜电极的晶膜是由一种或几种难溶盐晶体混合物压制而成。由于难溶盐晶体膜很薄、易碎，所以有时将难溶盐晶体按一定比例分散到惰性支持体的单体里一起压制成膜，这样制成的电极称为非均相晶膜电极。

氟离子电极是典型的均相晶膜电极，敏感膜晶体主要是 LaF_3，其中掺入少量 EuF_2 或 CaF_2 晶体以增加晶膜的导电性和缩短电极的响应时间，内参比电极是 AgCl/Ag 电极，内参比溶液是 0.01mol/L NaCl 和 0.1mol/L NaF 混合溶液。

LaF_3 晶膜表面存在晶格离子空穴，当晶膜与试液接触时，试液中的 F^- 能进入到晶格离子空穴中，而晶膜中的 F^- 也会扩散进入溶液而在膜中留下新空穴，当离子交换达到平衡时，晶膜表面与试液两相界面上形成双电层而产生膜电位。

$$当\ t=25℃, E_{膜}=K-0.05916\lg c_{F^-} \quad (1\text{-}17)$$

氟离子选择性电极对 F^- 活（浓）度的线性响应范围是 10^{-6}～1mol/L。溶液的酸碱度对其测定准确度有较大影响。实践证明，氟离子选择性电极测定的适应的 pH 范围为 5.0～5.5。

除了氟离子电极外，常见的晶膜电极还有卤素离子电极、硫离子选择性电极、Cu^{2+}、Pb^{2+} 等阳离子电极。

2. 非晶膜电极

非晶体膜电极主要包括刚性基质电极和流动载体电极两类。

刚性基质电极主要是指以玻璃膜为敏感膜的玻璃电极。改变玻璃膜的组分和含量，可以制成对不同阳离子有响应的离子选择性电极。玻璃电极是使用最早的一类离子选择性电极，对一价阳离子响应，如 H^+、Li^+、K^+、Na^+ 等，所以有 pH 玻璃电极、pNa 玻璃电极等。玻璃电极之所以对不同阳离子有响应，主要是由于敏感膜的玻璃成分不同造成的。其工作原理参看玻璃电极的响应机理。

流动载体电极又称液态膜电极或离子交换膜电极。这类电极的敏感膜是液体，它是由电活性物质金属配位剂（即载体）溶在与水不相混溶的有机溶剂中，并渗透在多孔性支持体中构成。敏感膜将试液与内充液分开，膜上的电活性物质与被测离子进行离子交换。

3. 气敏电极

气敏电极是对某气体敏感的电极，用于测定试液中气体含量，其结构是一个化学电池复合体。它以离子选择性电极与参比电极组成复合电极，将此复合电极置于塑料管内，再在管内注入电解质溶液，并在管的端部紧贴离子选择性电极的敏感膜处装有只让待测气体通过的透气膜，使电解质和外部试液隔开。

目前比较常见的有气敏氨电极。气敏氨电极是以 pH 玻璃电极为指示电极，Ag-AgCl 电极为参比电极组成复合电极。

4. 酶电极

酶电极是在离子选择性电极的敏感膜上覆盖一层活性酶物质，通过酶的界面催化作用，使被测物质在电极敏感膜上定量、快速地发生化学反应生成电极能响应的分子或离子，从而间接测定被测物质。由于酶是具有特殊生物活性的催化剂，它的催化反应具有选择性强、催化效率高、绝大多数催化反应都能在常温下进行等特点，其催化反应的产物如 CO_2、NH_3 等，大多都被现在的离子选择性电极所响应。特别是它能测定生物体液的组分，所以备受生物化学和医学界的关注。

三、离子计的基本结构与操作

离子计也是一种高抗阻（约为 $10^{11}\Omega$）、高精度（其表头的最大分度一般为 0.1mV）的毫伏计，其电位测量精密度高于一般的酸度计，且稳定性好。以 pXS-215 型离子计为例说明其离子计的基本结构（如图 1-12 所示）与操作。

1. 仪器面板按钮介绍

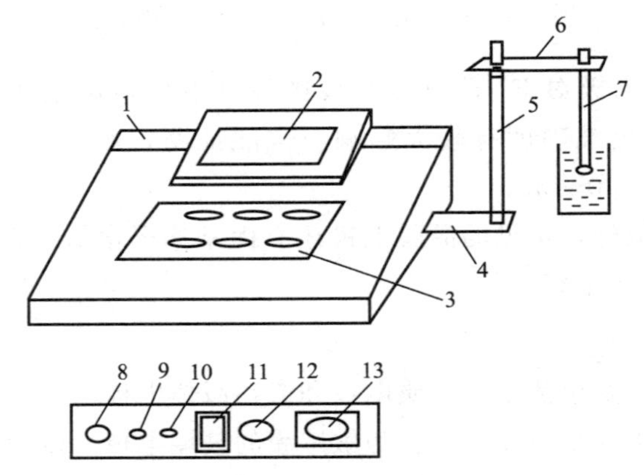

图 1-12 pXS-215 型离子计仪器面板

1—机箱；2—显示屏；3—键盘；4—电极梗座；5—电极梗；6—电极夹；7—电极；8—测量电极插座；9—参比电极；10—温度电极插座；11—电源开关；12—保险丝座；13—电源插座

2. 控制面板按键介绍

pXS-215 型离子计控制面板介绍见表 1-7。

表 1-7 pXS-215 型离子计控制面板按键

按键	功能
pX/mV	“pX”mV 转换键，pX、mV 测量模式转换
温度	“温度”键，对温度进行手动设置，自动温度补偿时此键不起作用
标定	“标定”键，对 pX 进行二点标定工作
△	“△”键，此键为数值上升键，按此键“△”为调节数值上升
▽	“▽”键，此键为数值下降键，按此键“▽”为调节数值下降
确认	“确认”键，按此键为确认上一步操作
等电位/离子选择	此键可设置等电位点及进行测量离子选择

3. 基本操作

（1）开机前的准备　将电极梗旋入电极梗固定座中，电极夹插入电极梗中。将离子选择电极、参比甘汞电极安装在电极夹上，将甘汞参比电极下端的橡皮套拉下，并且将上端的橡皮塞拔去使其露出上端小孔，离子选择电极用蒸馏水清洗后需用滤纸吸干，以防止引起测量误差。

（2）离子选择及等电位点的设置　打开电源，仪器进入 pX 测量状态，按“等电位/离子选择”键，进行离子选择，按“等电位/离子选择”键可选择一价阳离子（X^{+}）；一价阴离子（X^{-}）；二价阳离子（X^{2+}）；二价阴离子（X^{2-}）及 pH 测量，然后按“确认”键，仪器进入等电位设置状态，按“升降”键，设置等电位值，然后按“确认”键设置结束，仪器进入测量状态。

注意：如果标准溶液和被测溶液的温度相同，则无须进行等电位补偿，等电位置 0.00pX 即可。

（3）仪器的标定　仪器采用二点标定法，为适应各种 pX 测量的需要，采用一组

pX 不同的校准溶液，可根据 pX 测量范围自行选择。一般采用第 1 组数据对仪器进行标定（表 1-8）。

表 1-8 pX 不同的标准溶液

序号	标定 1 标准溶液 pX	标定 2 标准溶液 pX
1	4.00pX	2.00pX
2	5.00pX	3.00pX

将校准溶液 A（4.00pX）和校准溶液 B（2.00pX）分别倒入经去离子水清洗干净的塑料烧杯中，杯中放入搅拌子，将塑料烧杯放在电磁搅拌器上，缓慢搅拌。

将电极放入选定的校准溶液 A（如 4.00pX）中，按“温度”键再按“升降”键，将温度设置到校准溶液的温度值，然后按“确认”键，此时仪器温度显示值即为设置温度值；按“标定”键，仪器显示“标定 1”，温度显示位置显示校准溶液的 pX，此时按“升”键可选择校准溶液的 pX（4.00pX、5.00pX），现选择 4.00pX，待仪器 mV 值显示稳定后，按“确认”键，仪器显示“标定 2”，仪器进入第二点标定；将电极从校准溶液 A 中拿出，用去离子水冲洗干净后（用滤纸吸干电极表面的水分），放入选定的校准溶液 B（2.00pX）中，此时温度显示位置显示第二点校准溶液的 pX，按“升”键可选择第二点校准溶液的 pX（2.00pX、3.00pX），现选择 2.00pX，待仪器 mV 值显示稳定后，按“确认”键，仪器显示“测量”表明标定结束，进入测量状态。

（4）pX 的测量　经标定过的仪器即可对溶液进行测量。将被测液放入经去离子水清洗干净的塑料烧杯中，杯中放入搅拌子，将电极用去离子水冲洗干净后（用滤纸吸干电极表面的水分）放入被测溶液中，缓慢搅拌溶液。仪器显示的读数即为被测液的 pX。

需要注意：离子电极在测量时，试样温度与标准溶液温度应保持在同一温度。

（5）mV 值测量　在 pX 测量状态下，按“pX/mV”键，仪器便进入 mV 测量状态。

四、测定离子活度（浓度）的方法

离子选择性电极可以直接用来测定离子的活（浓）度，其装置与 pH 计测定溶液 pH 类似。即将离子选择性电极浸入待测溶液与参比电极组成一电池，并测量其电动势。由于工作电池的电动势在一定实验条件下与待测离子的活度的对数值呈直线关系，因此，通过测量电动势可测定待测离子的活度。下面介绍几种常用的测定方法。

1. 标准曲线法

用待测离子的纯物质配制一系列不同浓度的标准溶液，将离子选择性电极与参比电极插入一系列已知活（浓）度标准溶液，测出相应的电动势。然后以测得的 E 值对相应的离子活度 $\lg a_i$（离子浓度 $\lg c_i$）值绘制标准曲线（如图 1-13 所示）。在同样条件下测出待测溶液的 E 值，即可从标准曲线上查出待测溶液中

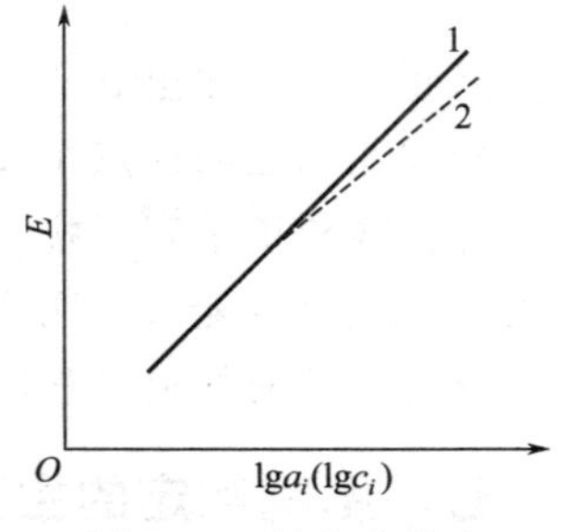

图 1-13　标准曲线法
1—$\lg a_i$；2—$\lg c_i$

的离子活（浓）度。

离子选择性电极响应的是离子的活度，一般要求测定的是浓度。在实际工作中，很少通过计算活度系数来求得浓度，而是在控制溶液离子强度的条件下，依靠实验通过绘制 E-$\lg c_i$ 曲线来求得浓度。

标准曲线法的优点是曲线的浓度范围宽，便于测定浓度变化大的批量样品，适用于比较简单或组成较为恒定的样品的测定。

2. 标准加入法

标准曲线法要求标准溶液与待测溶液具有接近的离子强度和组成，否则将会因 γ_i 值的改变而引起误差。而标准加入法可在一定程度上避免这种误差。

本法是先测定待测溶液的电池电动势 E_1，然后加入适量浓度较大（通常是待测溶液浓度的 100 倍）、体积较小（通常是待测液体积的 1/100）的标准溶液，再测量一次电池的电动势 E_2。根据两次测定结果计算待测离子的浓度。以 F^- 的测定为例，设待测溶液中的 F^- 浓度为 c_x，体积为 V_x，加入标准溶液浓度为 c_s，体积为 V_s，由

$$E=E_{参比}-E_{指示}=E_{参比}-\left(K-\frac{2.303RT}{nF}\lg c_{F^-}\right)=K'+\frac{2.303RT}{nF}\lg c_{F^-}$$

将 E 参比常数与 K 常数合并为 K'常数，并令 $S=\frac{2.303RT}{nF}$，则

$$E_1=K'+S\lg c_x$$

$$E_2=K'+S\lg\frac{c_xV_x+c_sV_s}{V_x+V_s}$$

因标准溶液加入体积远远小于待测溶液体积，溶液稀释效应很小，溶液的离子强度及 K'基本一致，将上式相减并近似处理可得

$$\Delta E=E_2-E_1=S\lg\frac{c_xV_x+c_sV_s}{c_xV_x}=S\lg\left(1+\frac{c_sV_s}{c_xV_x}\right)$$

取反对数并整理后得到

$$c_x=\frac{c_sV_s}{V_x}(10^{\frac{\Delta E}{S}}-1)^{-1} \tag{1-18}$$

式中，$\frac{c_sV_s}{V_x}$为加入标准溶液后引起的溶液浓度变化，可用 Δc 表示，则式(1-18) 可写成：

$$c_x=\Delta c(10^{\frac{\Delta E}{S}}-1)^{-1} \tag{1-19}$$

因此，只要测出 ΔE、S，计算出 Δc，就可求出 c_x。

标准加入法的优点是仅需要配制一种标准溶液，操作简单快速，数据处理可以程序化、能校正基底干扰，但每次加入标准溶液的精度要求高，有一定操作难度。适用于组成比较复杂，测定份数较少的试样。为保证能获得准确的结果，在加入标准溶液后，试液的离子强度无显著的变化。

五、影响测定的主要因素

任何一种分析方法，其测量结果的准确度往往受多种因素的影响，在直接电位

法中影响离子活（浓）度测定的因素主要有以下几种。

（1）温度　每类选择性电极均有一定的使用温度范围，温度的变化，不仅影响测定的电位值，而且超过某一温度范围往往电极会失去正常的响应性能。电极允许使用的温度范围与膜的类型有关，一般使用温度下限为－5℃左右，上限为80～100℃。有些液膜电极只能用到50℃左右。

（2）溶液酸度　pH范围与电极类型和所测溶液浓度有关，在测定过程中必须保持恒定的pH，必要时使用缓冲溶液来维持。如氯离子选择电极适用的pH控制为2～11，氟离子选择电极适用的pH控制为5～6。

（3）电极的寿命　电极的使用寿命随电极类型和使用条件的不同而有很大的差异。固体电极寿命较长，若周期性进行表面处理，可以使用较长期。液膜电极使用寿命较短，一般只有几个月或更短。

（4）电动势的测量　电动势测量误差ΔE与分析结果相对误差的关系是：

$$\text{相对误差} = n\Delta E/0.2568 \approx 4\Delta E \qquad (1\text{-}20)$$

式中，n为被测离子电荷数；ΔE为电动势测量绝对误差，mV。

电极电位测量误差ΔE，对于一价离子来说，每±1mV将产生±4%的浓度相对误差。对于二价离子来说，每±1mV将产生±8%的浓度相对误差。可见，用直接电位法测定一般误差较大，对高价离子尤为严重。所以，直接电位法适宜测定低价离子，高价离子在测定时可将其转变为低价离子进行测定。

（5）干扰离子　共存离子之所以发生干扰作用有的是由于能直接与电极电膜发生作用。对干扰离子的影响，一般可加入掩蔽剂消除，必要时，预先分离。如用氟离子选择性电极（ISE）测定氟离子时，当试液中存在大量柠檬酸根时，会使溶液中F^-增加，导致分析结果偏高；若溶液中存在铁、铝、钨等金属离子时，会与F^-形成配合物（不能被电极响应），而产生干扰。

（6）迟滞效应　对同一活度的溶液，测出的电动势数值与离子选择性电极在测量前接触的溶液有关，这种现象称之为迟滞效应。它是电位分析法的主要误差来源之一。消除迟滞效应的方法是固定电极测量前的预处理条件。

思考与练习 1.4

一、单选题

1. 离子选择性电极的选择性主要取决于（　　）。

A. 离子浓度　　B. 电极膜活性材料的性质

C. 待测离子活度　　D. 测定温度

2. 下列哪种离子选择性电极使用前，需在水中充分浸泡（　　）。

A. 晶体膜电极　　B. 玻璃电极　　C. 气敏电极　　D. 液膜电极

3. pH玻璃电极属于（　　）。

A. 晶体膜电极　　B. 玻璃电极　　C. 气敏电极　　D. 液膜电极

二、简答题

简述离子选择性电极的类型。

三、计算题

用氟离子选择性电极测定饮用水中氟离子含量。取水样 20.00mL，加总离子强度调节剂缓冲液 20.00mL，测得电动势为 140.0mV；然后在此溶液中加入浓度为 1.00×10^{-2}mol/L 的氟标准溶液 1.00mL，测得电动势为 120.0mV。若氟电极的响应斜率为 58.5mV/pF，求 1L 饮用水中 F^- 的质量。

第五节　电位滴定法的工作原理

电位滴定法是以测量工作电池电动势的变化为基础，根据滴定过程中电位的变化确定滴定终点的滴定分析方法。该法准确度和精密度较高，但分析时间较长，若使用自动电位滴定仪和计算机工作站，则可达到简便、快速的目的。电位滴定法适用于平衡常数小、滴定突跃不明显、试液有色或浑浊的酸碱、沉淀、氧化还原和配位滴定反应等，还能用于混合物溶液的连续滴定及非水介质的滴定。

一、电位滴定法的基本方法和工作装置

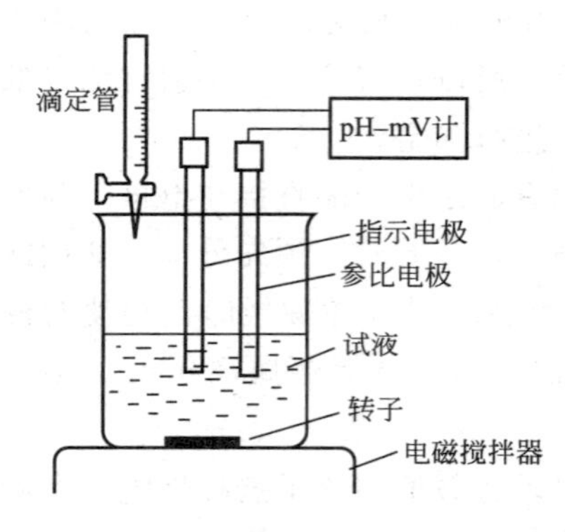

图 1-14　电位滴定装置示意

电位滴定法所用的基本仪器装置如图 1-14 所示。与直接电位法相似，也是由指示电极和参比电极插入待测溶液组成工作电池，不同之处是还装有滴定管和电磁搅拌器。滴定过程中，每滴入一定量的滴定剂，就测量一次电动势，直到超过化学计量点为止。这样就可得到一系列滴定剂的体积（V）和相应的电动势（E）数据，根据所得到的数据作 E-V 曲线或 $\Delta E/\Delta V$-V 曲线或 $\Delta E^2/\Delta V^2$-V 曲线，确定滴定终点。在化学计量点附近每加入 0.10～0.20mL 等体积的滴定剂就要测量一次电动势值。

二、自动电位滴定仪的基本结构与操作

自动电位滴定仪是专门为电位滴定设计的成套仪器，它比手动滴定方便，分析速度快，分析结果准确度高。自动电位滴定仪型号甚多，一般分为两大类，一类是利用仪器自动控制滴定终点，如国产 ZD-2 型自动电位滴定仪；另一类是利用仪器自动控制加入滴定剂，并自动记录滴定曲线。

1. ZD-2 型自动电位滴定仪的基本结构

ZD-2 型自动电位滴定仪是由 ZD-2 型滴定计和 ZD-1 型滴定装置通过双头链接插塞线组合而成。它是根据“终点电位补偿”的原理设计的。仪器能自动控制滴定速度，终点时会自动停止滴定。仪器面板的基本结构如图 1-15 所示。

电位滴定仪的操作

2. ZD-2 型自动电位滴定仪基本操作

按说明书的要求将仪器安装连接好以后，插入电源线，打开电源开关，预热 15min。

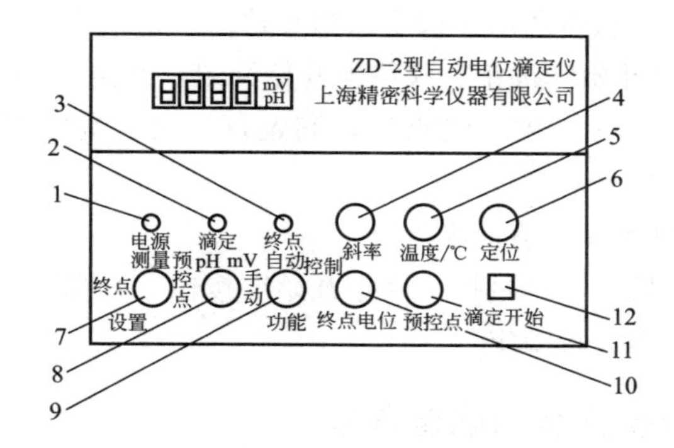

图 1-15 ZD-2 型自动电位滴定仪仪器面板

1—电源指示灯；2—滴定指示灯；3—终点指示灯；4—斜率调节补偿旋钮；5—温度补偿调节；6—定位调节旋钮；7—“设置”选择开关；8—“pH/mV”选择开关；9—“功能”选择开关；10—“终点电位”调节旋钮；11—“预控点”调节旋钮；12—“滴定开始”按钮

（1）mV 测量

①“设置”开关置“测量”，“pH/mV”选择开关置“mV”；

② 将电极插入被测溶液中，将溶液搅拌均匀后，即可读取电极电位值；

③ 如果被测信号超出仪器的测量范围，显示屏会不亮，作超载报警。

（2）滴定前的准备工作

① 安装好滴定装置，在烧杯中放入搅拌棒，并将烧杯放在 JB-1A 搅拌器上；

② 电极的选择：电位滴定法可用于酸碱滴定、沉淀滴定、氧化还原滴定、配位滴定等。不同类型滴定需要选择不同的指示电极和参比电极，具体见表 1-9 所示。

表 1-9 各类滴定常用电极

滴定类型	指示电极	参比电极
酸碱滴定	玻璃电极、锑电极	饱和甘汞电极
氧化还原滴定	铂电极	饱和甘汞电极
沉淀滴定	银电极等离子选择性电极	饱和甘汞电极
配位滴定	铂电极、汞电极、钙离子等离子选择性电极	饱和甘汞电极

（3）电位自动滴定

① 终点设定：“设置”开关置“终点”，“pH/mV”开关置“mV”，“功能”开关置“自动”，调节“终点电位”旋钮，使显示屏显示所要设定的终点电位值。终点电位选定后，“终点电位”旋钮不可再动。

② 预控点设定：预控点的作用是当离开终点较远时，滴定速度很快；当到达预控点后，滴定速度很慢。设定预控点就是设定预控点到终点的距离，其步骤如下：“设置”开关置“预控点”，调节“预控点”旋钮，使显示屏显示所要设定的预控点数值。例如：设定预控点为 100mV，仪器将在离终点 100mV 处转为慢滴。预控点选定后，“预控点”调节旋钮不可再动。

③ 终点电位和预控点电位设定好后，将“设置”开关置“测量”，打开搅拌器

电源，调节转速使搅拌从慢逐渐加快至适当转速。

④ 揿一下“滴定开始”按钮，仪器即开始滴定，滴定灯闪亮，滴液快速滴下，在接近终点时，滴速减慢。到达终点后，滴定灯不再闪亮，过 10s 左右，终点灯亮，滴定结束。

⑤ 记录滴定管内滴液的消耗读数。

注意：到达终点后，不可再按“滴定开始”按钮，否则仪器将认为另一极性相反的滴定开始，而继续进行滴定。

三、电位滴定仪终点的确定方法

电位滴定法是通过测量滴定过程中指示电极电位的变化来确定终点的容量分析方法。在容量分析中，化学计量点的实质就是溶液中某种离子浓度的突跃变化。如酸碱滴定中，化学计量点是溶液中 H^+ 浓度的突跃变化；配位滴定和沉淀滴定中，化学计量点是溶液中金属离子浓度的突跃变化；氧化还原滴定中，化学计量点是溶液中氧化剂或还原剂浓度的突跃变化。显然，若在溶液中插入一个合适的指示电极，化学计量点时，溶液中某种离子浓度发生突跃变化，必然引起指示电极电位发生突跃变化。因此，可以通过测量指示电极电位的变化来确定终点。

在直接电位法的装置中，加一滴定管，即组成电位滴定的装置，如图 1-14 所示。进行电位滴定时，每加一定体积的滴定剂，测一次电动势，直到超过化学计量点为止。这样就可得到一组滴定用量（V）与相应电动势（E）的数据。由这组数据就可以确定滴定终点。在直接电位滴定中，确定终点的方法有以下三种。

1. 绘制 E-V 曲线法

以加入滴定剂的体积 V（mL）为横坐标，相对应的电动势 E（mV）为纵坐标，绘制 E-V 曲线，如图 1-16 所示。其形状类似于容量分析中的滴定曲线，E-V 曲线的拐点相应的体积即为终点时消耗滴定剂的体积 V_{ep}。

与一般容量分析相同，电位突跃范围和斜率的大小取决于滴定反应的平衡常数和被测物质的浓度。电位突跃范围越大，分析误差越小。

绘制 E-V 曲线法的缺点是准确度不高，特别是当滴定曲线斜率不够大时，较难确定终点。

2. 绘制 $\Delta E/\Delta V$-V 曲线法（一阶微商法）

$\Delta E/\Delta V$ 是 E 的变化值与相对应的加入标准滴定剂体积的增量的比（如图 1-17 所示）。曲线最高点由实验点连线外推得到，其对应的体积为滴定终点时标准溶液所消耗的体积 V_{ep}。用此法作图确定终点比较准确，但手续较繁。所以也可用二阶微商法通过计算求得终点。

3. 绘制 $\Delta^2 E/\Delta V^2$-V 曲线法（二阶微商法）

此法的依据是一阶微商法曲线的极大点对应的是终点体积，则二阶微商 $\Delta^2 E/\Delta V^2=0$ 处对应的体积也是终点体积。

$\Delta^2 E/\Delta V^2$-V 曲线法是以 $\Delta^2 E/\Delta V^2$ 对 V 作图，如图 1-18 所示。曲线最高点与最低点连线与横坐标的交点即为滴定终点体积。

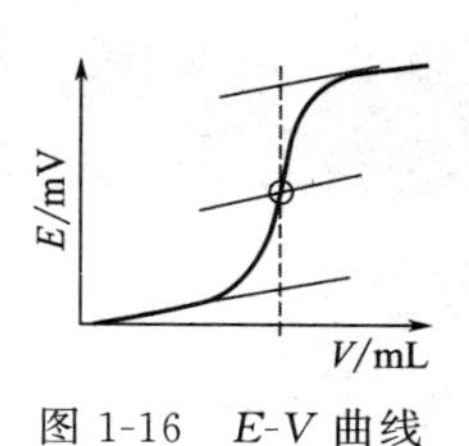

图 1-16 E-V 曲线

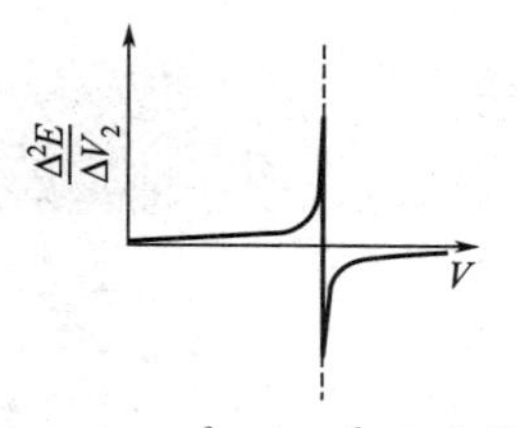

图 1-17 $\Delta E/\Delta V$-V 曲线

图 1-18 $\Delta^2 E/\Delta V^2$-V 曲线

新标准
电位滴定法

思考与练习 1.5

一、单选题

1. 对于电位滴定法，下面说法中，错误的是（　　）。

A. 在酸碱滴定中，常用 pH 玻璃电极为指示电极，饱和甘汞电极为参比电极

B. 弱酸、弱碱以及多元酸（碱）不能用电位滴定法测定

C. 电位滴定法具有灵敏度高、准确度高、应用范围广等特点

D. 在酸碱滴定中，应用电位法指示滴定终点比用指示剂法指示终点的灵敏度高得多

2. 下列说法中，错误的是（　　）。

A. 电位滴定是通过测量滴定过程中电池电动势的变化来确定滴定终点

B. 滴定终点位于滴定曲线斜率最小处

C. 电位滴定中，在化学计量点附近应该每加入 0.1～0.2mL 滴定剂就测量一次电动势

D. 除非要研究整个滴定过程，一般电位滴定只需准确测量和记录化学计量点前后 1～2mL 的电动势变化即可

3. 在自动电位滴定法测 HAc 的实验中，指示滴定终点的是（　　）。

A. 酚酞　　B. 甲基橙　　C. 指示剂　　D. 电位突跃变化

4. 在电位滴定中，以 E-V 作图绘制滴定曲线，滴定终点为（　　）。

A. 曲线的最大斜率点　　B. 曲线的最小斜率点

C. E 为最正值的点　　D. E 为最负值的点

5. 在电位滴定中，以 $\Delta E/\Delta V$-V 作图绘制滴定曲线，滴定终点为（　　）。

A. 曲线突跃的转折点　　B. 曲线的最大斜率点

C. 曲线的最小斜率点　　D. 曲线的斜率为零时的点

6. 在电位滴定中，以 $\Delta^2 E/\Delta V^2$-V 作图绘制滴定曲线，滴定终点为（　　）。

A. $\Delta^2 E/\Delta V^2$ 为最正值的点　　B. $\Delta^2 E/\Delta V^2$ 为最负值的点

C. $\Delta^2 E/\Delta V^2$ 为零时的点　　D. 曲线的斜率为零时的点

二、简答题

1. 为什么电位滴定法的误差比电位测定法小？

2. 电位滴定法确定终点的方法有哪几种？

参考答案
电位分析法

紫外-可见分光光度法

第二章 紫外-可见分光光度法

案例导入

生血片作为一种保健品，在临床上具有免疫调节、改善缺铁性贫血的保健作用，其主要功效成分是卟啉铁。因此在生产过程中，必须要检测产品中的铁，其检测方法可采用紫外-可见分光光度法。将生血片有机破坏生成无机铁盐，在一定条件下与显色剂生成配位物而进行分析。

思考：1. 什么是紫外-可见分光光度法？

2. 紫外-可见分光光度法是如何对物质做定性和定量分析？使用的仪器是什么？

思维导图

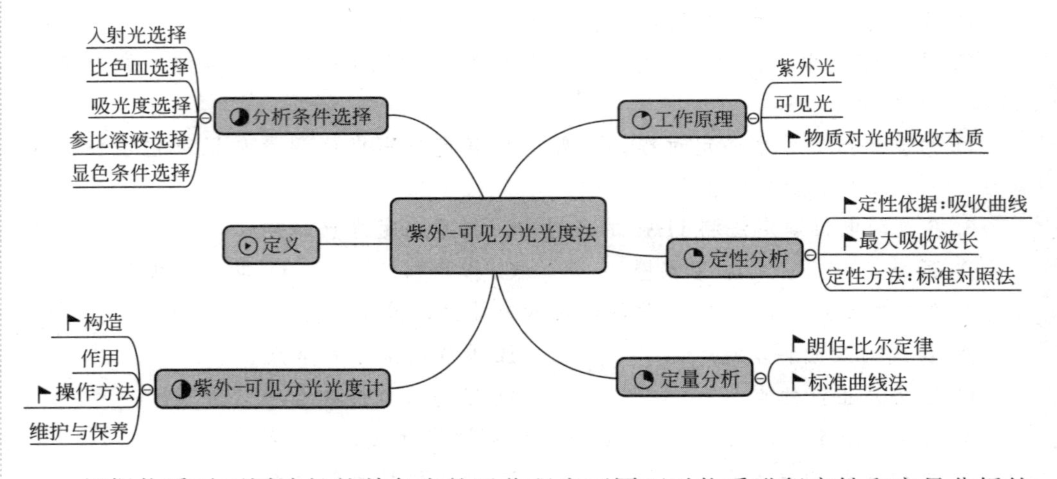

根据物质对不同波长的单色光的吸收程度不同而对物质进行定性和定量分析的方法称为分光光度法（又称吸光光度法）。分光光度法中，按所用光的波谱区域不同，分为可见分光光度法（400～780nm）、紫外分光光度法（200～400nm）和红外分光光度法（3×10^3～3×10^4nm）。其中紫外分光光度法和可见分光光度法合称为紫外-可见分光光度法。

紫外-可见分光光度法

通过本章学习，达到以下学习目标：

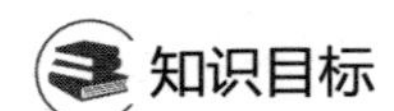

掌握紫外-可见分光光度法定性、定量依据；掌握紫外-可见分光光度计的结构及各部件的功能。

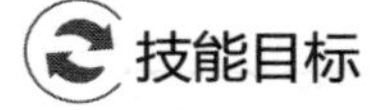

技能目标 熟练操作紫外-可见分光光度计；掌握紫外-可见分光光度法的实验技术；了解紫外-可见分光光度计的维护与保养。

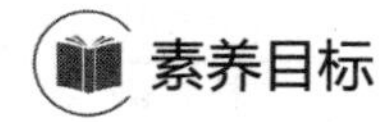

素养目标 培养学生严谨的工作作风和安全意识；精益求精的学习态度；养成科学规范操作仪器的职业素养。

第一节 紫外-可见分光光度法概述

许多物质都具有颜色，如高锰酸钾水溶液呈紫色、硫酸铜溶液呈蓝色。当有色物质溶液的浓度发生变化时，溶液颜色的深浅度也会随之发生变化。溶液愈浓，颜色愈深。因此利用比较待测溶液本身的颜色或加入试剂后呈现的颜色的深浅来测定溶液中待测物质的浓度的方法称为比色分析法。以人的眼睛来检测颜色深浅的方法称为目视比色法，以光电转换器件为检测器来区别颜色深浅的方法称为光电比色法。随着近代测试仪器的发展，目前已普遍使用分光光度计进行测试。

紫外-可见分光光度法是利用物质对200～780nm光谱区域内的电磁辐射具有选择性吸收，对物质进行定性和定量分析的一种分析方法。

一、紫外-可见分光光度法特点

一般紫外-可见分光光度法具有以下特点：

(1) 仪器设备简单　仪器设备相对比较简单，操作简便。

(2) 灵敏度高　适用于微量组分的测定，一般可测定 10^{-6}g 级的物质，其摩尔吸光系数可达到 10^4～10^5 数量级。

(3) 精密度和准确度较高　浓度测量的相对误差一般在1%～3%之内。

(4) 应用广泛　不仅用于无机化合物的分析，更重要的是用于有机化合物的鉴定及主要官能团的结构分析，也可对同分异构体进行鉴别。此外，还可用于配合物的组成和稳定常数的测定。

二、紫外-可见分光光度法预备知识——光的认识

1. 光的基本性质

光具有波粒二象性。即光具有波动性和粒子性。光是一种波，因而它具有波长(λ)和频率(υ)；光也是一种粒子，因而它具有能量(E)。它们之间的关系如式(2-1)所示。

$$E = h\upsilon = h \times (C/\lambda) \tag{2-1}$$

式中，E 为能量；h 为普朗克常数（6.626×10^{-34}J·s）；υ 为频率；C 为光速，真空中约为 3×10^{10}cm/s；λ 为波长。

从表达式(2-1)中可知，不同波长的光能量不同。波长愈长，能量愈小，波长愈短，能量愈大。

将各种电磁波（光）按其波长或频率大小顺序排列画成的图表称为电磁波谱，如表2-1所示。

表 2-1　电磁波谱

波谱区名称	波长范围	波数/cm^{-1}	频率/MHz	光子能量/eV	跃迁能级类型
γ射线	5×10^{-3}～0.14nm	2×10^{10}～7×10^{7}	6×10^{14}～2×10^{12}	2.5×10^{6}～8.3×10^{3}	核能级
X射线	10^{-2}～10nm	10^{10}～10^{6}	3×10^{14}～3×10^{10}	1.2×10^{6}～1.2×10^{2}	内层电子能级
远紫外光	10～200nm	10^{6}～5×10^{4}	3×10^{10}～1.5×10^{9}	125～6	原子及分子的价电子或成键电子能级
近紫外光	200～380nm	$(5\sim2.5)\times10^{4}$	1.5×10^{9}～7.5×10^{8}	6～3.1	
可见光	380～780nm	$(2.5\sim1.3)\times10^{4}$	$(7.5\sim4.0)\times10^{8}$	3.1～1.7	
近红外光	0.75～2.5μm	1.3×10^{4}～4×10^{3}	$(4.0\sim1.2)\times10^{8}$	1.7～0.5	分子振动能级
中红外光	2.5～50μm	4000～200	1.2×10^{8}～6.0×10^{6}	0.5～0.02	
远红外光	50～1000μm	200～10	6.0×10^{6}～10^{5}	2×10^{-2}～4×10^{-4}	分子转动能级
微波	0.1～100cm	10～0.01	10^{5}～10^{2}	4×10^{-4}～4×10^{-7}	
射频	1～1000m	10^{-2}～10^{-5}	10^{2}～0.1	4×10^{-7}～4×10^{-10}	核自旋能级

2. 光的种类

（1）单色光和复合光　不能分解的光称为单色光，如红光、紫光等。纯单色光是很难获得的，激光的单色性虽然很好，但也只能说接近于单色光。含有多种波长的光称为复合光，例如日光、白炽灯光等。

（2）可见光和互补光　人的眼睛对不同波长的光的感觉是不一样的。凡波长小于400nm的紫外光或波长大于780nm的红外光均不能被人的眼睛感觉出，所以这些波长范围的光是看不到的。凡是能被肉眼感觉到的光称为可见光，其波长范围为400～780nm。

在可见光的范围内，不同波长的光刺激眼睛后会产生不同颜色的感觉，但由于受到人的视觉分辨能力的限制，实际上是一个波段的光给人引起一种颜色的感觉。各种色光的近似波长范围如图 2-1 所示。

日常见到的日光、白炽灯光等白光就是由这些波长不同的有色光混合而成的。这可以用一束白光通过棱镜后色散为红、橙、黄、绿、青、蓝、紫七色光来证实。如果把适当颜色的两种光按一定强度比例混合，也可成为白光，这两种颜色的光称为互补光，如图 2-2 所示。

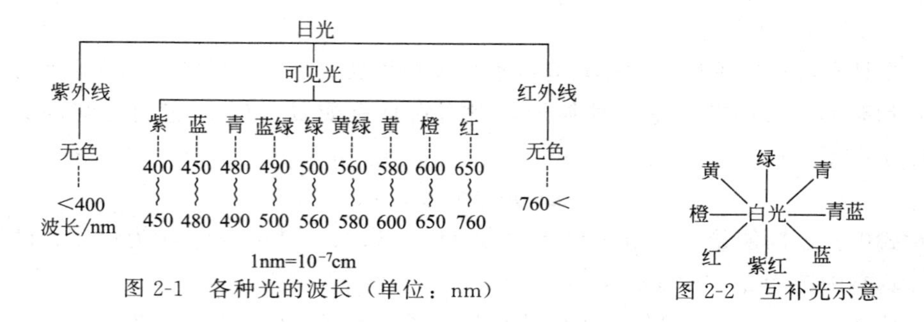

图 2-1　各种光的波长（单位：nm）

图 2-2　互补光示意

图 2-2 中，处于直线关系的两种颜色的光即为互补光，如绿色光与紫红色光互补，蓝色光与黄色光互补等，它们按一定强度比混合都可以得到白光，所以白光实际上是由一对对互补光按适当强度比混合而成。

课程思政点

诚信教育

食品中的苏丹红

生活中，多数人对流着黄油的红心鸭蛋心生好感，不良商家利用这一心理，在饲料里人为添加了红色工业染料苏丹红。苏丹红具有致癌性，对人体的肝肾器官有明显的毒性作用。2008年12月，卫生部发布《食品中可能违法添加的非食用物质和易滥用的食品添加剂名单》（第一批）中，苏丹红位列其中。苏丹红的检测方法有紫外可见分光光度法、红外光谱法、拉曼光谱法等。子曰：“人而无信，不知其可也。大车无輗，小车无軏，其何以行之哉？”作为一名大学生，我们一定要养成诚实守信的品德素养，树立正确的人生观、价值观。

思考与练习 2.1

一、单选题

1. 人眼能感觉到的光称为可见光，其波长范围是（　　）。

A. 400～780nm　B. 200～400nm　C. 200～1000nm　D. 400～600nm

2. 硫酸铜溶液呈现蓝色是由于它吸收白光中的（　　）所致。

A. 蓝色　B. 绿色　C. 黄色　D. 青色

3. 下列关于光的认识叙述错误的是（　　）。

A. 不同波长的可见光具有不同颜色　B. 紫外光可分为近紫外光和远紫外光

C. 紫外光的波长在 400～780nm　D. 光具有波粒二象性

4. 下列关于光波的叙述，正确的是（　　）。

A. 只具有波动性　B. 只具有粒子性

C. 具有波粒二象性　D. 其能量大小与波长成正比

5. 两种是互补色关系的单色光，按一定的强度比例混合可成为（　　）。

A. 白光　B. 红色光　C. 黄色光　D. 蓝色光

6. 测定 Fe^{3+} 含量时，加入 KSCN 显色剂，生成的配合物是红色的，则此配合物吸收了白光中的（　　）。

A. 红光　B. 绿光　C. 紫光　D. 青光

7. 紫外-可见分光光度计的波长范围是（　　）。

A. 200～1000nm　B. 400～760nm　C. 200～760nm　D. 200nm 以下

8. 紫外-可见分光光度法是基于被测物质对（　　）。

A. 光的发射　B. 光的散射　C. 光的衍射　D. 光的吸收

二、简答题

1. 简述紫外-可见分光光度法的特点。

2. 紫外-可见分光光度法的测定依据是什么？

第二节　紫外-可见分光光度计

在紫外及可见光区内，用于测定溶液吸光度的分析仪器称为紫外-可见分光光度计，简称分光光度计。分光光度计的工作原理是采用一个可以产生多个波长的装置，通过系列分光装置，得到一束平行的波长范围很窄的单色光，透过一定厚度的试样溶液后，部分光被吸收，剩余的光照射到光电元件上，产生光电流，在仪器上读取相应的吸光度或透光率，完成测定工作。

一、紫外-可见分光光度计的基本构造

目前，紫外-可见分光光度计的种类、型号很多，但基本构造都相似，都主要由以下部件组成，如图 2-3 所示。

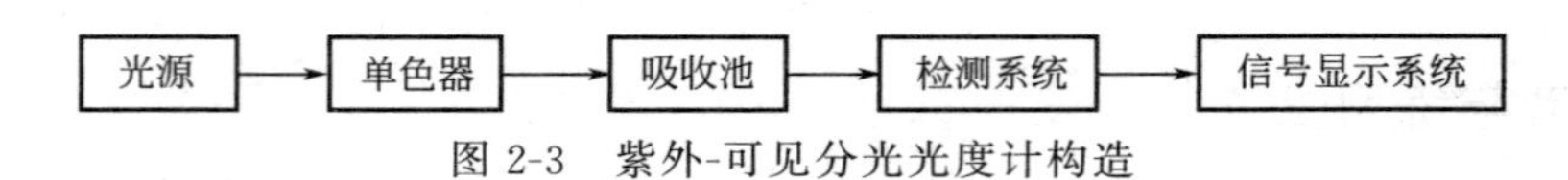

图 2-3　紫外-可见分光光度计构造

1. 光源

光源的主要作用是提供符合要求的入射光。分光光度计对光源的要求是：在仪器操作所需的光谱区域内能够发射连续辐射，有足够的辐射强度和良好的稳定性，使用寿命长。实际常用的光源一般分为紫外光光源和可见光光源。

(1) 紫外光光源　紫外光光源多为气体放电光源，其中应用最多的是氢灯和氘灯，其使用波长范围为 185～375nm。为了保证发光强度稳定，可配稳压器，以稳定电源供电。氘灯的光谱分布与氢灯相同，但光强比同功率的氢灯要大 3～5 倍，使用寿命比氢灯长。

近年来，具有高强度和高单色性的激光已被开发用作紫外光源。已商品化的激光光源有氩离子激光器和可调谐染料激光器。

(2) 可见光光源　钨丝灯是最常见的可见光光源，它可发射出波长为 325～2500nm 范围的连续光谱，其中最适宜的使用范围是 320～1000nm，除用作可见光源外，还可用作近红外光源。为了保证钨丝灯发光强度稳定，需要采用稳定电源供电，也可用 12V 直流电源供电。

目前，不少分光光度计已采用卤钨灯代替钨丝灯，如 7230 型、754 型分光光度计等。所谓卤钨灯是在钨丝中加入适量的卤化物或卤素，灯泡用石英制成，具有较长的寿命和较高的发光效率。

2. 单色器

单色器是一种将来自光源的复合光分解为单色光并能分离出所需要波长的装置，是分光光度计的心脏部分。它主要由入射狭缝、色散元件、准直镜和出射狭缝等部分组成，其中色散元件是关键部件。

入射狭缝的作用是限制杂散光进入；色散元件的作用是将复合光分解成单色光，常用的色散元件有棱镜和光栅。棱镜和光栅的色散原理是依据不同波长的光通

过棱镜时有不同的折射率而将不同波长的光分开；准直镜的作用是将来自狭缝的光束转化为平行光，并将来自色散元件的平行光束聚焦在出射狭缝上；出射狭缝的作用是将额定波长范围的光射出单色器。

3. 吸收池

吸收池又称比色皿，是用于盛放被测溶液并决定液层厚度的无色透明器皿。一般有石英和玻璃材料两种。石英吸收池适用于可见及紫外光区，玻璃吸收池只能用于可见光区。

吸收池的规格有 0.5cm、1.0cm、2.0cm、3.0cm 等，其中以 1.0cm 吸收池最为常见，使用时根据具体需要进行选择。

在使用吸收池前，要进行配套性检验，以消除吸收池的误差，提高测量的准确度。石英吸收池在 220cm 处装蒸馏水；在 350nm 处装 $w(K_2Cr_2O_7)=0.006\%$（即 1000g 溶液中含 $K_2Cr_2O_7$ 0.06000g）的 0.001mol/L $HClO_4$ 的 $K_2Cr_2O_7$ 标准溶液；玻璃吸收池在 600nm 处装蒸馏水；在 400nm 处装 K_2CrO_7 溶液（浓度为 0.001mol/L）。以一个吸收池为参比，调节 T 为 100%，测量其他各池的透射比，透射比的偏差小于 0.5%的吸收池可配成一套。

同时，要注意以下几点：

① 洗涤时一般用自来水、蒸馏水洗涤干净。若脏物洗不净，可用体积比为 1∶2 的盐酸-酒精浸泡（时间不宜过长），然后再用水洗。含腐蚀玻璃的物质（如 F^-、$SnCl_2$、H_3PO_4 等）的溶液，不能长时间盛放在吸收池中。

② 使用时，将洗净的吸收池用被测溶液润洗，装被测溶液的高度不能超过吸收池高度的 2/3。

③ 拿取吸收池时，只能用手指接触两侧的毛玻璃，不可接触光学面。

④ 吸收池的光学面应该保持干燥、洁净，为减少损失，吸收池的光学面必须完全垂直于光束方向。

⑤ 不得在火焰上或电炉上进行加热或烘烤吸收池。

4. 检测系统

检测系统的作用是检测透过吸收池的透射光信号，并将光信号转变为电信号。目前用得较多的检测器是光电管和光电倍增管。其中光电倍增管是检测微弱光时最常用的光电元件，它的灵敏度比一般的光电管要高 200 倍。

5. 信号显示系统

信号显示系统的主要作用是放大信号并以适当的方式指示或记录下来。常用的信号指示装置由直流检流计、电位调节指零装置以及数字显示或自动记录装置等。新型紫外-可见分光光度计显示系统大多采用微型计算机，它既可用于仪器自动控制，实现自动分析，又可进行数据处理，记录样品的吸收曲线，大大提高了仪器的灵敏度和稳定性。

二、紫外-可见分光光度计的类型

紫外-可见分光光度计的类型很多。按其光学系统可分为单光束分光光度计、双光束分光光度计和双波长分光光度计三种类型。

1. 单光束分光光度计

单光束是指从光源发出的光，经单色器分光后得到一束平行单色光，从进入吸收池到最后照在检测器上，始终为一束光，如图 2-4 所示。常见的 721、722、723、724、752、754、T6 等型号分光光度计都属于单光束分光光度计。

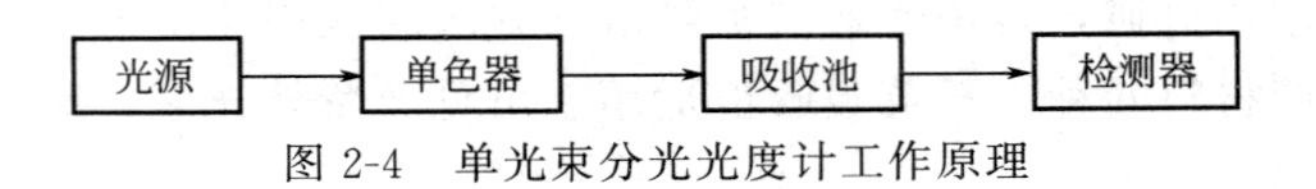

图 2-4　单光束分光光度计工作原理

单光束分光光度计的特点：

（1）仪器简单、价格较低廉；

（2）操作麻烦，任一波长的光均要用参比调 $T=100\%$后，再测样品；

（3）不能进行吸收光谱的自动扫描；

（4）光源不稳定性影响测量准确度。

2. 双光束分光光度计

从光源中发出的光经单色器分光后被旋转扇面镜（切光器）分成两束强度相等的单色光，一束通过参比溶液，一束通过被测溶液。光度计能自动比较两束光的强度，此比值即为被测液的透射比，经对数交换将它转换为吸光度并作为波长的函数记录下来，如图 2-5 所示。国产 710、730、760MC、760CRT 以及日本岛津 UV-210 型号分光光度计都属于双光束分光光度计。

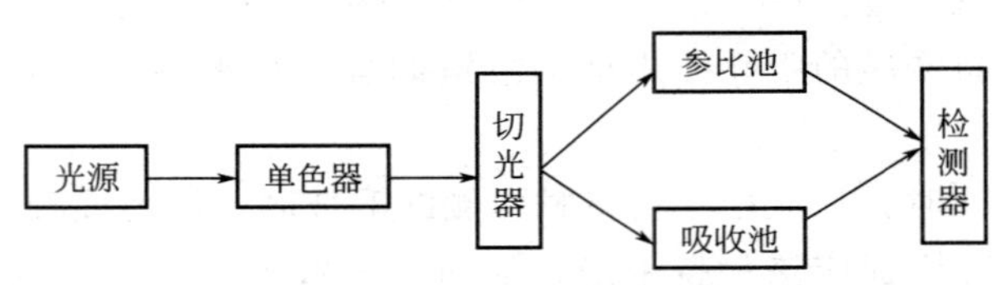

图 2-5　双光束分光光度计工作原理

双光束分光光度计仪器的特点：

（1）测量方便，不需要更换吸收池；

（2）补偿了光源不稳定性的影响；

（3）实现了快速自动吸收光谱扫描；

（4）不能消除试液的背景干扰。

3. 双波长分光光度计

由同一光源发出的光被分出两束，分别经过两个单色器，得到两束不同波长的单色光。利用切光器使两束光以一定的频率交替照射到同一吸收池，然后经过光电倍增管和电子控制系统，最后由显示器显示出两个波长处的吸光度差值（图 2-6）。国产 WFZ800S、日本岛津 UV-300、UV-365 型等分光光度计都属于双波长分光光度计。

双波长分光光度计的特点：

（1）不需要参比溶液；

（2）可以消除背景吸收干扰，包括待测溶液与参比溶液组成的不同及吸收液厚度差异的影响，提高了测量的准确度；

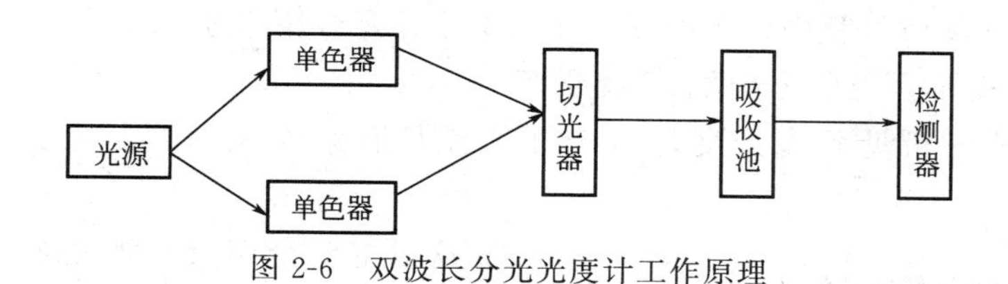

图 2-6 双波长分光光度计工作原理

（3）适合多组分混合物、浑浊试样的定量分析，可进行导数光谱分析等；

（4）价格昂贵。

紫外-可见分光光度计的操作

三、紫外-可见分光光度计的基本操作

目前紫外-可见分光光度计型号繁多，虽然不同型号的仪器其操作方法略有不同（在使用前应仔细阅读仪器说明书），但仪器上主要旋钮和按键的功能基本类似。下面介绍两种较为常见的分光光度计：SP722E 型可见分光光度计、T6 型紫外-可见分光光度计。

1. SP722E 型可见分光光度计

（1）仪器面板按钮介绍　SP722E 型可见分光光度计仪器面板按钮名称如图 2-7 所示。

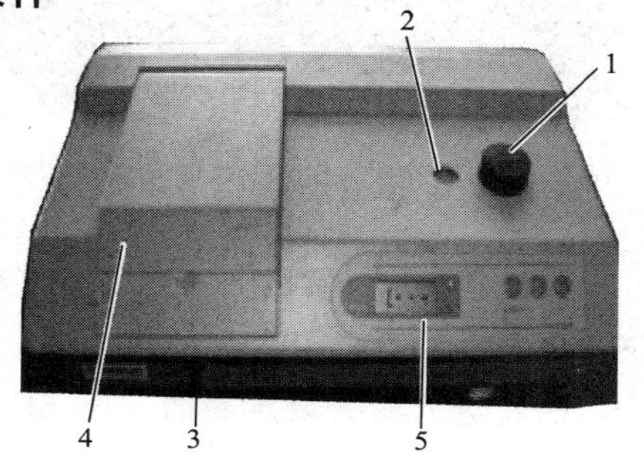

图 2-7 SP722E 型可见分光光度计外形
1—波长调节旋钮（λ）；2—波长波数显示窗；3—比色皿架拉杆；4—样品室；5—仪器控制面板（控制面板上有仪器各控制键）

（2）控制面板按键介绍　控制面板按键说明见表 2-2。

表 2-2 控制面板按键说明

按键	功能
“模式”键	调节仪器测定的不同模式(吸光度 A、透射比 T、浓度 c)
“100%T”按钮键	调节透射比(或吸光度)数据至 $T=100\%$(或 $A=0$)
“0%T”按钮键	调节透射比(或吸光度)数据至 $T=0\%$

（3）仪器基本操作

① 接通电源开关，打开样品室暗箱盖，预热 20min 后，再选择需用的入射单色光波长，按动“切换键”，切换到透射比（T）测定模式，将挡光体放入样品架，并拉动吸收池架拉杆使其进入光路，然后按下仪器的“0%T”按钮，完成仪器调零。取出挡光体，盖好样品室暗箱盖，按下仪器的“100%T”按钮。

② 打开样品室盖，将盛有参比溶液和被测溶液的比色皿分别插入比色皿槽中，盖上样品室盖。

③ 将参比溶液推入光路中，按下仪器的“100%T”按钮。并按动“切换键”，切换到吸光度（A）测定模式。

④ 将被测溶液推入光路中，显示器上所显示的是被测样品的吸光度值。

⑤ 测量完毕，取出比色皿，洗净后倒置于滤纸上晾干，关闭电源，拔下电源插头，盖上仪器防尘罩，填写仪器使用记录。

注意：在测量过程中，每改变一次波长，都要对仪器进行校正。

2. T6 型紫外-可见分光光度计基本操作

T6 型紫外-可见分光光度计可选择的波长有紫外光和可见光。仪器外观如图 2-8 所示。

图 2-8　T6 型紫外-可见分光光度计外形

这里主要介绍 T6 型紫外-可见分光光度计的基本操作。

（1）开机自检　打开仪器主机电源，仪器开始初始化，约 3min 后仪器初始化完成。初始化完成后，仪器进入主菜单。

（2）进入光度测量状态　按 ENTER 键进入光度测量界面。

（3）进入样品测量界面　按 START/STOP 键进入样品测量界面。

（4）设置样品测量波长　按 GO TO 键，输入测量波长，按 ENTER 键确认，仪器将自动调整波长。

（5）进入参数设定界面　按 SET 键进入参数设定界面，按▼键使光标移动到“试样设定”，按 ENTER 键确认，进入到设定界面。

（6）设定使用样品池个数　按▼键使光标移动到“使用样池数”，按 ENTER 键循环选择需要使用的样品池数。

（7）样品测量　按 ENTER 键返回到参数设定界面，再按 RETURN 键返回到光度测量界面。在 1 号样品池内放入空白溶液，2 号样品池内放入待测样品。关闭好样品池盖后按 ZERO 键进行空白校正，再按 START/STOP 键进行样品测量。

如需测量下一个样品，取出比色皿，更换为下一个测量的样品，按 START/STOP 键即可读数；如果需要更换波长，直接按 GO TO 键，调整波长；如果每次使用的比色皿个数固定，下一次使用时可跳过第（5）、（6）步骤直接进入样品测量。

注意：更换波长后必须重新按 ZERO 键进行空白校正。

（8）测量结束　测量完成后记录数据，退出程序或关闭仪器后测量数据将消失。确保已从样品池中取出所有比色皿，清洗干净后以便下一次使用。按 RETURN 键直接返回到仪器主菜单界面后再关闭仪器电源。

常见故障排除

紫外-可见分光光度计

四、紫外-可见分光光度计的维护与保养

紫外-可见分光光度计是精密光学仪器。正确安装、使用和保养对保持仪器良好的性能和保证测试的准确度有重要作用。

（1）仪器工作电源一般允许 220V±10%的电压波动。为保持光源灯和检测系统的稳定性，在电源电压波动较大的实验室，最好配备稳压器（有过电压保护）。

（2）为了延长光源使用寿命，在不使用时不要开光源灯。如果光源灯亮度明显减弱或不稳定，应及时更换新灯。更换后要调节好灯丝位置，不要用手直接接触窗口或灯泡，避免油污黏附，若不小心接触过，要用无水乙醇擦拭。

（3）单色器是仪器的核心部分，装在密封盒内，不能拆开，为防止色散元件受潮生霉，必须经常更换单色器盒中的干燥剂。

（4）必须正确使用吸收池，保护吸收池光学面。

（5）光电转换元件不能长时间曝光，应避免强光照射或受潮积尘。

思考与练习 2.2

一、单选题

1. 常用作光度计中获得单色光的组件是（　　）。

A. 光栅（或棱镜）+反射镜　　B. 光栅（或棱镜）+狭缝

C. 光栅（或棱镜）+稳压器　　D. 光栅（或棱镜）+变压器

2. 在紫外-可见分光光度法中，光源发出的光属于（　　）。

A. 复合光　　B. 单色光　　C. 杂光　　D. 可见光

3. 在分光光度计中，能将复合光转化为单色光的装置是（　　）。

A. 光源　　B. 单色器　　C. 吸收池　　D. 检测器

4. 下列关于吸收池说法错误的是（　　）。

A. 吸收池也称为比色皿，主要作用是盛装被测溶液

B. 吸收池可分为石英比色皿和玻璃比色皿

C. 在紫外光区，常用玻璃比色皿

D. 吸收池在使用前要进行配套性实验

5. 关于吸收池的操作，错误的是（　　）。

A. 拿取吸收池时，只能用手指接触两侧的毛玻璃，不可接触光学面

B. 吸收池装被测溶液，尽量装满

C. 洗涤时一般用自来水、蒸馏水洗涤干净

D. 吸收池的光学面必须完全垂直于光束方向

6. 下列不是单色器的组成部分的是（　　）。

A. 棱镜　　B. 光栅　　C. 准直镜　　D. 光电管

7. 紫外分光光度计常用的光源是（　　）。

A. 氘灯　　B. 钨灯　　C. 溴钨灯　　D. 荧光灯

8. 紫外分光光度法中所用的比色皿的材料是（　　）。

A. 玻璃　　B. 塑料　　C. 石英　　D. 有机玻璃

9. 许多化合物的吸收曲线表明，它们的最大吸收常常位于200～400nm，对这一光谱区应选用的光源为（　　）。

A. 氘灯或氢灯　　B. 能斯特灯　　C. 钨灯　　D. 空心阴极灯

10. 可见分光光度计常用的光源是（　　）。

A. 氘灯　　B. 氢灯　　C. 卤钨灯　　D. 荧光灯

11. 在可见分光光度计中常用的检测器是（　　）。

A. 光电管　　B. 测辐射热器　　C. 硒光电池　　D. 光电倍增管

二、判断题

1. 紫外-可见分光光度计主要由光源、单色器、样品室、检测器、记录仪、显

示系统和数据处理系统等部分组成。（　　）

2. 在进行紫外-可见分光光度测定时，可以用手捏吸收池的任何面。（　　）

3. 使用的吸收池必须洁净。用于盛装样品、参比及空白溶液的吸收池，当装入同一溶剂时，在规定波长测定吸收池的透光率，如透光率相差在0.3%以下者可配对使用，否则必须加以校正。（　　）

三、简答题

1. 简述紫外-可见分光光度计的主要结构及各部件作用。

2. 如何正确使用吸收池？

第三节　紫外-可见分光光度法定性分析

一、物质对光的吸收本质

当白光照射到物质上时，物质吸收白光中某一波长的光的能量，使得物质的分子从基态跃迁到激发态，且吸收的能量（ΔE）等于激发态的能量（E_2）与基态的能量（E_1）之差时，物质就会吸收光。

$$\Delta E = E_2 - E_1 \tag{2-2}$$

从式(2-2) 可以得出，物质对光的吸收具有选择性。

当一束白光通过某溶液时，若溶液选择性地吸收了可见光区某波长的光，则溶液呈现出被吸收光的互补光的颜色。例如，当一束白光通过 $KMnO_4$ 溶液时，$KMnO_4$ 溶液选择性地吸收了 500～560nm 的绿光，因此 $KMnO_4$ 溶液呈现出绿光所对应的互补光的颜色即紫红色。

当一束白光照射到物质上时，如果物质对可见光区各波长的光都不吸收，此时物质显白色；如果物质对可见光区各波长的光全都吸收，此时物质显黑色。

总之，各种物质呈现不同的颜色正是因为选择性吸收不同波长光造成的。

动画

吸收光谱曲线

二、吸收光谱曲线

从物质的颜色可以初步判断物质对某种单色光有选择性吸收，为了更准确地描述物质对光的吸收具有选择性，可采用吸收光谱曲线（简称为吸收曲线）来描述。

吸收光谱曲线的绘制办法是：将不同波长的光依次通过某一固定浓度和厚度的溶液，分别测出它们对各种波长光的吸收程度（用吸光度 A 表示）。以波长为横坐标，以吸光度为纵坐标作图，画出曲线，此曲线即为该物质的吸收光谱曲线。三种不同浓度的 $KMnO_4$ 溶液的吸收曲线，如图 2-9 所示。

1. 吸收光谱曲线的绘制方法

吸收光谱曲线的绘制方法主要有以下三种。

（1）手动绘制　即在直角坐标纸上作图，以波长为横坐标，吸光度为纵坐标作图。手动绘制为常规方法，比较简单。

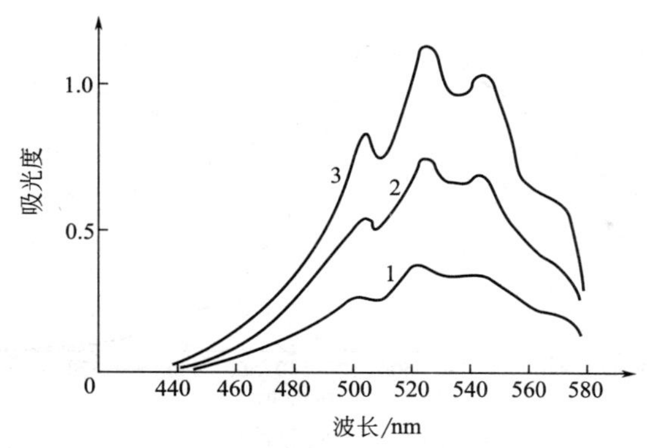

图 2-9　不同浓度的高锰酸钾溶液吸收曲线

1—$c_{KMnO_4}=1.56\times10^{-4}$mol/L；2—$c_{KMnO_4}=3.12\times10^{-4}$mol/L；3—$c_{KMnO_4}=4.68\times10^{-4}$mol/L

(2) 用数据处理软件绘制　常用的数据处理软件有 Excel 和 Origin7.0。下面用 Excel 软件对表 2-3 的数据进行吸收曲线的绘制。

表 2-3　数据表

波长/nm	400	420	440	460	480	500
吸光度	0.290	0.350	0.440	0.510	0.565	0.590
波长/nm	505	510	515	520	530	540
吸光度	0.598	0.605	0.585	0.550	0.392	0.280
波长/nm	560	580	600	620	640	660
吸光度	0.125	0.071	0.029	0.020	0.010	0.007

绘制步骤如下：

① 新建并打开一个 Excel，在 Excel 窗口中直接输入表 2-3 的数据。

② 按住鼠标左键拖动选定这两列数据，单击“插入”中的“图形 ”，就可以绘制简单的图形，通常图表类型选择绘制散点图。

③ 再对图形进行适当的修改。

a. 修改图表标题、横坐标和纵坐标名称和单位：在弹出的对话框中将图表标题改为吸收曲线，将横坐标改为波长（nm），将纵坐标改为吸光度，如图 2-10 所示。

b. 修改横坐标的坐标范围、坐标字体大小、坐标刻度线大小：双击坐标的数字，在弹出的对话框中修改。

④ 最后将其复制到 Word 文档中保存。

(3) 用仪器自带软件进行光谱扫描　如北京普析通用仪器 T6 及 TU-1901/1900 系列紫外-可见分光光度计均配有相应的软件系统“UVWin”。用仪器自带软件进行光谱扫描，方便快捷。

2. 吸收光谱曲线的特点

吸收光谱曲线具有以下几个特点：

① 同一种物质对不同波长光的吸光度不同。吸光度最大处对应的波长称为最大吸收波长，常以 λ_{max} 表示。

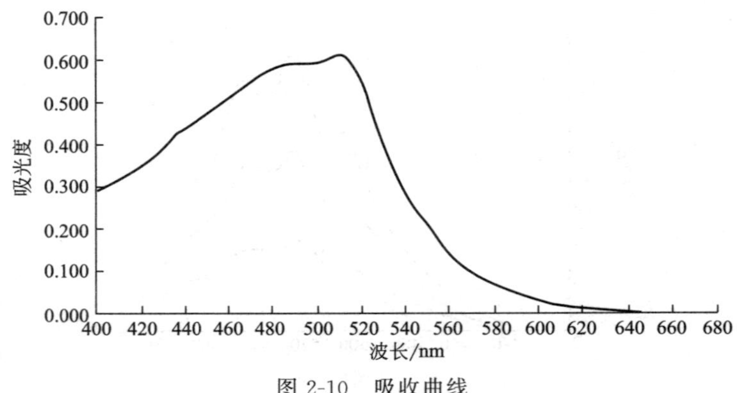

图 2-10 吸收曲线

② 不同浓度的同一种物质，其吸收曲线形状相似，最大吸收波长不变。而对于不同物质，它们的吸收曲线形状和最大吸收波长则不同。因此可利用吸收曲线和最大吸收波长来作为物质定性分析的依据。

③ 不同浓度的同一种物质，在某一定波长下吸光度有所差异，但在 λ_{max} 处吸光度随浓度变化的幅度最大，此时的测定灵敏度最高。因此在进行紫外可见分光光度法测定时，通常选取在 λ_{max} 处进行测量。

三、有机化合物的紫外-可见吸收光谱

1. 有机化合物的电子跃迁

有机化合物的紫外-可见吸收光谱，是其分子中外层 3 种价电子（σ 电子、π 电子、n 电子）跃迁的结果。根据分子轨道理论，σ 电子、π 电子所占的轨道称为成键轨道，n 电子所占的轨道为非成键轨道。通常外层电子均处于分子轨道的基态，即成键轨道或非成键轨道上。当化合物吸收光辐射后，这些价电子就会跃迁到较高能量的轨道（激发态），即 σ^*、π^* 反键轨道。电子的跃迁主要有 4 种，如图 2-11 所示。

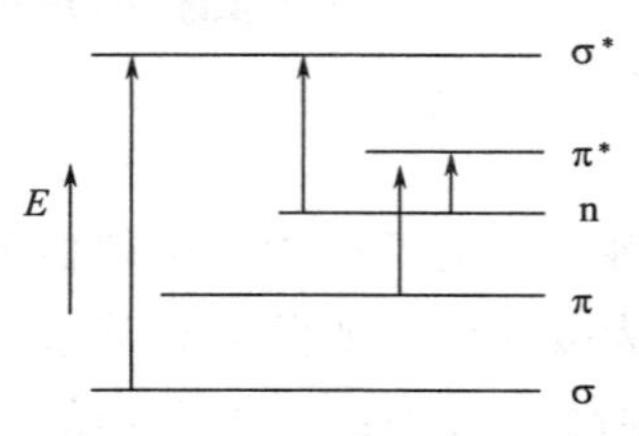

图 2-11 电子能级跃迁图

（1）$\sigma—\sigma^*$ 跃迁　此跃迁所需能量最大。σ 电子只有吸收远紫外光（$\lambda<200$nm）的能量才能发生跃迁。一般，饱和烷烃的分子吸收光谱出现在远紫外区，如甲烷的 λ 为 125nm。但由于检测远紫外区需要采用真空技术，一般认为实际应用价值不大。

（2）$n—\sigma^*$ 跃迁　一般含 N、O、S、卤素等杂原子的饱和烃衍生物均可以发生 $n—\sigma^*$ 跃迁。如甲醇发生 $n—\sigma^*$ 跃迁的 λ 为 183nm。

（3）$\pi—\pi^*$ 跃迁　一般不饱和烃、共轭烯烃以及芳香烃类均可发生 $\pi—\pi^*$ 跃迁。吸收波长处于远紫外区的近紫外端或近紫外区，属于强吸收。如乙烯发生 $\pi—\pi^*$ 跃迁的 λ 为 162nm。

（4）$n—\pi^*$ 跃迁　分子中孤对电子和 π 键同时存在时可发生 $n—\pi^*$ 跃迁。此跃迁所需能量最低，吸收波长大于 200nm。如丙酮发生 $n—\pi^*$ 跃迁的 λ 为 275nm。

2. 紫外吸收光谱常用术语

（1）生色团和助色团　最常用的紫外-可见吸收光谱是由 $\pi—\pi^*$、$n—\pi^*$ 跃迁

产生的。这两种跃迁均要求有机物分子中具有不饱和基团。这类含有 π 键的不饱和基团称为生色团。简单的生色团由双键或三键组成，如乙烯基、羰基、亚硝基、乙炔基等。

有一些含有 n 电子的基团（如—OH、—OR、$—NH_2$、—NHR、—X 等），它们本身没有生色功能（不能吸收波长大于 200nm 的光），但当它们与生色团相连时，就会发生 n—π 的共轭作用，增强生色团的生色能力（吸收波长向长波进行移动，且吸收强度增加），这样的基团称为助色团。

（2）红移和蓝移　有机化合物的吸收光谱常常因为引入取代基或改变溶剂使最大吸收波长和吸收强度发生变化，最大吸收波长 λ_{max} 向长波方向进行移动称为红移，λ_{max} 向短波方向进行移动称为蓝移或紫移。

（3）溶剂效应　由于溶剂的极性不同引起某些化合物的 λ_{max}、强度以及峰形产生变化，这种现象称为溶剂效应。一般溶剂效应有以下的规则：当溶剂由非极性变为极性时，对于 $n—\pi^*$ 跃迁的化合物，吸收产生蓝移，且吸收强度增大。对于 $\pi—\pi^*$ 跃迁的化合物，吸收产生红移，且吸收强度减弱。

3. 常见有机化合物的紫外-可见吸收光谱

有机物的紫外-可见吸收光谱的一般规律如下：

（1）若在 270～750nm 波长范围内无吸收峰，则可能是直链烷烃、环烷烃、饱和脂肪族化合物或仅含一个双键的烯烃等。

（2）若在 270～350nm 波长范围内有低强度的吸收峰，且 ε＝10～100L/(mol・cm)，则是 $n—\pi^*$ 跃迁，可能含有一个简单非共轭且含有 n 电子的生色团，如羰基。

（3）若在 250～300nm 波长范围内有中等强度的吸收峰，则可能含有苯环。

（4）若在 210～250nm 波长范围内有强吸收峰，则可能含有 2 个共轭双键；若在 260～300nm 波长范围内有强吸收峰，则说明该有机物含有 3 个或 3 个以上的共轭双键。

（5）若该有机物的吸收峰延伸至可见光区，则该有机物可能是长链共轭或稠环化合物。

四、紫外-可见分光光度法的定性应用

1. 未知物的定性鉴别

紫外-可见分光光度法可用于对不饱和有机化合物，尤其是对具有共轭体系的有机化合物进行定性鉴别和结构分析，推测未知物的骨架结构。定性鉴别方法有两种，一种是比较吸收光谱法，另一种方法是根据经验规则计算最大吸收波长，然后与实测值比较。

（1）比较吸收光谱法　两个样品若是同一化合物，其吸收光谱应完全一致。在鉴定时，为了消除溶剂效应，应将样品和标准品以相同浓度配制在相同溶剂中，在相同条件下分别测定其吸光光谱，比较两光谱图是否一致（包括曲线形状、λ_{max}、吸收峰数目、拐点及 ε_{max}）。为了进一步确证，可再用其他溶剂分别测定，若吸收光谱仍然一致，则进一步肯定两者是同一物质。

如果没有标准物，则可借助各种有机化合物的紫外-可见标准谱图及有关电子

光谱的文献资料进行比较。最常用的谱图资料是萨特勒标准谱图及手册。使用与标准谱图比较的方法时，要求仪器准确度、精密度要高，操作时测定条件要完全与文献规定的条件相同，否则可靠性较差。

（2）经验规则计算最大吸收波长法　当采用其他物理或化学方法判断某化合物的几种结构时，可用经验规则计算最大吸收波长，并与实测值进行比较，然后确定物质的结构。常用的经验规则有 Woodward-Fieser 规则和 Scott 规则。

紫外吸收光谱只能表现化合物生色团、助色团和分子母核，而不能表达整个分子的特征，因此只靠紫外吸收光谱曲线来对未知物进行定性是不可靠的，还要借助一些其他方法如红外光谱法、核磁共振波谱、质谱，以及化合物某些物理常数等配合来确定。

2. 纯度检查

（1）杂质检查　如果化合物在某波长下有较强的吸收峰，而所含杂质在此波长处无吸收峰或吸收很弱，杂质的存在将使化合物的吸收系数值降低；若杂质在此吸收峰处有比化合物更强的吸收，杂质的存在将使化合物的吸收系数值增大。这些都可作为检查杂质是否存在的方法。但是，被检查的化合物必须已经鉴别确证后，才能认为光谱数据或形状的改变是由杂质存在引起的。

如果化合物在紫外-可见光区没有明显吸收，而所含杂质有较强的吸收，那么，有少量杂质就可以用紫外-可见分光光谱检查出来。

例如，乙醇和环己烷中若含有少量杂质苯，苯在 256nm 处有吸收峰，而乙醇和环己烷在此处无吸收，乙醇中含苯量低达 10mg/mL，也能从光谱中检出。

（2）杂质的限量检查　在食品、药品等行业中，对有些杂质需有限量要求。例如肾上腺素的合成过程中有一种中间体肾上腺酮，在它还原成肾上腺素过程中由于反应不够完全而带入到产品中，成为肾上腺素的杂质而影响肾上腺素的疗效。因此，肾上腺酮的量必须规定在某一限量之下。在 0.05mol/L HCl 溶液中肾上腺素与肾上腺酮的紫外吸收光谱有显著不同，在 310nm 处肾上腺酮有吸收峰，而肾上腺素没有吸收。可以利用 λ_{max}＝310nm 检测肾上腺酮的含量，如图 2-12 所示。

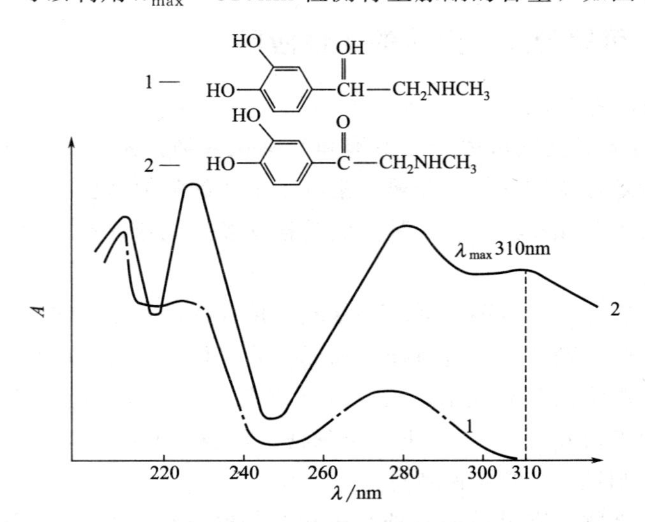

图 2-12　肾上腺素与肾上腺酮吸收曲线

思考与练习 2.3

一、单选题

1. 有关吸收曲线描述错误的是（　　）。

A. 吸收曲线反映了物质对光的吸收具有选择性

B. 不同的物质吸收曲线形状和最大吸收波长不同

C. 当物质浓度发生变化时，吸收曲线中最大吸收波长不变

D. 当物质浓度发生变化时，吸收曲线中最大吸收波长随之变化

2. 当有色溶液在稀释时，其最大吸收峰的波长（　　）。

A. 向长波方向移动　　B. 向短波方向移动

C. 不移动，但峰高值降低　　D. 不移动，但峰高值增大

3. 当同一物质浓度发生改变时，在相同测量条件下（　　）。

A. 最大吸收波长变化　　B. 最大吸收波长不改变

C. 吸收曲线也不变　　D. 吸收曲线和最大吸收波长变化

4. 在吸收光谱曲线上，如果其他条件都不变，只增加溶液的浓度，则最大吸收波长的位置和峰的高度将（　　）。

A. 峰位向长波方向移动，峰高增加

B. 峰位向短波方向移动，峰高增加

C. 峰位不移动，峰高降低

D. 峰位不移动，峰高增加

5. 在测绘吸收光谱曲线时，如果其他条件都不变，只增加吸收池的厚度，则最大吸收波长的位置和峰的高度将（　　）。

A. 峰位向长波方向移动，峰高增加

B. 峰位向短波方向移动，峰高增加

C. 峰位不移动，峰高降低

D. 峰位不移动，峰高增加

6. 吸收曲线是（　　）。

A. 吸光物质浓度与吸光度之间的关系曲线

B. 吸光物质浓度与透光度之间的关系曲线

C. 入射光波长与吸光物质溶液厚度之间的关系曲线

D. 入射光波长与吸光物质的吸光度之间的关系曲线

7. 下列说法正确的是（　　）。

A. 吸收曲线与物质的性质无关

B. 吸收曲线的基本性质与溶液浓度无关

C. 浓度越大，吸光系数越大

D. 吸收曲线是一条通过原点的直线

二、简答题

1. 简述吸收曲线的特点。

2. 如何使用紫外-可见分光光度法初步判断未知试样为高锰酸钾溶液？

第四节 紫外-可见分光光度法定量分析

一、朗伯-比尔定律

朗伯-比尔定律是说明物质对单色光吸收的强弱与吸光物质的浓度和液层厚度间关系的定律，是紫外-可见分光光度法定量分析的理论依据。

（一）透光率和吸光度

当一束平行的单色光通过溶液时，一部分光被溶液反射，一部分光被溶液吸收，一部分光透过溶液。如果入射光的入射光强度为 I_0，吸收光强度为 I_a，透射光强度为 I_t，反射光强度为 I_r，则

$$I_0 = I_a + I_t + I_r \tag{2-3}$$

在进行分光光度分析中，被测溶液和参比溶液是分别放在同样材料及厚度的两个吸收池中，让强度同为 I_0 的单色光分别通过两个吸收池，所以反射光的影响可以从参比溶液中消除，则式(2-3) 可简写为

$$I_0 = I_a + I_t \tag{2-4}$$

透射光强度（I_t）与入射光强度（I_0）之比称为透射比（亦称透射率、透光率、透光度），用 T 表示，则有：

$$T = \frac{I_t}{I_0} \tag{2-5}$$

溶液的 T 越大，表明它对光的吸收越弱；反之，T 越小，表明它对光的吸收越强。一般透光率常用百分率表示。

为了表示物质对光的吸收程度，常用吸光度（A）来表示，其定义为：

$$A = \lg\frac{1}{T} = \lg\frac{I_0}{I_t} \tag{2-6}$$

A 值越大，表明物质对光的吸收越强。

（二）朗伯-比尔定律

当一束平行单色光垂直照射到某一固定浓度的溶液时，溶液对光的吸收程度与溶液的浓度及液层厚度的乘积成正比。

$$A = Kcb \tag{2-7}$$

式中，K 为比例常数；c 为被测溶液浓度；b 为液层厚度。

上述表达式称为朗伯-比尔定律。

朗伯-比尔定律应用的条件：一是入射光必须是单色光；二是吸收发生在稀的、均匀的介质中；三是吸收过程中，吸收物质互相不发生作用。

根据朗伯-比尔定律，当吸收池的厚度一定时，吸光度与试样的浓度成正比，以吸光度对浓度作图应得到一条过原点的直线。但实际测定时，有时会发现这条直线发生弯曲（尤其当溶液浓度较高时），或者直线不过原点。这种现象称为对朗伯-

比尔定律的偏离，如图 2-13 所示。引起这种偏离的因素主要有物理性因素和化学性因素两类。

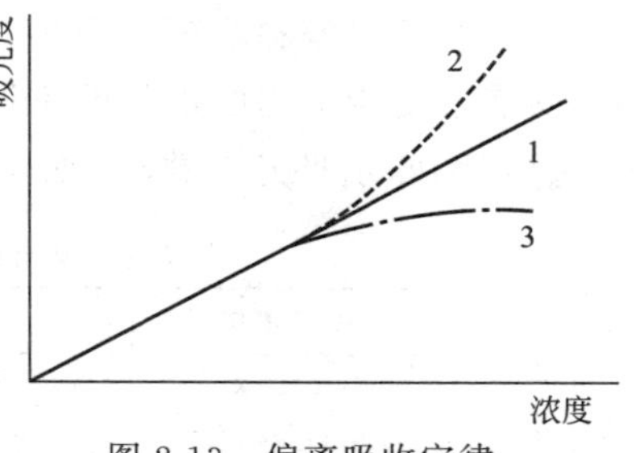

图 2-13 偏离吸收定律
1—无偏差；2—正偏离；3—负偏离

1. 物理性因素

物理性因素是由仪器的非理想状态引起的。一般的分光光度计只能获得近乎单色的狭窄光带，难以获得真正的纯单色光。非单色光、杂散光、非平行入射光都会引起对朗伯-比尔定律的偏离，最主要的是非单色光作为入射光引起的偏离。

2. 化学性因素

朗伯-比尔定律的应用前提是：所有的吸光质点之间不发生作用。这只有稀溶液（浓度小于 0.01mol/L）时才基本符合。当溶液浓度大于 0.01mol/L 时，吸光质点可能发生缔合等相互作用，直接影响了对光的吸收。所以朗伯-比尔定律只适用于稀溶液。

另外，溶液中存在着离解、聚合、互变异构、配合物的形成等化学平衡时，使吸光质点的浓度发生变化，影响吸光度，从而影响吸光度与浓度之间的线性关系。如重铬酸盐溶液 $Cr_2O_7^{2-}$ 发生水解生成 CrO_4^{2-} 和 H^+。溶液中 CrO_4^{2-} 与 $Cr_2O_7^{2-}$ 的颜色不同，吸光性质也不相同。则在不同浓度或不同酸度下，CrO_4^{2-} 与 $Cr_2O_7^{2-}$ 所占的比例不同，使测得的吸光度值与铬离子的总浓度间的线性关系发生了偏离。

课程思政点 **健康教育**

血糖的测定

医学上血糖的测定是基于紫外可见分光光度法的基本原理。无蛋白血滤液中的葡萄糖与碱性硫酸铜溶液共热时，会产生砖红色的氧化亚铜沉淀，该沉淀会使黄绿色的磷钼酸还原成钼蓝，而钼蓝颜色深浅与葡糖糖含量成正比。与同样处理的标准葡萄糖溶液相比较，即可求出血液中葡萄糖的含量。生活中，引起血糖升高的因素有很多，除了患有疾病以外，还与生活习惯有关，如压力过大、熬夜导致睡眠不足、缺乏运动、饮酒、饮食摄入量不均衡，特别是甜食或含糖饮料摄入过多等。因此要想拥有一个健康的体魄，就应该倡导“合适膳食、适量运动、远离疾病”的理念，做到管住嘴，迈开腿!

（三）吸光系数

比例常数 K 也称为吸光系数。其物理意义是：单位浓度的溶液液层厚度为 1cm 时，在一定波长下测得的吸光度。K 值的大小取决于吸光物质的性质、入射光波长、溶液温度和溶剂性质等，与溶液浓度、大小和液层厚度无关。且 K 值大小因溶液浓度所采用的单位的不同而异。一般比例常数 K 有两种表示方法，即吸光系数 a 和摩尔吸光系数 ε。如表 2-4 所示。

表 2-4　吸光系数与浓度单位之间的变化关系

浓度的单位	K 的单位	名称	符号	朗伯-比尔公式	定量关系
mol/L	L/(mol·cm)	摩尔吸光系数	ε	$A=\varepsilon cb$	$\varepsilon=aM$（M 为物质的分子量）
g/L	L/(g·cm)	质量吸光系数	a	$A=acb$	

吸光系数具有以下特点：

（1）不随浓度和液层厚度的改变而改变。在温度和波长等条件一定时，吸光系数仅与吸收物质本身的性质有关，与被测物浓度无关，因此吸光系数可作为定性鉴别的参数；

（2）同一吸收物质在不同波长下的 ε 值是不同的。在最大吸收波长 λ_{max} 处的摩尔吸光系数，常用 ε_{max} 表示。ε_{max} 表明了该吸收物质最大限度的吸光能力，也反映了光度法测定该物质可能达到的最大灵敏度；

（3）ε_{max} 越大，表明该物质的吸光能力越强，用光度法测定该物质的灵敏度也就越高。一般 $\varepsilon_{max}<1\times10^4$ L/(mol·cm) 属于低灵敏度；ε_{max} 在 $(1\sim6)\times10^4$ L/(mol·cm) 属于中等灵敏度；$\varepsilon_{max}>6\times10^4$ L/(mol·cm) 属于高灵敏度。

（四）吸光度的加和性

当溶液中有多种组分对光产生吸收时，且各组分之间不存在相互作用时，则该溶液在某一波长下的总吸光度等于各组分的吸光度之和，即吸光度具有加和性。可表示如下：

$$A_{总}=A_1+A_2+A_3+A_n=\sum A_n \tag{2-8}$$

式中，各吸光度的下标表示组分 $1,2,3,\cdots,n$。

二、紫外-可见分光光度法的定量方法

紫外-可见分光光度法最重要的用途是进行定量分析。其定量分析的依据是朗伯-比尔定律，即物质在一定波长处的吸光度与它的浓度是呈线性关系。下面分别介绍单组分和多组分以及高含量组分的定量方法。

（一）单组分样品的定量方法

单组分是指样品中只含有一种组分，或者混合物中待测组分的吸收峰与其他共存物质的吸收峰无重叠。在这两种情况下，通常应选择在待测物质的最大吸收波长处进行定量分析。

动画
标准对照法

1. 标准对照法

标准对照法是指在相同条件下，测得样品溶液和浓度已知的该物质的标准溶液的吸光度为 A_x 和 A_s，由标准溶液的浓度 c_s 可计算出样品中被测物的浓度 c_x。即

$$A_x=\varepsilon c_x b$$

$$A_s=\varepsilon c_s b$$

则
$$c_x = \frac{c_s A_x}{A_s} \tag{2-9}$$

该法比较简单，但误差较大。只有在测定的浓度区间内溶液完全遵守朗伯-比尔定律，并且 c_s 和 c_x 很接近时，才能得到较为准确的结果。此方法适用于个别样品的测定。

2. 标准曲线法

标准曲线法

此法又称为工作曲线法，它是实际工作中使用最多的一种定量方法。

(1) 手工绘制　工作曲线的绘制方法步骤如下所述。

① 配制标准系列溶液：配制 4 份以上浓度不同的待测组分的标准溶液。

② 测定吸光度：以不含被测组分的空白溶液作为参比，在选定的波长下，分别测定各标准溶液的吸光度。

③ 作图：以标准溶液浓度为横坐标，吸光度为纵坐标，在坐标纸上绘制曲线，所得曲线即为标准曲线（工作曲线），如图 2-14 所示。

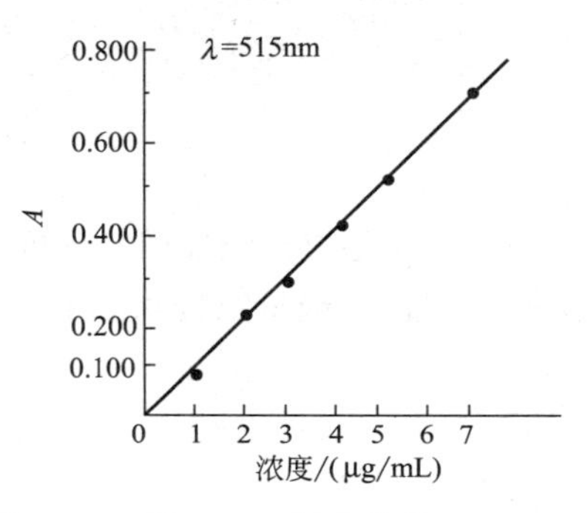

图 2-14　标准曲线

实际工作中，为了避免使用时出差错，在所做的工作曲线上还必须标明标准曲线的名称、所用标准溶液名称和浓度、坐标分度和单位、测量条件（仪器型号、入射光波长、吸收池厚度、参比溶液名称）以及制作日期和制作者姓名。

④ 按与配制标准溶液相同的方法配制待测溶液，在相同测量条件下测得待测溶液的吸光度，然后在工作曲线上找到吸光度所与之对应的浓度，即为待测溶液的浓度。

(2) 计算机软件绘制　标准曲线的绘制方法除了手工绘制外，还可以使用计算机软件来绘制。如：用 Excel 软件对表 2-5 的数据进行工作曲线的绘制。

表 2-5　数据表

浓度/$\times 10^{-6}$	0	2	4	6	8	10
吸光度	0	0.221	0.452	0.675	0.891	1.112

具体步骤如下：

① 新建并打开一个 Excel，在 Excel 窗口中直接输入表 2-5 的数据。

② 按住鼠标左键拖动选定这两列数据，单击“插入”中的“图形 ”，就可以绘制简单的图形，通常图表类型选择绘制散点图。

③ 再对图形进行适当的修改。

a. 修改图表标题、横坐标和纵坐标名称和单位：在弹出的对话框中将图表标题改为工作曲线，将横坐标改为浓度（$\times 10^{-6}$ 或 μg/mL），将纵坐标改为吸光度，如图 2-15 所示。

b. 修改横坐标的坐标范围、坐标字体大小、坐标刻度线大小：双击坐标的数字，在弹出的对话框中修改。

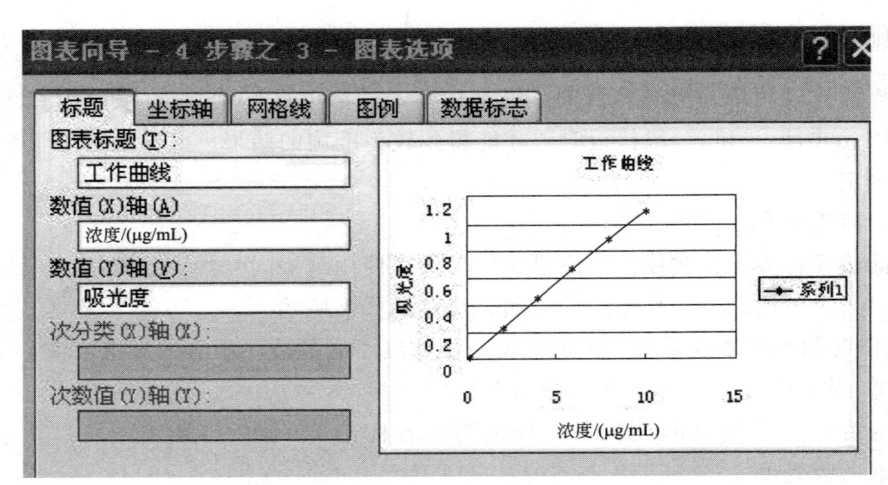

图 2-15　工作曲线绘制

④ 对图形进行线性回归分析：右击工作曲线，选择“添加趋势线”，趋势线类型选择“线性”，趋势线选项选择“显示公式”和“显示 R 平方值”，结果如图 2-16 所示。

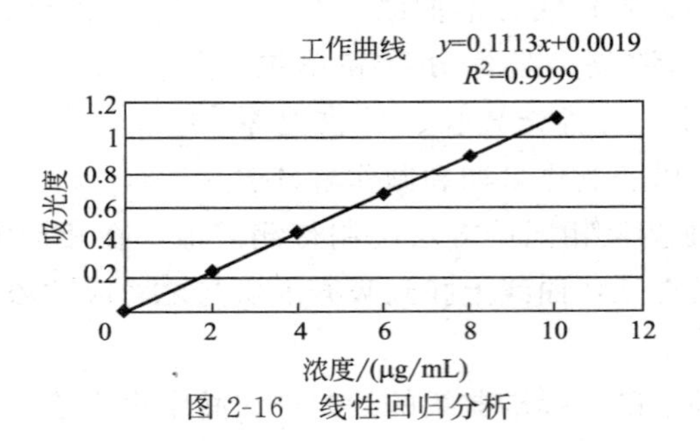

图 2-16　线性回归分析

从上面的线性回归的结果可看到，本实验的直线方程为 $y=0.0019+0.1113x$，斜率为 0.1113，相关系数为 0.9999。相关系数的绝对值越接近 1，说明实验点越接近线性。一般要求所作工作曲线的相关系数 R 要大于 0.999。

⑤ 最后将该直线复制到 Word 文档中保存。

为保证测定准确度，标准曲线法要求标样与试样溶液的组成保持一致。待测溶液的浓度应在工作曲线线性范围内，最好在工作曲线中部。此方法适用于大批量样品的分析。

除了用软件可方便快速地求出直线回归方程外，还可用最小二乘法来确定直线回归方程。最小二乘法的方法原理如下。

设工作曲线的回归方程为：

$$y=a+bx \tag{2-10}$$

式中，x 为标准溶液的浓度；y 为相应的吸光度；b 为直线斜率；a 为直线的截距。

由式(2-11) 可求出 b。

$$b=\frac{\sum_{i=1}^{n}(x_i-\overline{x})(y_i-\overline{y})}{\sum_{i=1}^{n}(x_i-\overline{x})(x_i-\overline{x})} \tag{2-11}$$

式中，$\overline{x}$，$\overline{y}$ 分别为 x 和 y 的平均值；x_i 为第 i 个点的标准溶液的浓度；y_i 为第 i 个点的标准溶液的吸光度。

由式(2-12) 可求出 a。

$$a=\frac{\sum_{i=1}^{n}y_i-b\sum_{i=1}^{n}x_i}{n} \tag{2-12}$$

相关系数 r 由式(2-13) 可求出。

$$r=b\sqrt{\frac{\sum_{i=1}^{n}(x_i-\overline{x})(x_i-\overline{x})}{\sum_{i=1}^{n}(y_i-\overline{y})(y_i-\overline{y})}} \tag{2-13}$$

（二）多组分样品的定量方法

多组分是指在被测溶液中含有两个或两个以上的吸光组分。根据其吸收峰的相互干扰情况，可分成 3 种，如图 2-17 所示。

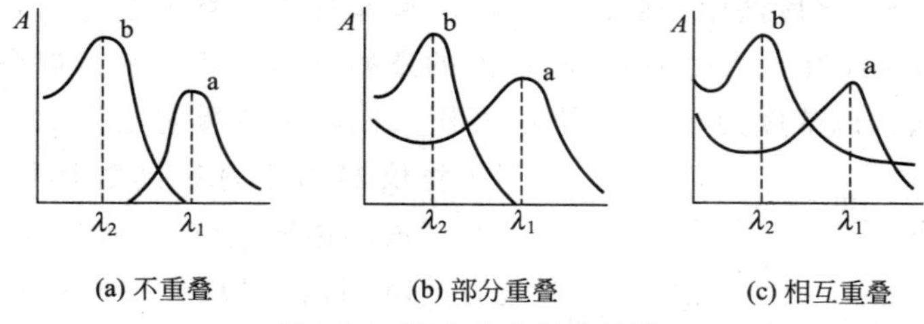

图 2-17 混合物的吸收光谱

若各组分的吸收曲线互不重叠或部分重叠，但在各自最大吸收波长处另一组分没有干扰时［图 2-17(a)、(b)］，可按单一组分的方法测定各组的含量。

若各组分的吸收曲线相互有重叠［图 2-17(c)］时，则采用以下方法测定各组分的含量。

选定两个波长 λ_1 和 λ_2 处测定吸光度为 A^{λ_1}、A^{λ_2}，则根据吸光度的加和性来解以下方程组，得出各组分的含量。

$$\begin{cases}A^{\lambda_1}=\varepsilon_{A\lambda_1}bc_A+\varepsilon_{B\lambda_1}bc_B\\A^{\lambda_2}=\varepsilon_{A\lambda_2}bc_A+\varepsilon_{B\lambda_2}bc_B\end{cases} \tag{2-14}$$

式中，c_A、c_B 分别为 A 组分和 B 组分的浓度；$\varepsilon_{A\lambda_1}$、$\varepsilon_{B\lambda_1}$ 分别为 A 组分和 B 组分在波长为 λ_1 处的摩尔吸光系数；$\varepsilon_{A\lambda_2}$、$\varepsilon_{B\lambda_2}$ 分别为 A 组分和 B 组分在波长为 λ_2 处的摩尔吸光系数。

其中，$\varepsilon_{A\lambda_1}$、$\varepsilon_{B\lambda_1}$、$\varepsilon_{A\lambda_2}$、$\varepsilon_{B\lambda_2}$ 可以用 A、B 的标准溶液分别在 λ_1 和 λ_2 处测定吸

光度后计算求得，将，$\varepsilon_{A\lambda_1}$、$\varepsilon_{B\lambda_1}$、$\varepsilon_{A\lambda_2}$、$\varepsilon_{B\lambda_2}$ 代入方程组，可得两组分的浓度。

值得一提的是，如果有 n 个组分相互重叠，就必须在 n 个波长处测定其吸光度的加和值，然后解 n 元一次方程，才能分别求出各组分的含量。但组分数 $n>3$ 结果误差增大。

（三）高含量组分的测定（示差法）

普通分光光度法一般只适于测定微量组分，当待测组分含量较高时，将产生较大的误差。需采用示差法来对高含量的组分进行计算。

示差法又称示差分光光度法。它与一般分光光度法区别仅仅在于它采用一个已知浓度成分与待测溶液相同的溶液作参比溶液（称参比标准溶液），而其测定过程与一般分光光度法相同。然而正是由于使用了这种参比标准溶液，才大大地提高测定的准确度，使其可用于测定过高含量的组分，所以我们将这种以改进吸光度测量方法来扩大测量范围并提高灵敏度和准确度的方法称为示差法。

设待测溶液的浓度为 c_x，标准溶液浓度为 $c_s(c_s<c_x)$，则有：

$$\Delta A=A_x-A_s=\varepsilon b(c_x-c_s)=\varepsilon b\Delta c \tag{2-15}$$

测得的吸光度相当于普通法中待测溶液与标准溶液的吸光度之差。示差法测得的吸光度与 Δc 呈线性关系。由标准曲线上查的相应的 Δc 值，则待测溶液的浓度 c_x：

$$c_x=c_s+\Delta c \tag{2-16}$$

在普通的分光光度法中，假设以空白溶液作参比，测出浓度为 c_0 的标准溶液的透射比（T）$=10\%$，浓度为 c_x 的试液的透射比（T）$=4\%$（如图 2-18 中上部分）。用示差法，以浓度为 c_0 的标准溶液作参比，调节透射比为 $100\%T$，这就相当于将仪器的透射比读数标尺扩大了十倍，此时试液的透射比（T）$=40\%$，此读数落入适宜的范围内（如图 2-18 中下部分），从而提高了测量准确度。

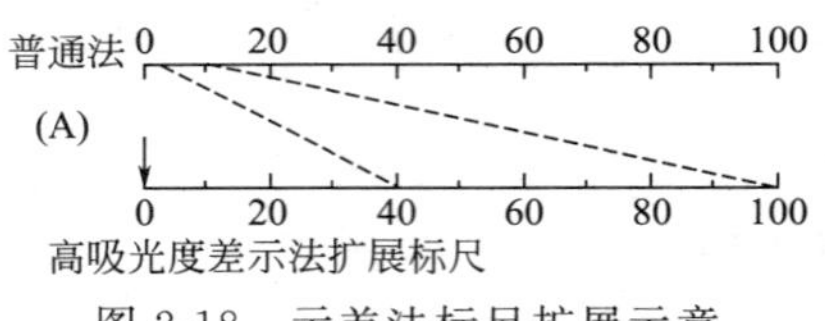

图 2-18　示差法标尺扩展示意

使用这种方法要求仪器光源强度要足够大，仪器检测器要足够灵敏。因为只有这样的仪器才能将标准参比溶液调到 T 为 100%，否则调不到。

新技术——光度分析法中的导数技术

根据光吸收定律，吸光度是波长的函数，将吸光度对波长求导，所形成的光谱称为导数光谱。导数光谱可以进行定性或定量分析，其特点是灵敏度尤其是选择项获得显著提高，能有效地消除基体的干扰，适用于浑浊试样。高阶导数能分辨重叠光谱甚至提供指纹特征，而特别适用于消除干扰或多组分同时测定，在药物、生物化学及食品分析中的应用研究十分活跃。如用于复合维生素、消炎药、感冒药、扑尔敏、磷酸可待因中的各组分的测定而不需要预先分离。又如用于生物体液中同时测定胆红素、血红蛋白等。在无机化学方面应用也很广，如用一阶导数法最多可同时测定五个金属元素；用二阶导数法可测定性质十分相近的稀土混合物中的单个稀土元素等。

在导数光度法的基础上，提出的比光谱-导数光度法，因其选择性好及操作简单，目前已用于环境物质、药物和染料的2～3个组分的同时测定。将导数光度法与化学计量学方法结合，可进一步提高方法的选择性而被关注。

思考与练习2.4

一、单选题

1. 在符合朗伯-比尔定律的范围内，溶液的浓度、最大吸收波长、吸光度三者的关系是（　　）。

A. 增加、增加、增加　　B. 减小、不变、减小

C. 减小、增加、减小　　D. 增加、不变、减小

2. 某物质的吸光系数的大小与（　　）有关。

A. 溶液浓度　　B. 测定波长　　C. 仪器型号　　D. 吸收池厚度

3. 某药物的摩尔吸光系数（ε）很大，则表明（　　）。

A. 该药物溶液的浓度很大　　B. 光通过该药物溶液的光程很长

C. 该药物对某波长的光吸收很强　　D. 测定该药物的灵敏度高

4. 光吸收定律只适用于（　　）和一定范围的低浓度溶液。

A. 有色溶液　　B. 透光物质

C. 单色光　　D. 波长较窄的复合光

5. 在分光光度分析中，透过光强度与入射光强度之比称为（　　）。

A. 吸光度　　B. 透光率　　C. 吸光系数　　D. 光密度

6. 当入射光的强度一定时，溶液吸收光的强度越小，则溶液透过光的强度（　　）。

A. 越大　　B. 越小　　C. 保持不变　　D. 等于0

7. 符合光的吸收定律的物质，与吸光系数无关的因素是（　　）。

A. 入射光的波长　　B. 吸光物质的性质

C. 溶液的温度　　D. 在稀溶液条件下，溶液的浓度

8. 用分光光度法测定某有色溶液，当其浓度为 c 时，测得透光率为 T。假若其浓度为 $\frac{1}{2}c$ 时，其透光率为（　　）。

A. $\frac{1}{2}T$　　B. $2T$　　C. T^2　　D. $\sqrt{T}$

9. 用分光光度法测定某浓度为 c 有色溶液时，当吸收池的厚度为1cm时，测得透光率为 T。假若吸收池的厚度为2cm时，则其透光率为（　　）。

A. $\frac{1}{2}T$　　B. $2T$　　C. T^2　　D. $\sqrt{T}$

10. 透光率 T 是100%时，吸光度 A 是（　　）。

A. $A=1$　　B. $A=0$　　C. $A=10\%$　　D. $A=\infty$

11. 用标准对照法测定某一未知液浓度时，已知标准溶液的浓度为 2.4×10^{-4} mol/L。测得标准溶液和未知液的吸光度分别为0.4和0.3，则未知液的浓度

是（　　）。

A. 1.5×10^{-4} mol/L　　B. 1.8×10^{-4} mol/L

C. 2.6×10^{-4} mol/L　　D. 3.1×10^{-4} mol/L

12. 某溶液符合光的吸收定律，当溶液浓度为 c 时，扫描吸收光谱曲线，找到最大吸收波长是 λ_0。如果溶液浓度改为 $2c$，则最大吸收波长在（　　）。

A. $\frac{1}{2}\lambda_0$　　B. λ_0　　C. $2\lambda_0$　　D. 不能确定

13. 关于标准曲线法，下列说法错误的是（　　）。

A. 工作条件有变动时，应重新作标准曲线

B. 样品溶液与标准溶液可在不同的仪器上测量

C. 样品溶液的浓度应落在曲线的线性范围内

D. 绘制标准曲线时，标准溶液一般至少应作四个不同浓度点

14. 在分光光度法中，应用光的吸收定律进行定量分析，应采用的入射光为（　　）。

A. 白光　　B. 单色光　　C. 可见光　　D. 复合光

15. 紫外-可见分光光度法中的测定波长通常选择（　　）。

A. λ_{min}　　B. λ_{max}

C. λ_{sh}（肩峰处的波长）　　D. 任一波长

16. 有甲、乙两个不同浓度的同一有色物质的溶液，在同一波长下作光度测定，当甲溶液用 1cm 比色皿，乙用 2cm 的比色皿时获得的吸光度值相同，则它们的浓度关系为（　　）。

A. 甲是乙的一半　　B. 甲等于乙　　C. 甲是乙的两倍　　D. 不确定

二、判断题

1. 朗伯-比尔定律是指在浓度一定的条件下，溶液的吸光度与溶液液层的厚度成反比。（　　）

2. 吸光系数的数值越大，表明溶液对光越容易吸收，测定的灵敏度越高。（　　）

3. 偏离光的吸收定律的主要原因是光学因素，其他如化学因素等影响不大。（　　）

4. 为了减小测定的相对误差，当吸光度读数太大时，可将溶液稀释或改用液层厚度较薄的吸收池。（　　）

5. 分光光度法分析中，选择测定波长的一般原则是：吸收最大，干扰最小。（　　）

6. 透光率的倒数称为吸光度。（　　）

7. 某物质的摩尔吸光系数越大，则表明该物质的浓度越大。（　　）

8. 在一定条件下，在紫外光谱中，同一物质，浓度不同，入射光波长相同，则摩尔吸光系数相同。（　　）

9. 有色溶液的最大吸收波长随溶液浓度的增大而增大。（　　）

10. 在光度分析法中，溶液浓度越大，吸光度越大，测量结果越准确。（　　）

11. 物质摩尔吸光系数 ε 的大小，只与该有色物质的结构特性有关，与入射光波长和强度无关。（　　）

12. 摩尔吸光系数 ε 是吸光物质在特定波长、温度和溶剂中的特征常数，ε 值越大，表明测定结果的灵敏度越高。(　　)

13. 符合朗伯-比耳定律的有色溶液稀释时，其最大吸收峰的波长位置不移动，但吸收峰降低。(　　)

14. 吸光系数与入射光波长及溶液浓度有关。(　　)

15. 进行吸光光度法测定时，一般选择最大吸收波长的光作为入射光。(　　)

三、简答题

1. 简述朗伯-比尔定律的内容及适用范围。

2. 简述标准曲线的制作步骤。

四、计算题

1. 某试液显色后用 2.0cm 吸收池测量时，透光率＝50.0%。若用 1.0cm 或 5.0cm 吸收池测量，透光率及吸光度各为多少？

2. 某一溶液，每升含 47.0mg Fe。吸取此溶液 5.0mL 于 100mL 容量瓶中，以邻二氮菲光度法测定铁，用 1.0cm 吸收池于 508nm 处测得吸光度 0.467。计算质量吸光系数 a 和摩尔吸光系数 ε。已知 M_{Fe}＝55.85g/mol。

3. 称取 0.5000g 钢样溶解后将其中 Mn^{2+} 氧化为 MnO_4^-，在 100mL 容量瓶中稀释至标线。将此溶液在 525nm 处 2cm 吸收池测得其吸光度为 0.620，已知 MnO_4^- 在 525nm 处的 ε＝2235L/(mol·cm)，计算钢样中锰的含量。

第五节　紫外-可见分光光度法条件选择

利用分光光度法进行分析，关键是要准确测量吸光物质的吸光度。测量吸光度的准确度往往受到多方面因素影响。如波长准确度、入射光波长、测量的吸光度范围、参比溶液的选择、显色剂的用量、溶液的 pH 等都会对分析结果的准确度产生影响，因此必须加以控制。

一、测量条件的选择

(一) 入射光的选择

当用分光光度计测定被测溶液的吸光度时，首先需要选择合适的入射光波长。选择入射光波长的依据是该被测物质的吸收曲线。在一般情况下，应选用吸光物质的最大吸收波长作为入射光波长。在 λ_{max} 附近波长的稍许偏移引起的吸光度的变化较小，可得到较好的测量精度，而且以 λ_{max} 为入射光测定灵敏度高。

但是如果最大吸收峰附近若有干扰存在（如共存离子或所使用的试剂有吸收），则在保证有一定灵敏度情况下，可以选择吸收曲线中其他波长进行测定（应选曲线较平坦处对应的波长），以消除干扰。

(二) 参比溶液的选择

在测量样品溶液的吸光度时，要根据被测样品溶液的性质，选择适合的参比溶液，调节其透射比为100%，实际上是以通过参比池的光作为入射光来测定试液的吸光度，这样消除样品溶液中其他共存组分、溶剂和吸收池等对光的反射及吸收所带来的误差。这样比较真实地反映了待测物质对光的吸收，因而也就比较真实地反映了待测物质的浓度。通常参比溶液的选择有以下几种方法。

1. 溶剂参比

当试样溶液的组成比较简单，共存的其他组分很少且对测定波长的光几乎没有吸收，仅有待测物质与显色剂的反应产物有吸收时，可采用溶剂作参比溶液，这样可以消除溶剂、吸收池等因素的影响。

2. 试剂参比

如果显色剂或其他试剂在测定波长有吸收，此时应采用试剂参比溶液。即按显色反应相同条件，只不加入试样，同样加入试剂和溶剂作为参比溶液。这种参比溶液可消除试剂中的组分产生的影响。

3. 试液参比

如果试样中其他共存组分有吸收，但不与显色剂反应，则当显色剂在测定波长无吸收时，可用试样溶液作参比溶液，即将试液与显色溶液作相同处理，只是不加显色剂。这种参比溶液可以消除有色离子的影响。

4. 褪色参比

如果显色剂及样品基体有吸收，这时可以在显色液中加入某种褪色剂，选择性地与被测离子配位（或改变其价态），生成稳定无色的配合物，使已显色的产物褪色，用此溶液作参比溶液，称为褪色参比溶液。褪色参比是一种比较理想的参比溶液，但遗憾的是并非任何显色溶液都能找到适当的褪色方法。

（三）吸光度的测量范围的选择

由于吸光度标尺为刻度不均匀的对数标尺，在不同的范围读数，产生的误差不同。经过计算，吸光度为0.434时，浓度的相对误差最小，吸光度读数在0.2～0.7范围内，浓度的相对误差较小（小于4%），超出这个范围，误差将迅速增大。因此，在测量时应控制吸光度的读数在0.2～0.7。控制的办法有：

（1）通过控制样品称样量或稀释倍数来调节试液浓度。

（2）选用不同厚度的比色皿。

二、显色条件的选择

（一）显色反应和显色剂

在进行紫外-可见分光光度分析时，有些物质本身对紫外-可见光区的光有较强吸收，可以直接测定，但大多数物质本身在紫外-可见光区没有吸收或虽有吸收但摩尔吸收系数很小，因此不能直接用分光光度法测定。这就需要借助适当试剂，使之与待测物质反应而转化为有色物质或摩尔吸收系数较大的物质后再进行测定。这种将待测物质转变成有色化合物的反应称为显色反应；与待测物质形成有色化合物的试剂称为显色剂。

常见的显色剂有无机显色剂和有机显色剂两大类。

1. 无机显色剂

许多无机试剂能与金属离子发生显色反应，但由于灵敏度和选择性都不高，具有实际应用价值的品种很有限。几种常用的无机显色剂如表 2-6 所示。

表 2-6 常用的无机显色剂

显色剂	测定元素	反应介质	有色化合物组成	颜色	λ_{max}/nm
硫氰酸盐	铁	0.1～0.8mol/L HNO_3	$Fe(CNS)_5^{2-}$	红	480
	钼	1.5～2mol/L H_2SO_4	$Mo(CNS)_6^-$ 或 $MoO(CNS)_5^{2-}$	橙	460
	钨	1.5～2mol/L H_2SO_4	$W(CNS)_6^-$ 或 $WO(CNS)_5^{2-}$	黄	405
	铌	3～4mol/L HCl	$NbO(CNS)_4^-$	黄	420
	铼	6mol/L HCl	$ReO(CNS)_4^-$	黄	420
钼酸铵	硅	0.15～0.3mol/L H_2SO_4	硅钼蓝	蓝	670～820
	磷	0.15mol/L H_2SO_4	磷钼蓝	蓝	670～820
	钨	4～6mol/L HCl	磷钨蓝	蓝	660
	硅	稀酸性	硅钼杂多酸	黄	420
	磷	稀 HNO_3	磷钼钒杂多酸	黄	430
	钒	酸性	磷钼钒杂多酸	黄	420
氨水	铜	浓氨水	$Cu(NH_3)_4^{2+}$	蓝	620
	钴	浓氨水	$Co(NH_3)_6^{2+}$	红	500
	镍	浓氨水	$Ni(NH_3)_6^{2+}$	紫	580
过氧化氢	钛	1～2mol/L H_2SO_4	$TiO(H_2O_2)^{2+}$	黄	420
	钒	6.5～3mol/L H_2SO_4	$VO(H_2O_2)^{3+}$	红橙	400～450
	铌	18mol/L H_2SO_4	$Nb_2O_3(SO_4)_2(H_2O_2)$	黄	365

2. 有机显色剂

有机显色剂与金属离子形成的配合物其稳定性、灵敏度和选择性都比较高，而且有机显色剂的种类较多，实际应用广泛。几种重要的有机显色剂如表 2-7 所示。

表 2-7 重要的有机显色剂

显色剂	测定元素	反应介质	λ_{max}/nm	ε/[L/(mol·cm)]
磺基水杨酸	Fe^{2+}	pH 2～3	520	1.6×10^3
邻菲罗啉	Fe^{2+} Cu^+	pH 3～9	510 435	1.1×10^4 7×10^3
丁二酮肟	Ni(Ⅳ)	氧化剂存在、碱性	470	1.3×10^4
1-亚硝基-2 苯酚	Co^{2+}		415	2.9×10^4
钴试剂	Co^{2+}		570	1.13×10^5
双硫腙	Cu^{2+}、Pb^{2+}、Zn^{2+}、Cd^{2+}、Hg^{2+}	不同酸度	490～550 (Pb520)	4.5×10^4～3×10^4 (Pb6.8×10^4)
偶氮砷(Ⅲ)	Th(Ⅳ)、Zr(Ⅳ)、La^{3+}、Ce^{4+}、Ca^{2+}、Pb^{2+}等	强酸至弱酸	665～675 (Th665)	10^4～1.3×10^5 (Th1.3×10^5)
RAR(吡啶偶氮间苯二酚)	Co、Pd、Nb、Ta、Th、In、Mn	不同酸度	(Nb550)	(Nb3.6×10^4)
二甲酚橙	Zr(Ⅳ)、Hf(Ⅳ)、Nb(Ⅴ)、uo_2^{2+}、Bi^{3+}、Pb^{2+}等	不同酸度	530～580 (Hf530)	1.6×10^4～5.5×10^4 Hf4.7×10^4
铬天青 S	Al	pH 5～5.8	530	$5.9\sim10^4$

续表

显色剂	测定元素	反应介质	λ_{max}/nm	ε/[L/(mol·cm)]
结晶紫	Ca	7mol/L HCl $CHCl_3$-丙酮萃取		5.4×10^4
罗丹明 B	Ca、Tl	6mol/L HCl 苯萃取 1mol/L HBr 异丙醚萃取		6×10^4 1×10^5
孔雀绿	Ca	6mol/L HCl、C_6H_5Cl-CCl_4 萃取		9.9×10^4
亮绿	Tl B	0.01～0.1mol/L HBr 乙酸乙酯萃取 pH 3.5 苯萃取		7×10^4 5.2×10^4

在紫外-可见分光光度法实验中，选择合适的显色剂和显色反应，并严格控制显色条件是十分重要的实验技术。

（二）显色条件的选择

1. 显色剂用量的选择

设 M 为被测物质，R 为显色剂，MR 为反应生成的有色配合物，则此显色反应可以用下式表示：

$$M+R \longrightarrow MR$$

从反应平衡角度上看，加入过量的显色剂显然有利于 MR 的生成，但过量太多也会带来副作用，例如增加了试剂空白或改变了配合物的组成等。因此显色剂一般应适当过量。在具体工作中显色剂用量具体是多少需要经实验来确定，即通过作 A-c_R 曲线，来获得显色剂的适宜用量。其方法是：固定被测组分浓度和其他条件，然后加入不同量的显色剂，分别测定吸光度 A 值，绘制吸光度（A）与显色剂浓度（c_R）曲线。一般可得如图 2-19 所示的三种曲线。

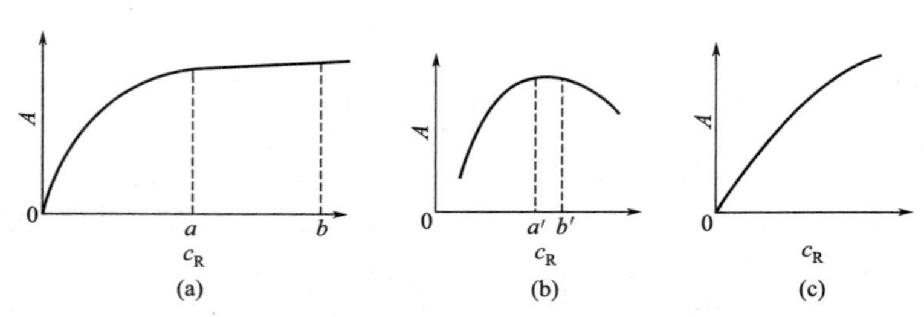

图 2-19　吸光度与显色剂浓度的关系曲线

若得到是图 2-19(a）的曲线，则表明显色剂浓度在 ab 范围内吸光度出现稳定值，因此可以在 ab 间选择合适的显色剂用量。这类显色反应生成的配合物稳定，对显色剂浓度控制不太严格。若出现的是图 2-19(b）的曲线，则表明显色剂浓度在 $a'b'$ 这一段范围内吸光度值比较稳定，因此在显色时要严格控制显色剂用量。而图 2-19(c）曲线表明，随着显色剂浓度增大，吸光度不断增大，这种情况下必须严格控制显色剂加入量或者另换合适的显色剂。

2. 溶液酸度的选择

酸度是显色反应的重要条件，它对显色反应的影响主要有下面几方面：

(1) 当酸度不同时，同种金属离子与同种显色剂反应，可以生成不同配位数的不同颜色的配合物。例如 Fe^{3+} 可与水杨酸在 pH＜4 时，生成紫红色配合物，在 pH≈8～10 时，生成黄色配合物。可见只有控制溶液的 pH 在一定范围内，才能获得组成恒定的有色配合物，得到正确测定结果。

(2) 溶液酸度过高会降低配合物的稳定性，特别是对弱酸型有机显色剂和金属离子形成的配合物的影响较大。当溶液酸度增大时显色剂的有效浓度要减小，显色能力被减弱。有色物的稳定性也随之降低。因此显色时，必须将酸度控制在某一适当范围内。

(3) 溶液酸度变化，显色剂的颜色可能发生变化。其原因是：多数有机显色剂往往是一种酸碱指示剂，它本身所呈现的颜色是随 pH 变化而变化。例如，PAR（吡啶偶氮间苯二酚）在 pH≈2.1～4.2 时自身显黄色，pH＞10 时显红色。

PAR 可作多种离子的显色剂，生成的配合物的颜色都是红色，因而这种显色剂不能在碱性溶液中使用。否则，因显色剂本身的颜色与有色配合物颜色相同或相近（对比度小），将无法进行分析。

(4) 溶液酸度过低可能引起被测金属离子水解，因而破坏了有色配合物，使溶液颜色发生变化，甚至无法测定。

综上所述，酸度对显色反应的影响是很大的而且是多方面的。显色反应适宜的酸度必须通过实验来确定。其方法是：固定待测组分及显色剂浓度，改变溶液 pH，制得数个显色液。在相同测定条件下分别测定其吸光度，做出 *A*-pH 关系曲线，选择曲线平坦部分对应的 pH 作为应该控制的 pH 范围。

（三）显色温度的选择

不同的显色反应对温度的要求不同。大多数显色反应是在常温下进行的，但有些反应必须在较高温度下才能进行或进行得比较快。例如 Fe^{2+} 和邻二氮菲的显色反应常温下就可完成，而硅钼蓝法测微量硅时，应先加热，使之生成硅钼黄，然后将硅钼黄还原为硅钼蓝，再进行光度法测定。也有的有色物质加热时容易分解，如 $Fe(SCN)_3$，加热时褪色较快。因此对不同的反应，应通过实验找出各自适宜的显色温度范围。由于温度对光的吸收及颜色的深浅都有影响，因此在绘制工作曲线和进行样品测定时应该使溶液温度保持一致。

（四）显色时间的选择

在显色反应中应该从两个方面来考虑时间的影响。一是显色反应完成所需要的时间，称为“显色（或发色）时间”；二是显色后有色物质色泽保持稳定的时间，称为“稳定时间”。

确定最佳显色时间的方法是配制一份显色溶液，从加入显色剂开始，每隔一定时间测吸光度一次，绘制吸光度时间关系曲线。曲线平坦部分对应的时间就是测定吸光度的最适宜时间。

新标准

紫外-可见分光光度法

思考与练习 2.5

一、单选题

1. 在紫外-可见分光光度法测定中，使用参比溶液的作用是（　　）。

A. 调节仪器透光率的零点

B. 吸收入射光中测定所需要的波长

C. 调节入射光的光强度

D. 消除试剂等非测定物质对入射光吸收的影响

2. 在比色法中，显色反应的显色剂选择原则错误的是（　　）。

A. 显色反应产物的 ε 值越大越好

B. 显色剂的 ε 值越大越好

C. 显色剂的 ε 值越小越好

D. 显色反应产物和显色剂，在同一光波下的 ε 值相差越大越好

3. 在紫外和可见光区用分光光度计测量有色溶液的浓度相对标准偏差最小的吸光度为（　　）。

A. 0.434　　B. 0.443　　C. 0.343　　D. 0.334

二、判断题

1. 在进行显色反应时，所加显色剂的用量只要比理论计算量稍多一点即可。（　　）

2. 影响显色反应的因素有显色剂的用量、溶液的酸碱度、显色时间和显色温度等。（　　）

参考答案

紫外-可见分光光度法

三、简答题

1. 在分光光度法中，测量条件的选择包括哪些？

2. 简述参比溶液的主要作用及分类。

3. 在分光光度法中，加入显色剂的目的是什么？

电子课件

原子吸收光谱法

第三章 原子吸收光谱法

案例导入

生活中，有些不良商贩在返青粽叶中添加工业硫酸铜，而导致返青粽叶翠绿不变色，长期使用会导致铜中毒。因此，铜含量的检测在食品安全中有着重要的意义。根据相关规定，蔬菜水果等粮食类食品中铜的含量不超过 10mg/kg，其主要测定方法为原子吸收光谱法。

思考：1. 什么是原子吸收光谱法？

2. 原子吸收光谱法如何测定物质的含量？分析仪器是什么？

思维导图

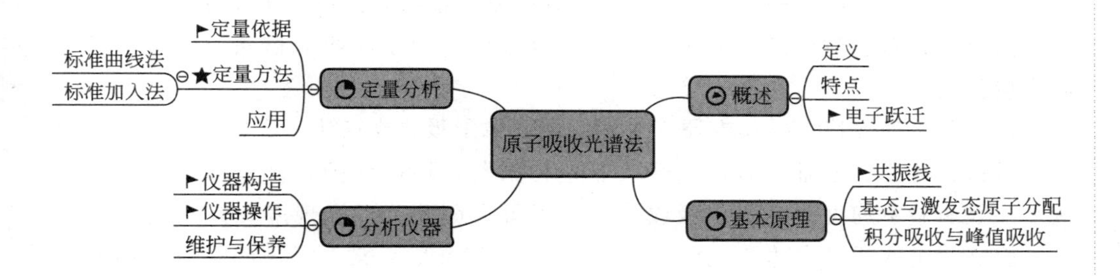

原子吸收光谱法（atomic absorption spectroscopy，简称 AAS）是基于被测元素的基态原子蒸气对该元素共振线的吸收来进行定量分析的方法。根据原子化方式的不同，原子吸收光谱法主要分为火焰原子吸收法、石墨炉原子吸收法、氢化物发生原子吸收法等。

通过本章学习，达到以下学习目标：

课程导入

原子吸收光谱法

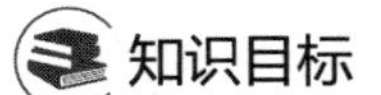

知识目标　掌握原子吸收光谱法的基本原理；认知原子吸收分光光度计的结构并能正确表述其工作原理及操作技术要点，掌握空心阴极灯及不同原子化器的结构及工作原理；掌握定量分析的依据和实验技术。

技能目标　能利用原子吸收光谱分析法对样品进行检测分析；了解原子吸收分光光度计的日常维护与保养方法。

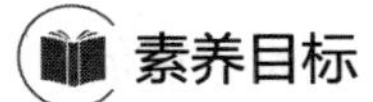

素养目标　培养学生严谨的工作作风和安全意识；培养学生精益求精的学习态度；养成科学规范操作仪器的职业素养。

第一节 原子吸收光谱法概述

原子吸收光谱法与紫外-可见吸收光谱法（又称紫外-可见分光光度法），都属于吸收光谱分析，是基于物质对光的吸收而建立起来的分析方法，但它们吸光物质的状态不同。原子吸收光谱分析中，吸收物质是基态原子蒸气，而紫外-可见吸收光谱法的吸光物质是溶液中的分子或离子。原子吸收光谱是线状光谱，而紫外-可见吸收光谱是带状光谱。

一、原子吸收光谱法的特点

原子吸收光谱法作为一种重要的定量分析方法，具有以下特点：

（1）检出限低，灵敏度高　火焰原子吸收法的检出限每毫升可达 10^{-6}g 级，石墨炉原子吸收法更低，检出限可达到 10^{-10}～10^{-14}g。这是化学分析、紫外-可见分光光度法所不及的。因此，原子吸收光谱法更适宜于微量、痕量元素的测定。

（2）准确度高　火焰原子吸收法测定中等含量和高含量元素的相对误差小于1%，其准确度接近经典化学方法。石墨炉原子吸收法的准确度一般约为3%～5%。

（3）选择性好　原子吸收光谱线较简单，干扰少，在大多数情况下共存元素对待测元素不产生干扰，即使有干扰也可以通过加入掩蔽剂或改变原子化条件加以消除。因此，相对发射光谱、紫外-可见分光光度法，原子吸收光谱法一般可不经分离直接测定。

（4）分析速度快，操作方便，应用广泛　原子吸收光谱法广泛应用在地质、冶金、机械、化工、农业、食品、轻工、生物医药、环境保护、材料科学等各个领域，一般实验室均可配备原子吸收分光光度计，因此，可实现多元素自动连续测定。能够测定的元素多达70余种，不仅可以测定金属元素，采用间接方法还可测定非金属元素和有机化合物。

原子吸收光谱法在应用的过程中，也存在一定的局限性。主要表现在：

（1）分析不同的元素，需要使用不同的元素灯，多元素同时测定有一定困难；

（2）个别难熔元素和非金属元素灵敏度不够；

（3）对一些复杂样品的分析，还需要有适当的消除干扰的措施。

二、原子吸收光谱法预备知识——电子跃迁

任何元素的原子都是由原子核和围绕原子核运动的电子组成。这些电子按其能量的高低分层分布，而具有不同能级，因此一个原子可具有多种能级状态。

（1）基态原子　在正常状态下，原子所处的最低能量状态（这个能态最稳定）称为基态。处于基态的原子称为基态原子。

（2）激发态原子　基态原子受到外界能量（如热能、光能）激发后，其外层电子吸收一定的能量跃迁到较高能量状态，此时的原子称为激发态原子。原子可能有不同的激发态。

（3）电子跃迁　电子跃迁本质上是组成物质的粒子（原子、离子或分子）中电子的一种能量变化。根据能量守恒原理，粒子的外层电子从低能级跃迁到高能级的过程中会吸收能量；从高能级跃迁到低能级则会释放能量。吸收或释放的能量为两个轨道能量之差的绝对值。

电子跃迁的一个典型例子就是焰色反应。焰色反应是某些金属或它们的挥发性化合物在无色火焰中灼烧时使火焰呈现特征的颜色的反应。当灼烧金属或它们的挥发性化合物时，原子核外的电子吸收一定的能量，从基态跃迁到具有较高能量的激发态，激发态的电子回到基态时，会以一定波长的光谱线的形式释放出多余的能量，从焰色反应的实验里所看到的特殊焰色，就是光谱谱线的颜色。每种元素的光谱都有一些特征谱线，发出特征的颜色而使火焰着色，根据焰色可以判断某种元素的存在。如焰色洋红色含有锶元素，焰色玉绿色含有铜元素，焰色黄色含有钠元素等。

课程思政点　**环保教育**

环保中仪器分析的应用

习近平总书记强调“绿水青山就是金山银山”。但是当前工业“三废”（废气、废水、废渣），严重威胁着全球自然环境的可持续绿色发展。如果要有效治理“三废”，就需要清晰地了解“三废”是什么、有多少(物质的定性和定量分析)，这样才能采取针对性的治理方式,如使用原子吸收光谱对土壤及水体等环境样品中的有害重金属如铅、镉、砷、镍进行定量分析。但生活中我们更多地要树立环保意识，预防环境污染。

思考与练习 3.1

一、单选题

1. 根据原子化方式的不同，下面不属于原子吸收光谱法的是（　　）。

A. 火焰原子吸收法　　B. 石墨炉原子吸收法

C. 火焰发射法　　D. 氢化物发生原子吸收法

2. 原子吸收光谱法主要是利用物质的（　　）对光的吸收。

A. 分子　　B. 原子　　C. 离子　　D. 不确定

3. 原子吸收光谱属于（　　）。

A. 带状光谱　　B. 线状光谱　　C. 宽带光谱　　D. 分子光谱

4. 最早发现原子吸收光谱线的科学家是（　　）。

A. 伍朗斯顿　　B. 弗劳霍费　　C. 克希荷夫　　D. 本生

5. 下列（　　）不属于原子吸收光谱法的特点。

A. 检出限低，灵敏度高　　B. 选择性好

C. 准确度低　　D. 分析速度快，操作方便，应用广泛

6. 下列（　　）属于电子跃迁的实例。

A. 火焰反应　　B. 氧化反应　　C. 沉淀反应　　D. 还原反应

二、简答题

1. 简述原子吸收光谱法的特点。

2. 原子吸收光谱法主要应用在哪些方面？

第二节　原子吸收光谱法的基本原理

一、共振线

当原子的电子吸收一定能量从基态跃迁到第一激发态时所产生的吸收谱线，称为共振吸收线。当电子从第一激发态跃回基态时，则发射出同样频率的光辐射，其对应的谱线称为共振发射线，共振吸收线和共振发射线简称为共振线。

由于不同元素的原子结构不同，因此其共振线也各有特征。由于原子从基态到最低激发态跃迁最容易发生，因此对大多数元素来说，共振线也是元素的最灵敏线。原子吸收光谱法就是利用处于基态的待测原子蒸气对从光源发射的共振发射线的吸收来进行分析的，因此元素的共振线又称为分析线。

各元素的原子结构和核外电子排布各异，不同元素的原子从基态跃迁至第一激发态时，吸收的能量不同，因此各种元素的共振线波长不同，各有其特征性，所以元素的共振线又称为元素的特征谱线。

二、基态与激发态原子的分配

原子吸收光谱法是以测定原子蒸气中基态原子对特征谱线的吸收为测量基础的。但是，在样品原子化的过程中待测元素解离成的原子不一定都是基态原子，其中有极少一部分由于吸收了较高的能量而变成激发态。

在通常的原子吸收的测量条件下，从热力学原理得出，在一定温度下的热力学平衡体系中基态与激发态的原子数比遵循玻耳兹曼分布定律，即：

$$\frac{N_j}{N_0}=\frac{p_j}{p_0}e^{-(E_j-E_0)/kT} \tag{3-1}$$

式中，N_j、N_0 分别为单位体积内激发态和基态的原子数（密度）；p_j、p_0 分别为基态和激发态能级的统计权重，表示能级的简并度；E_j、E_0 为激发态和基态的能量；k 为玻耳兹曼常数，其值为 1.38×10^{-23}J/K；T 为热力学温度。

根据式(3-1) 可以计算在一定温度下的 N_j/N_0 值。在原子吸收的原子化器中，温度一般在 2500～3000K 之间，则 N_j/N_0 在 10^{-3}～10^{-15} 之间。几种元素在不同温度下 N_j/N_0 的值，如表 3-1 所示。

表 3-1 温度对各种元素共振线的 N_j/N_0 值的影响

元素	共振线波长/nm	激发能/eV	N_j/N_0	
			T=2000K	T=3000K
Cs	852.1	1.45	4.44×10^{-4}	7.24×10^{-3}
Na	589.0	2.104	9.86×10^{-6}	5.83×10^{-4}
Sr	460.7	2.690	4.99×10^{-7}	9.07×10^{-9}
Ca	422.7	2.932	1.22×10^{-7}	3.55×10^{-5}
Fe	248.3	3.332	2.99×10^{-9}	1.31×10^{-6}
Ag	328.1	3.778	6.03×10^{-10}	8.99×10^{-7}
Cu	324.8	3.817	4.82×10^{-10}	6.65×10^{-7}
Mg	285.2	4.346	3.35×10^{-11}	1.50×10^{-7}
Pb	283.3	4.375	2.83×10^{-11}	1.34×10^{-7}

从表 3-1 可以看出，温度越高，N_j/N_0 值越大，且按指数关系增大；激发能（电子跃迁能级差）越小，吸收波长越长，N_j/N_0 也越大。然而，在原子吸收光谱法中，原子化温度一般小于 3000K，大多数元素的最强共振线波长都低于 600nm，N_j/N_0 值绝大多数在 10^{-3} 以下，激发态的原子数不足基态原子数的千分之一，激发态的原子数在总原子数中可以忽略不计，因此可以认为基态原子数近似等于总原子数。

三、积分吸收与峰值吸收

1. 积分吸收

物质的原子对光的吸收具有选择性，即对不同频率的光，原子对光的吸收也不同，故透射光的强度 I_ν 随着光的频率变化而变化，其变化规律如图 3-1 所示。

由图 3-1 可知，在中心频率 ν_0 处，透射光最少，即吸收最大。说明原子蒸气在特征频率 ν_0 处有吸收峰。

从理论上讲，原子吸收光谱应该是线状光谱。但实际上任何原子发射或吸收光谱线并不是严格的几何意义上的线（几何线无宽度），而是具有一定的宽度和轮廓，这在光谱学中称为吸收线轮廓（又称谱线轮廓）。常用吸收系数 K_ν 随频率 ν 的变化曲线来描述，如图 3-2 所示。

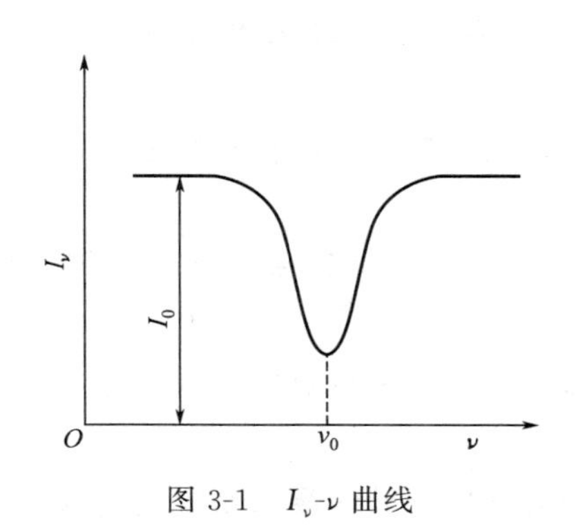

图 3-1 I_ν-ν 曲线

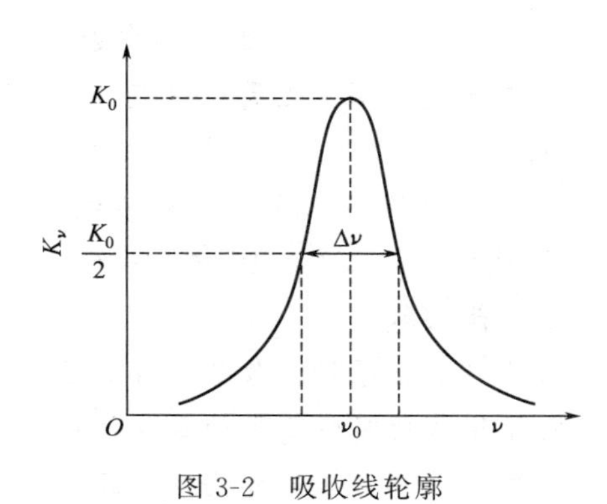

图 3-2 吸收线轮廓

曲线极大值对应的频率 ν_0 称为中心频率。中心频率 ν_0 所对应的吸收系数称为峰值吸收系数（又称最大吸收系数），用 K_0 表示。

在吸收线轮廓内，吸收系数的积分称为积分吸收系数，简称为积分吸收，它表示吸收的全部能量。从理论上可以得出，积分吸收与原子蒸气中吸收辐射的原子数成正比。数学表达式为：

$$\int K_\nu \mathrm{d}\nu = \frac{\pi e^2}{mc} N_0 f \tag{3-2}$$

式中，e 为电子电荷；m 为电子质量；c 为光速；N_0 为单位体积内基态原子数；f 为振子强度，即能被入射辐射激发的每个原子的平均电子数，它正比于原子对特定波长辐射的吸收概率。因此积分吸收是原子吸收光谱法的重要理论依据。

然而，在实际工作中，由于吸收轮廓线的峰宽非常窄，要测量出半峰宽仅为 10^{-3}nm 数量级的原子吸收线的积分吸收，在现代技术条件下是无法实现的。因此，在原子吸收定量分析法中，通常以测量峰值吸收来代替积分吸收。

2. 峰值吸收

1955 年 A. Walsh 提出，以锐线光源为激发光源的前提条件下，可用测量峰值系数 K_0 的方法来替代积分吸收。所谓锐线光源，是指发射出谱线半宽度很窄的共振线的光源，如空心阴极灯。在使用锐线光源时，光源发射线半宽度很小，并且发射线与吸收线的中心频率一致。这时发射线的轮廓可看作一个很窄的矩形，即峰值吸收系数 K_0 在此轮廓内不随频率而改变，吸收只限于发射线轮廓内。

峰值吸收是指基态原子蒸气对入射光中心频率线的吸收。峰值吸收的大小以峰值吸收系数 K_0 表示。在实验条件恒定时，基态原子蒸气的峰值吸收与试液中待测元素的浓度成正比，因此可以通过对峰值吸收的测量来进行定量分析。

实现峰值吸收测量的条件：一是通过原子蒸气的发射线的中心频率恰好与吸收线的中心频率一致；二是光源发射线的半峰宽远远小于吸收线的半峰宽。

思考与练习 3.2

一、单选题

1. 当原子中的外层电子吸收一定的能量从基态跃迁到第一激发态时产生的吸收谱线，称为（　　）。

A. 共振吸收线　B. 共振发射线　C. 电子跃迁　D. 分析线

2. 原子处于哪一级最为稳定（　　）。

A. 基态　B. 第一激发态　C. 第二激发态　D. 第三激发态

3.（　　）称为元素的特征谱线。

A. 能级　B. 共振跃迁　C. 共振线　D. 基态原子蒸气

二、简答题

1. 为什么在原子吸收分析时要采用峰值吸收而不用积分吸收？

2. 采用峰值吸收测量的条件是什么？

3. 原子吸收分光光度法对光源的基本要求是什么？为什么要求用锐线光源？

第三节 原子吸收分光光度计

一、原子吸收分光光度计的基本构造

原子吸收光谱分析用的仪器称为原子吸收分光光度计或原子吸收光谱仪，是通过测量元素的基态原子蒸气对特征谱线的吸收，进而对样品中待测元素进行定量分析的仪器。

原子吸收分光光度计主要由光源、原子化器、分光系统和检测系统四部分组成，如图 3-3 所示。如欲测定试样中某元素含量，用该元素的光源发射出特征辐射，试样在原子化器中被蒸发、解离为气态基态原子，当元素的特征谱线通过该元素的气态基态原子区时，元素的特征谱线被气态基态原子吸收而减弱，经过色散系统和检测系统后，测得吸光度，根据吸光度与被测元素浓度的关系，从而进行元素的定量分析。

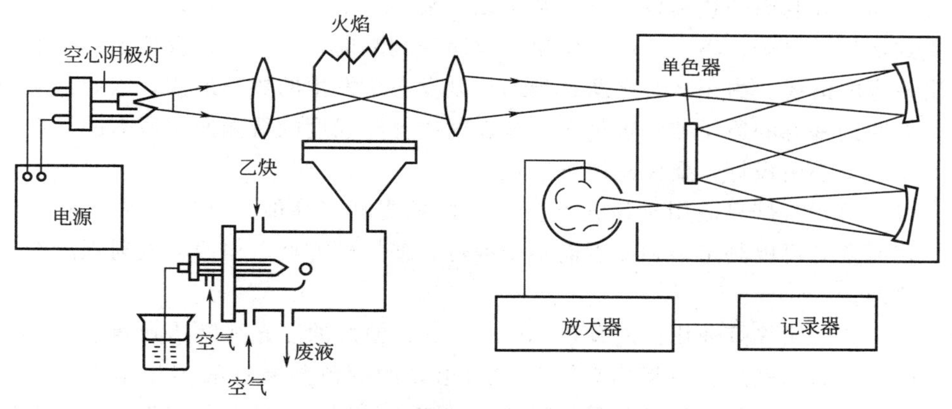

图 3-3 原子吸收分光光度计基本构造示意

（一）光源

1. 光源的作用及要求

光源的作用是提供待测元素的特征谱线，获得较高的灵敏度和准确度。光源应满足如下要求：能发射待测元素的共振线；发射线宽度远小于吸收线宽度；辐射光强度大，稳定性好；使用寿命长。

能满足上述条件的光源有空心阴极灯、蒸气放电灯及高频无极放电灯等，其中最常用的是空心阴极灯。

2. 空心阴极灯的构造

目前应用最为广泛的是空心阴极灯，结构如图 3-4 所示。空心阴极灯是一个封闭的气体放电灯。灯管是由硬质玻璃制成。灯窗口根据辐射波长不同选用不同材质制成。辐射波长在 370.0nm 以下的用石英灯窗口，在 370.0nm 以上的用光学玻璃灯窗口。空心阴极灯的阴极是由待测元素材料制成的空心圆筒，下部用钨镍合金支撑。阳极由钛、铁或其他材料制成，下部也用钨镍合金支撑，灯内充有低压惰性气体氖气或氩气。

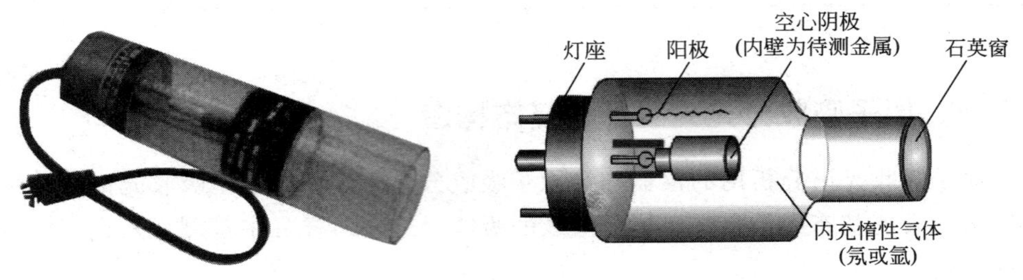

图 3-4　空心阴极灯示意

3. 空心阴极灯的工作原理

通电后，在电场作用下，电子将从空心阴极内壁流向阳极。途中与充入的惰性气体碰撞，使部分惰性气体电离为正离子，同时释放出二次电子。在电场作用下，这一过程持续进行，使正离子数目与电子数目增加。正离子在电场的作用下飞向阴极，撞击阴极表面，将被测元素的原子从晶格中溅射出来。同时，阴极受热也导致阴极表面的被测原子热蒸发。溅射和蒸发出来的原子大量聚集在空心阴极灯内，再与受到加热的电子、离子、原子发生碰撞而受到激发，当它们自发地返回基态时发射出相应的谱线。由于从基态跃迁到第一激发态所发生的概率最大，因此从第一激发态返回到基态的原子数量也最多，就发射出足够强度的待测原子所需的共振线。

使用空心阴极灯，要注意以下几点：

（1）单元素灯只能用于该元素测定，如果要测定其他元素就必须更换相应的灯；多元素灯可以测定多种元素而不用换灯，使用较方便，但由于发射强度低，使用不普遍。

（2）空心阴极灯使用前应预热 20～30min，使灯的发光强度达到稳定。

（3）空心阴极灯在点燃后要从灯发射出光的颜色判断灯的工作是否正常。方法：充氖气的灯发射光的颜色是橙红色；充氩气的灯是淡紫色；当灯内有杂质气体时，发射光的颜色变淡，如充氖气的灯，颜色可变为粉红，发蓝或发白，此时需对灯进行处理。

（4）空心阴极灯若长期不用，应定期点燃处理 1h。

（5）使用元素灯时应轻拿轻放，低熔点的灯用完后，要等冷却后才能移动。

（二）原子化器

待测元素在试样中一般以化合物状态存在，因此在进行原子吸收分析时，首先应使待测元素由分子转变为基态原子，此过程称为原子化。原子化器的作用是提供能量，使试样干燥、蒸发和原子化。在原子吸收光谱分析中，试样中被测元素的原子化是整个分析过程的关键环节。实现原子化的方法，最常用的有两种：一种是火焰原子化法，是原子光谱分析中最早使用的原子化方法，至今仍在广泛地被应用；另一种是非火焰原子化法，其中应用最广的是石墨炉原子化器。

火焰原子化器

1. 火焰原子化器

火焰原子化法中，常用的是预混合型火焰原子化器，它主要由雾化器、预混合室（也称雾化室）和燃烧器、火焰等部分组成，其结构如图 3-5 所示。

（1）雾化器　雾化器的作用是将试液雾化成微小的雾滴。雾粒越细、越多，在火焰上生成的基态自由原子就越多。目前应用最广的是气动型雾化器。当具有一定压力的压缩空气作为助燃气高速通过毛细管外壁与喷嘴口构成环形间隙时，在毛细管出口的尖端处形成一个负压区，于是试液沿毛细管吸入并被快速通入的助燃气分散成小雾滴。喷出的雾滴撞击在距毛细管喷口前端几毫米处的撞击球上，进一步分散成更为细小的细雾。

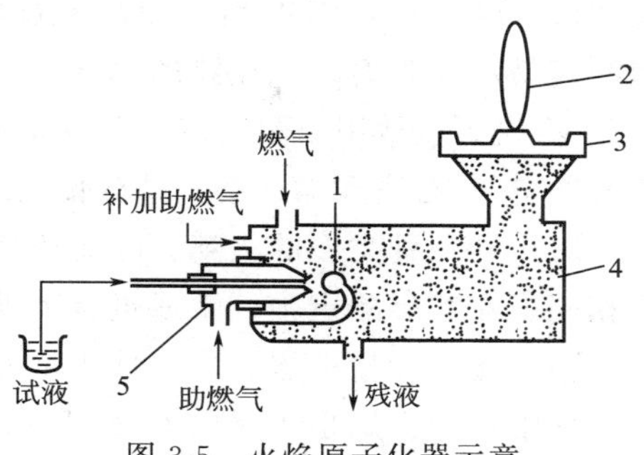

图 3-5　火焰原子化器示意

1—碰撞球；2—火焰；3—燃烧器；4—雾化室；5—雾化器

（2）雾化室　雾化室的作用是进一步细化雾滴，并使之与燃料气均匀混合后进入火焰。部分未细化的雾滴在雾室凝结下来成为残液。残液由预混室排出口排除，以减少前试样被测组分对后试样被测组分记忆效应的影响。为了避免回火爆炸的危险，预混合室的残液排出管必须采用导管弯曲或将导管插入水中等水封方式。

（3）燃烧器　燃烧器的作用是使燃气在助燃气的作用下形成火焰，使进入火焰的试样微粒原子化。燃烧器应能使火焰燃烧稳定，原子化程度高，并能耐高温、耐腐蚀。

预混合型原子化器通常采用不锈钢制成长缝型燃烧器。为了适应不同组成的火焰，一般仪器配有两种以上不同规格的单缝式燃烧器。对于乙炔-空气等燃烧速率较低的火焰一般使用缝长 100～120mm、缝宽 0.5～0.7mm 的燃烧器，而对乙炔-氧化亚氮等燃烧速率较高的火焰，一般用缝长 50mm、缝宽 0.5mm 的燃烧器。

（4）火焰　正常燃烧的火焰结构由预热区、第一反应区、中间薄层区和第二反应区组成，如图 3-6 所示。预热区在灯口狭缝上方不远处，上升的燃气被加热至 350℃而着火燃烧。第一反应区在预热区的上方，是燃烧的前沿区。此区域反应复杂，生成多种分子和游离基，产生连续分子光谱对测定有干扰，不宜作为原子吸收测定区域使用。但对于易原子化、干扰效应小的碱金属分析可在此区域测定。中间薄层区在第一和第二反应区之间，温度达到最高点，是光源辐射共振线通过的主要区域和原子吸收分析的主要测定区。第二反应区在火焰的上半部，覆盖火焰的外表面，此区域火焰中基态原子蒸气浓度较低，不便于测定。燃烧器不仅应满足使火焰稳定、原子化效率高、吸收光程长、噪声小、背景低的要求，还能调节角度和高度以便选择合适的火焰部位进行原子化。

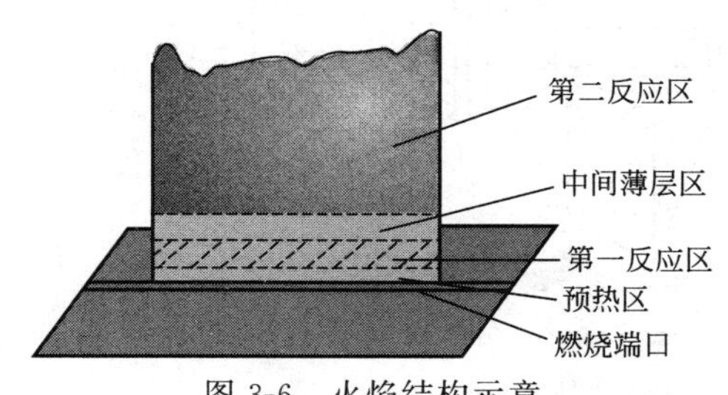

图 3-6　火焰结构示意

火焰的组成关系到测定的灵敏度、稳定性和干扰等，因此对不同的元素应选用适当的火焰。常用的火焰有空气-乙炔火焰、氧化亚氮-乙炔火焰、空气-氢气火焰等多种。其中空气-乙炔火焰是原子吸收测定中最常用的火焰，该火焰燃烧稳定，重现性好，噪声低，温度高（最高温度约 2300℃），能用于测定 35 种以上的元素，但测定易形成难离解氧化物的元素（如 Al、Ta、Ti、Zr 等）时灵敏度很低。氧化亚氮-乙炔火焰适用于耐高温、难解离和激发电位较高的元素的原子化，但其使用比普通空气-乙炔火焰严格，稍微偏离最佳条件，也会使灵敏度明显降低。

对于同一种类型的火焰，随着燃烧气和助燃气流量的不同，火焰的燃烧状态也不相同。在实际测定中，常通过调节助燃比来选择理想的火焰。一般火焰的状态分为三类：化学计量火焰、富燃性火焰和贫燃性火焰。

化学计量火焰是指燃气与助燃气之比（简称助燃比）与化学反应计量关系相近，又称为中性火焰。此火焰温度高、稳定、干扰小、背景低，适用于多种元素的测定。富燃火焰是指燃气与助燃气之比大于化学反应计量关系的火焰，又称还原性火焰。火焰呈黄色，层次模糊，温度稍低，火焰的还原性较强，适合于易形成难离解氧化物元素的测定。贫燃火焰又称氧化性火焰，即助燃比大于化学反应计量关系的火焰，氧化性较强，火焰呈蓝色，温度较低，适于易离解、易电离元素的原子化，如碱金属等。

火焰原子化法的操作简便，重现性好，有效光程大，对大多数元素有较高的灵敏度，因此应用广泛。但火焰原子化法原子化效率低，灵敏度不够高，而且一般不能直接分析固体样品。火焰原子化法这些不足之处，促使了无火焰原子化法的发展。

2. 石墨炉原子化器

非火焰原子化器中，常用的是管式石墨炉原子化器，其结构如图 3-7 所示。

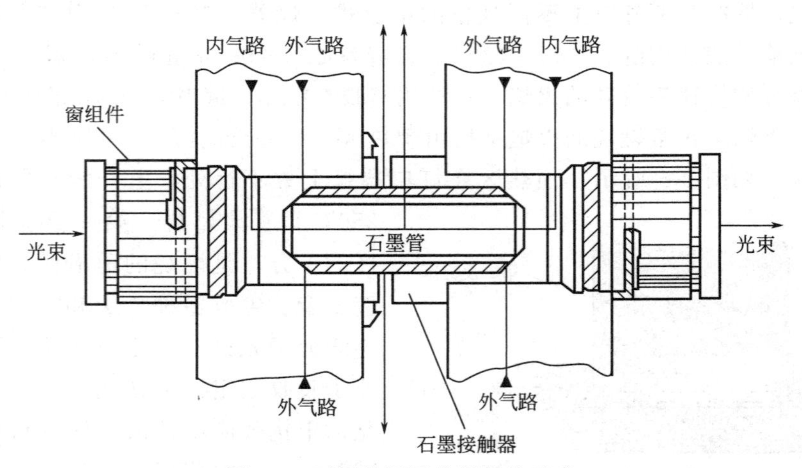

图 3-7 石墨炉原子化器结构示意

（1）结构 石墨炉原子化器主要由电源、炉体、石墨管组成。

电源在惰性气体保护下，用 10～25V 低电压、400～600A 大电流的交流电，通过电极和石墨锥向石墨管供电，使石墨管迅速升温，将试样原子化，最高温度可达 3000K 以上。石墨管由致密石墨制成，管中央上方开有进样孔，试液用微量注射器或蠕动泵自动进样。炉体由电极、石墨锥、水冷却套管、载气和保护气气路、石英窗等组成。石墨锥具有固定石墨管和导电作用；冷却水使炉体降温；外气路中

Ar气体沿石墨管外壁流动，冷却保护石墨管防止其被氧化；内气路中Ar气体由石墨管两端流入，从中心进样孔流出，用来保护原子不被氧化，同时排除干燥和灰化过程中产生的蒸气。

(2) 工作过程　石墨炉原子化器的工作分为干燥、灰化、原子化和净化四个阶段。

① 干燥。石墨炉以小电流工作，温度控制在稍高于溶剂的沸点，此温度可以赶掉溶剂，以避免在灰化、原子化时试样飞溅。

② 灰化。除去易挥发的基体和有机物，以减少分子吸收。

③ 原子化。石墨炉继续升温至待测元素的原子化温度，试样汽化后解离成基态原子蒸气（停止载气通过，提高灵敏度）。

④ 净化。在高温下除去留在石墨炉中的基体残留物，称之为空烧或清洗。

与火焰原子化器相比，石墨炉原子化器的优点是原子化效率高，在可调的高温下试样利用率达100%，灵敏度高，试样用量少，适用于难熔元素的测定。不足之处是试样组成不均匀性的影响较大，测定精密度较低；共存化合物的干扰比火焰原子化法大，背景干扰比较严重，一般都需要校正背景；设备复杂、费用较高。

（三）分光系统

分光系统由外光路系统和单色器两部分组成。外光路系统使光源发出的共振线能正确通过待测试样的基态原子蒸气，并投射在单色器的狭缝上。单色器主要由色散元件（光栅或棱镜）、反射镜、狭缝等组成，其作用是将待测元素的共振线与其邻近谱线分开。由于原子吸收所用的吸收线是锐线光源发出的共振线，它的谱线比较简单，因此对分光系统的要求并不是很高。应根据测定的需要调节合适的狭缝宽度。例如，如果待测元素的谱线比较简单，共振线附近没有干扰线，如碱金属、碱土金属，且连续背景很小，则狭缝宽度宜较大，这样能使集光本领增强，有效提高信噪比，降低检测限。相反，若待测元素的谱线较复杂，如铁元素、稀土元素等，且有连续背景，则狭缝宽度宜较小，这样可以减小非吸收线的干扰，得到线性好的工作曲线。

（四）检测系统

检测系统主要由检测器、放大器、对数转换器、显示装置等组成。常采用灵敏度很高的光电倍增管作为检测器，将单色器分出的微弱光信号转化为可测的电信号，经放大器放大，由对数转换器将电信号转变成与试样呈线性关系的数值，由仪表显示出来。现代一些原子吸收分光光度计中还没有自动调零、自动校准、积分读数、曲线校直等装置，并应用微处理绘制、校准工作曲线以及高速处理大量测定数据及整个仪器操作及管理等。

二、原子吸收分光光度计的类型

原子吸收分光光度计型号繁多，自动化程度也各不相同。按分光系统不同可分为单光束和双光束两种类型；按波道数目又有单道、双道和多道之分。目前使用比较广泛的是单道单光束和单道双光束原子吸收分光光度计。

1. 单道单光束型

“单道”是指仪器只有一个光源，一个单色器，一个显示系统，每次只能测一种元素。

“单光束”是指从光源中发出的光仅以单一光束的形式通过原子化器、单色器和检测系统，单道单光束原子吸收分光光度计光学系统，如图 3-8 所示。

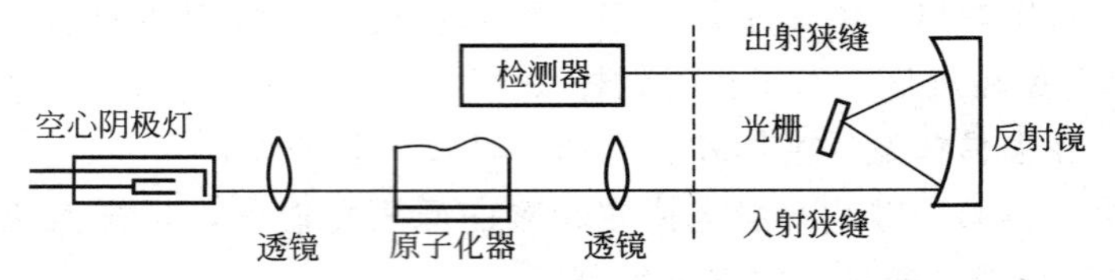

图 3-8　单道单光束原子吸收分光光度计光学系统示意

这类仪器简单，操作方便，体积小，价格低，能满足一般原子吸收分析的要求。其缺点是不能消除光源波动造成的影响，基线漂移。国产 WYX-1A、WYX-1B、WYX-1C、WYX-1D 等 WYX 系列和 360、360M、360CRT 系列等均属于单道单光束仪器。

2. 单道双光束型

双光束型是指从光源发出的光被切光器分成两束强度相等的光，一束为样品光束，通过原子化器被基态原子部分吸收；另一束只作为参比光束不通过原子化器，其光强度不被减弱。两束光被原子化器后面的反射镜反射后，交替地进入同一单色器和检测器。检测器将接收到的脉冲信号进行光电转换，并由放大器放大，最后由读出装置显示，如图 3-9 所示。

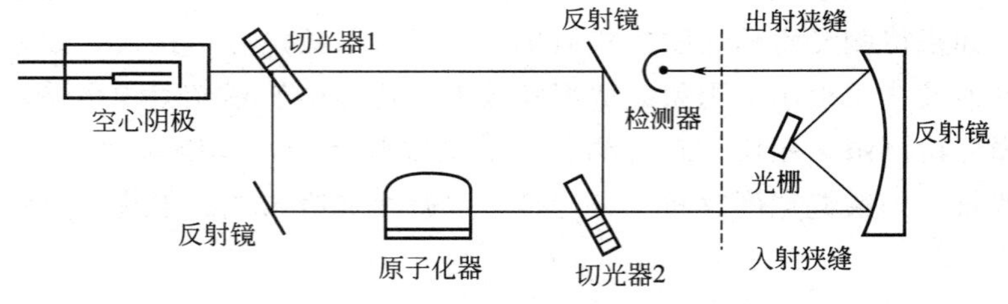

图 3-9　单道双光束原子吸收分光光度计光学系统示意

由于两光束来源于同一个光源，光源的漂移通过参比光束的作用而得到补偿，所以能获得一个稳定的输出信号。不过由于参比光束不通过火焰，火焰扰动和背景吸收影响无法消除。国产 310 型、320 型、GFU-201 型、WFX-Ⅱ型均属此类仪器。

3. 双道单光束型

双道单光束是指仪器有两个不同光源，两个单色器，两个检测显示系统，而光束只有一路，如图 3-10 所示。

两种不同元素的空心阴极灯发射出不同波长的共振发射线，两条谱线同时通过原子化器，被两种不同元素的基态原子蒸气吸收，利用两套各自独立的单色器和检测器，对两路光进行分光和检测，同时给出两种元素的检测结果。这类仪器一次可测两种元素，并可进行背景吸收扣除。这类仪器型号有日本岛津 AA-8200 和 AA-8500 型。

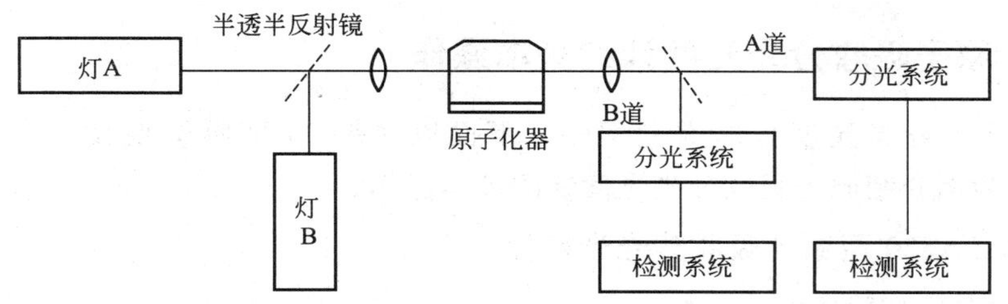

图 3-10 双道单光束原子吸收分光光度计光学系统示意

4. 双道双光束型

这类仪器有两个光源，有两套独立的单色器和检测显示系统。但每一光源发出的光都分为两个光束，一束为样品光束，通过原子化器；一束为参比光束，不通过原子化器。如图 3-11 所示。

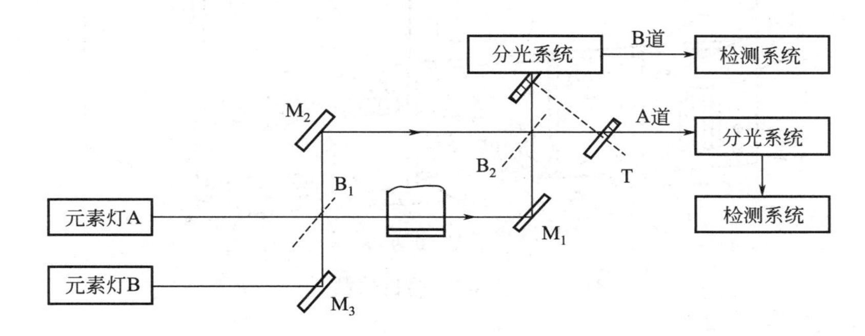

图 3-11 双道双光束原子吸收分光光度计光学系统示意

M_1，M_2，M_3—平面反射镜；B_1，B_2—半透半反射镜；T—双道切光器

这类仪器可以同时测定两种元素，能消除光源强度波动的影响及原子化系统的干扰，准确度高，稳定性好，但仪器结构复杂。多道原子吸收分光光度计可用来作多元素的同时测定。目前美国 PE 公司推出的 SIM6000 多元素同时分析原子吸收光谱仪，以新型四面体中阶梯光栅取代普通光栅单色器，获取二维光谱。以光谱响应的固体检测器替代光电倍增管取得了同时检测多种元素的理想效果。

爱国教育

我国原子吸收光谱仪发展

目前，我国原子吸收光谱仪品牌大概有二三十种。从产品性能上看，国产仪器已接近国外中档原子吸收光谱仪的吸收水平，火焰原子吸收基本上已达到进口仪器水平，且价格便宜，具有很强的竞争力。与国外高档原子吸收光谱仪相比，国产仪器主要是在自动进样器、石墨管寿命以及自动化程度等方面还存在着一定的技术差距，有待进一步提高。相信只要在我们的不懈努力下，我国的原子吸收光谱仪一定能走在世界的前列。

三、原子吸收分光光度计的基本操作

原子吸收分光光度计的类型很多，下面以 AA320 型原子吸收分光光度计、TAS-990 为例介绍原子吸收分光光度计的基本操作。

（一）AA320 型原子吸收分光光度计

1. 仪器面板按钮介绍

AA320 型原子吸收分光光度计仪器面板按钮介绍如图 3-12～图 3-14 所示。

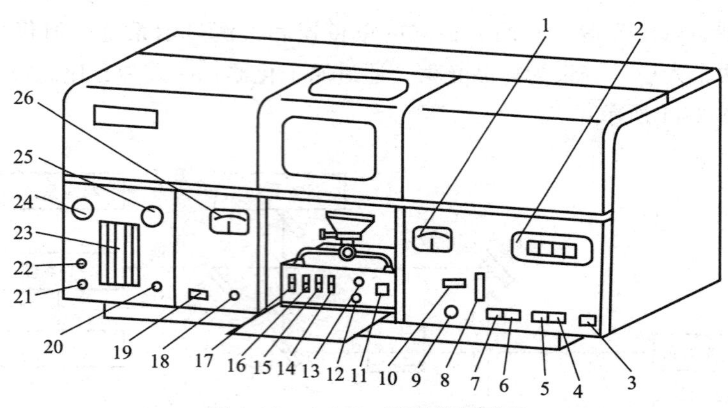

图 3-12　AA320 面板控制示意

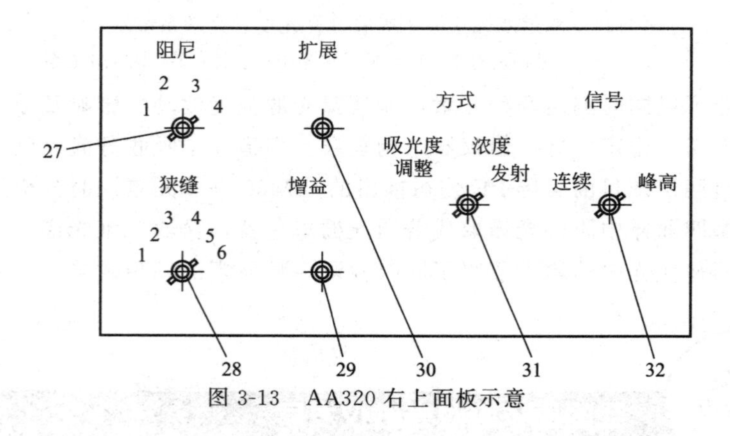

图 3-13　AA320 右上面板示意

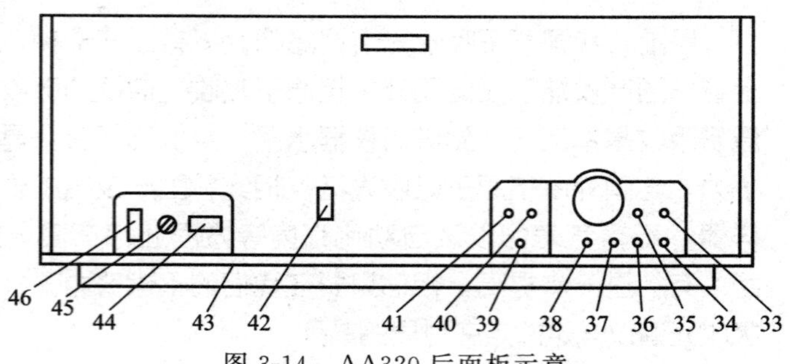

图 3-14　AA320 后面板示意

面板上各控制按钮的名称和功能如表 3-2 所示。

表 3-2　AA320 面板控制按钮名称和功能

序号	名称	功能
1	能量表	指示工作光束、参比光束或氘灯能量
2	数字显示器	显示吸光度、浓度、发射强度和负高压
3	电源按钮	控制主机电源通断
4	波长扫描键↑	向长波方向扫描
5	波长扫描键↓	向短波方向扫描
6	调零按键	按下信号调零
7	读数按键	按下伴指示灯亮。开始积分时，指示灯灭。积分结束，显示积分结果，保持 5s 后自动回零
8	波长手调轮	当扫描变速杆 9 杂中间位置时，手动调波长
9	波长扫描变速杆	离合变速，配合波长扫描键工作
10	波长计数器	指示当前波长值(nm)
11	点火钮	按住，接通点火乙炔气和点火器
12	燃烧器前后调钮	调节工作火焰相对于光源的水平位置
13	燃烧器上下调钮	调节工作火焰相对于光源的垂直位置
14	乙炔气电开关	通或断乙炔气
15	助燃气电开关	通或断助燃气
16	空气-笑气电开关	切断空气-笑气
17	气路总开关	气路电源总开关
18	灯电流钮	调节空心阴极灯工作电流
19	氘灯电开关	按下点亮氘灯，伴有指示灯亮。再按，氘灯和指示灯灭
20	乙炔气钮	调节乙炔气体流量
21	助燃气稳压阀钮	调节助燃气稳定压力大小
22	助燃气钮	调节助燃气体流量
23	流量计	指示燃气和助燃气流量大小
24	压力表	指示助燃气的工作压力
25	乙炔压力表	指示乙炔的工作压力
26	电流表	指示空心阴极灯的工作电流
27	阻尼选择开关	阻尼有四挡，阻尼越大，响应时间越慢，信号越平滑，一般选择第一挡
28	狭缝选择开关	选择单色光谱带宽，从左到右分别为 0.2nm、0.4nm、0.7nm、1.4nm、2.4nm、5.0nm
29	增益钮	调节光电倍增管的负高压
30	扩展钮	方式为“浓度”时标尺可在 0.1～10 范围内连续扩展
31	方式选择开关	选择信号测量方式，包括“调整”位、“吸光度”位、“浓度”位、“发射”位
32	信号选择开关	选择信号模式，包括“连续”位、“积分”位、“峰高”位
33	燃气出口	与 41 相连接
34	笑气入口	与笑气气源连接
35	雾化器出口	与 40 相连接
36	空气入口	与空气气源连接
37	乙炔气入口	与乙炔气气源连接
38	点火乙炔气出口	与 39 相连接

续表

序号	名称	功能
39	点火乙炔气入口	与 38 相连接
40	雾化器入口	与 35 相连接
41	燃气入口	与 33 相连接
42	信号插座	向计算机送出三路模拟信号
43	把手	用手打开后盖板
44	电源插座	输入 220V，50/60Hz 交流电源
45	熔断丝	1A/20mm
46	信号输出插座	输出记录仪信号(0～5mA)

2. 仪器基本操作

(1) 按仪器说明书检查仪器各部件、各气路接口是否安装正确，气密性是否良好。

(2) 安装空心阴极灯，选择灯电流、波长、光谱带宽。将“方式”开关置于“调整”，信号开关置于“连续”进行光源燃烧器对光。然后将“方式”开关置于“吸光度”。

(3) 开气瓶点燃火焰。

① 空气-乙炔火焰。

a. 检查 100mm 燃烧器和废液排放管是否安装妥当，然后将“空气/笑气”切换开关推至空气位置。

b. 开启排风装置电源开关。排风 10min 后，接通空气压缩机电源，将输出压调至 0.3MPa。接通仪器上气路电源总开关和“助燃气”开关，调节助燃气稳压阀，使压力表指示为 0.2MPa。顺时针旋转助燃气钮，关闭助燃气。此时空气流量约为 5.5L/min。

c. 开启乙炔钢瓶总阀，调节乙炔钢瓶减压阀输出压为 0.05MPa。打开仪器上乙炔开关，调乙炔气钮使乙炔流量为 1.5L/min。

d. 按下点火钮（约 4s），使点火喷口喷出火焰将燃烧器点燃（若 4s 后火焰还不能点燃，应松开点火开关，适当增加乙炔流量后重新点火）。点燃后，应重新调节乙炔流量，选择合适的分析火焰。

② 氧化亚氮-乙炔火焰。

a. 检查燃烧头（50mm）废液排放管是否安装，然后将“空气/笑气”切换开关推至“笑气”位置。

b. 调节乙炔钢瓶的减压阀至输出压力约为 0.07MPa。将氧化亚氮钢瓶的输出压力调至 0.3MPa。接通空气压缩机电源，输出压力调至 0.3MPa。接通气路电源总开关和“助燃气”开关，调节助燃气稳压阀使压力表指示为 0.2MPa。

c. 顺时针旋转辅助气钮，关闭辅助气。此时流量计指示仅为雾化气流量，约 5.5L/min。如有必要可启动辅助气，但增大辅助气会降低灵敏度。

d. 调节乙炔钢瓶减压阀使乙炔表指示为 0.05MPa，打开乙炔气开关，调节乙炔气流量至 1.5L/min 左右。立即按下点火钮，使点火喷口喷出火焰将燃烧头点燃

(如果4s后火焰还不能点燃，应松开点火钮片刻，以免白金丝烧断，适当加大乙炔气流量或加入少量辅助气后重新点火)。等待至少15s，待火焰燃烧均匀后，调节乙炔流量至3L/min左右，并把“空气/笑气”切换开关打到“笑气”位置。

e.调节乙炔流量直至火焰的反应区（玫瑰红内焰）有1～2cm高，外焰高30～35cm。吸喷被测元素的标准溶液，调节乙炔气流量，根据吸光度的变化选择合适的分析火焰。

(4) 点火5min后，吸喷去离子水（或空白液），按“调零”钮调零。

(5) 将“信号”开关置于“积分”位置，吸去离子水（或空白液），再次按“调零”钮调零。吸喷标准溶液（或试液），待能量表指针稳定后按“读数”键，3s后显示器显示吸光度积分值，并保持5s，为保证读数可靠，重复以上操作3次，取平均值，记录仪同时记录积分波形。

(6) 测量完毕吸喷去离子水10min。

(7) 熄灭火焰和关机。

① 空气-乙炔的火焰熄灭和关机。关闭乙炔钢瓶总阀使火焰熄灭，待压力表指针回到零时再旋松减压阀。关闭空气压缩机，待压力表和流量计回零时，关闭仪器气路电源总开关，关闭空气/笑气电开关，关闭助燃气电开关，关闭乙炔气电开关，关闭仪器总电源开关，最后关闭排风机开关。

② 氧化亚氮-乙炔火焰熄灭与关机。将空气/笑气切换到“空气”位置，把笑气-乙炔火焰转换为空气-乙炔火焰（注意！不可直接在笑气-乙炔火焰时熄灭）。关闭乙炔钢瓶总阀使火焰熄灭，待压力表指针回零时再旋松减压阀；关闭空压机并释放剩余气体，关闭气路电源总开关，关闭各气体电源开关；关闭仪器电源开关，最后关闭排风机开关。

（二）TAS-990原子吸收分光光度计（火焰性原子吸收）

1. 仪器外形

TAS-990原子吸收分光光度计外形如图3-15所示。

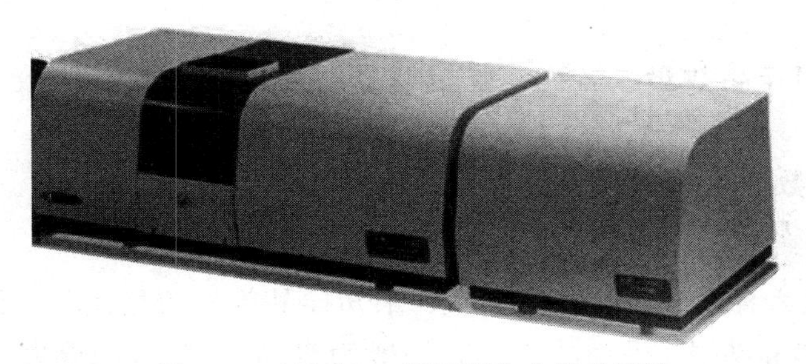

图3-15 TAS-990原子吸收分光光度计

“AAWin”软件图标主界面如图3-16所示。

原子吸收分光光度计的操作

2. 仪器基本操作

(1) 开机　开启电脑至桌面状态。打开仪器电源。

(2) 仪器联机初始化

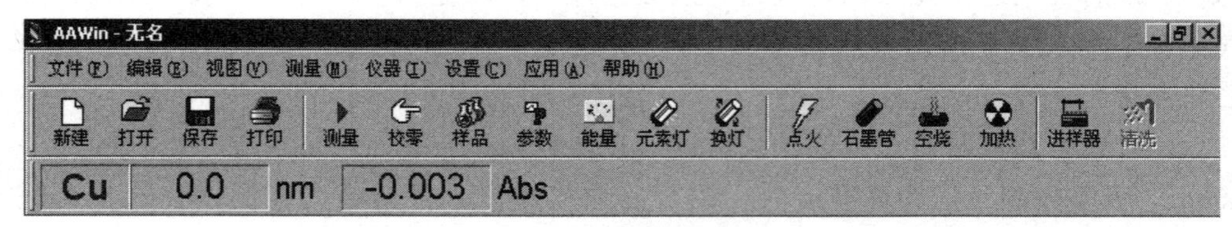

图 3-16 “AAWin”软件图标主界面

① 在计算机桌面上双击 AAWin 图标，出现窗口，选择联机方式，点击确定，出现仪器初始化界面。等待 3～5min（联机初始化过程），等初始化各项出现确定后，将弹出选择元素灯和预热灯窗口。

② 依照检测元素选择工作灯和预热灯（双击元素灯位置，可更改所在灯位置上的元素符号）。点击下一步，出现设置元素测量参数窗口。

③ 可以根据需要更改光谱带宽、燃气流量、燃烧器高度等参数（一般工作灯电流、预热灯电流和负高压以及燃烧器位置不用更改），设置完成后点击下一步。出现设置波长窗口。

④ 不要更改默认的波长值，直接点击寻峰。将弹出寻峰窗口（根据所选元素灯元素不同，整个过程需要时间不同，一般在 1～3min），等寻峰过程完成后，点击关闭。点击下一步，点击完成。

（3）设置样品

① 点击 样品，弹出样品设置向导窗口。

② 选择校正方法（一般为标准曲线法）、曲线方程（一般为一次方程）和浓度单位，输入样品名称和起始编号，点击下一步。

③ 输入标准样品的浓度和个数（可依照提示增加和减少标准样品的数量），点击下一步。

④ 可以选择需要或不需要空白校正和灵敏度校正（一般为不要），然后点击下一步。

⑤ 输入待测样品数量、名称、起始编号以及相应的稀释倍数等信息，点击完成。

（4）设置参数

① 点击 参数，弹出测量参数窗口。

② 常规：输入标准样品、空白样品、未知样品等的测量次数（测几次计算出平均值），选择测量方式(手动或自动，一般为自动)，输入间隔时间和采样延时(一般均为 1s)。石墨炉没有测量方式和间隔时间以及采样延时的设置。

③ 显示：设置吸光值最小值和最大值［一般为（0～0.7）］以及刷新时间（一般 300s）。

④ 信号处理：设置计算方式(一般火焰吸收为连续或峰高，石墨炉多用峰面积）以及积分时间和滤波系数。

⑤ 点击确定，退出参数设置窗口。

（5）火焰吸收的光路调整

① 点击仪器下的燃烧器参数，弹出燃烧器参数设置窗口，输入燃气流量和高度。

② 点击执行，看燃烧头是否在光路的正下方，如果有偏离，更改位置中相应的数字。

③ 点击执行，可以反复调节，直到燃烧头和光路平行并位于光路正下方（如不平行，可以通过用手调节燃烧头角度来完成）。

④ 点击确定，退出燃烧器参数设置窗口。

（6）测量

① 依次打开空气压缩机的风机开关、工作开关，调节压力调节阀，使得空气压力稳定在0.2～0.25MPa后，打开乙炔钢瓶主阀，调节出口压力在0.05～0.06MPa（点火前后出口压力可能有变化，这里的出口压力在0.05～0.06MPa指点火后的压力），检查水封。

② 点击点火（第一次点火时有点火提示窗口弹出，点击确定将开始点火），等火焰稳定后首先吸喷纯净水。以防止燃烧头结盐。

③ 点击测量下的测量，开始（或），吸喷空白溶液校零，依次吸喷标准溶液和未知样品，点击开始，进行测量。测量完成后，点击终止，完成测量，退出测量窗口。挡住火焰探头熄火（如果不再需要继续测量其他元素，请关闭乙炔钢瓶主阀，让火焰自动熄灭），点击确定，退出熄火提示窗口，吸喷纯水1min，清洗燃烧头，防止燃烧头结盐。

④ 点击视图下的校正曲线，查看曲线的相关系数，决定测量数据的可靠性，进行保存或打印处理。

（7）关机过程　依次关闭AAWin软件、原子吸收主机电源、乙炔钢瓶主阀、空压机工作开关，按放水阀，排空压缩机中的冷凝水，关闭风机开关，退出计算机Window操作程序，关闭打印机、显示器和计算机电源。盖上仪器罩，检查乙炔、氩气、冷却水是否已经关闭，清理实验室。

在使用原子吸收分光光度计时，需要注意：

① 熄火时一定要最先关乙炔。

② 空压机连续工作4h以上要放水，放水时一定要先将火焰熄灭。

③ 乙炔瓶内压力不足0.4MPa时，更换乙炔，换乙炔后一定要给钢瓶试漏。

原子吸收分光光度计

四、原子吸收分光光度计的维护与保养

1. 实验室环境

安装原子吸收分光光度计的实验室应远离剧烈的振动源和强烈的电磁辐射源。室内温度应保持在10～35℃之间，并保证室温不在短时间内发生大幅度变化。室内相对湿度应小于85%。实验室墙壁应做刷漆、贴纸等防尘处理。采用石墨炉法进行痕量分析时，室内应以正压送风，送入的空气应作除尘处理。实验室不能同时用作化学处理间。

安放仪器的工作台应坚固稳定，能长期承重不变形。为防振防腐，台面上应铺设橡皮板或塑胶板。为防止有害气体在室内扩散，应在原子化器上方位置安装局部强制排风罩。排风罩下口尺寸一般为 350mm×300mm，其下口距仪器顶面以 300～400mm 为宜。风机的排风量不宜过大，否则会引起火焰飘动，影响测定的稳定性；风量过小，排风效果不好。根据经验，以手能在风口处明显感觉出气体流动为宜。

实验室内应具备 220V 电源。使用石墨炉时应具备 380V 电源。如果电网电压波动较大，应另行配备稳压器。使用石墨炉时，室内应具备上、下水设施。用自来水作石墨炉冷却水时，水压不应低于 0.15MPa。火焰法使用的乙炔、液化石油气等燃气钢瓶应放在距离不远、出入方便的其他房间内。

2. 性能测试

仪器技术性能的好坏直接影响分析结果的可靠性。无论是新购置的仪器还是经过长期使用的仪器，都必须进行全面的性能测试，并做出综合评价。测试的主要项目有波长指示值误差、波长指示值重复性、分辨率、基线稳定性、边缘能量、火焰法测定及石墨炉法测定的检出限、背景校正能力以及绝缘电阻等。各种技术项目的指标和检测方法可参照国家技术监督局颁布的原子吸收分光光度计检定规程。

3. 使用与维护

使用火焰法测定时，要特别注意点火和熄火时的操作顺序。点火时一定要先打开助燃气，然后再开燃气；熄火时必须先关闭燃气，待火熄灭后再关助燃气。新安装的仪器和长时间未用的仪器，千万不要忘记在点火之前检查雾室的废液管是否有水封。

使用石墨炉时，要特别注意先接通冷却水，确认冷却水正常后再开始工作。同时，仪器的日常维护和保养也是不容忽视的。这不仅关系到仪器的使用寿命，还关系到仪器的技术性能，有时甚至直接影响分析数据的质量。

仪器的日常维护与保养是分析人员必须承担的职责。这项工作，归纳起来大体上有如下几个方面。

(1) 应保持空心阴极灯灯窗清洁，不小心被沾污时，可用酒精棉擦拭。

(2) 定期检查供气管路是否漏气。检查时可在可疑处涂一些肥皂水，看是否有气泡产生，千万不能用明火检查是否漏气。

(3) 在空气压缩机的送气管道上，应安装气水分离器，经常排放气水分离器中集存的冷凝水。冷凝水进入仪器管道会引进喷雾不稳定，进入雾化器会直接影响测定结果。

(4) 经常保持雾室内清洁、排液通畅。测定结束后应继续喷水 5～10min，将其中存残的试样溶液冲洗出去。

(5) 燃烧器缝口积存盐类，会使火焰分叉，影响测定结果。遇到这种情况应熄灭火焰，用滤纸插入缝口擦拭，也可以用刀片插入缝口轻轻刮除，必要时可用水冲洗。

(6) 测定溶液应经过过滤或彻底澄清，防止堵塞雾化器。金属雾化器的进样毛细管堵塞时，可用软细金属丝疏通。玻璃雾化器的进样毛细管堵塞时，可用洗耳球从前端吹出堵塞物，也可以用洗耳球从进样端抽气，同时从喷嘴处吹水，洗出堵塞物。

(7) 不要用手触摸外光路的透镜。当透镜有灰尘时，可以用洗耳球吹去，也可以用软毛刷扫净，必要时可用镜头纸擦净。

(8) 单色器内的光栅和反射镜多为表面有镀层的器件，受潮容易霉变，故应保持单色器的密封和干燥。不要轻易打开单色器。当确认单色器发生故障时，应请专业人员处理。

(9) 长期使用的仪器，因内部积尘太多有时会导致电路故障，必要时，可用洗耳球吹净或用毛刷刷净。处理积尘时务必切断电源。

(10) 长期不使用的仪器应保持其干燥，潮湿季节应定期通电。

4. 紧急情况处理

工作中如遇突然停电，应迅速熄灭火焰。用石墨炉分析，应迅速关断电源。然后将仪器的各部分恢复到停机状态，待恢复供电后再重新启动。

进行石墨炉分析时，如遇突然停水，应迅速切断主电源，以免烧坏石墨炉。

进行火焰法测定时，万一发生回火，首先要迅速关闭燃气和助燃气，切断仪器的电源。如果回火引燃了供气管道和其他易燃物品，应立即用二氧化碳灭火器灭火。发生回火后，一定要查明回火原因，排除引起回火的故障。在未查明回火原因之前，不要轻易再次点火。在重新点火之前，切记检查水封是否有效，雾室防爆膜是否完好。

思考与练习 3.3

一、单选题

1. 将样液中的待测元素变成基态原子蒸气的过程叫（　　）。

A. 雾化　　B. 燃烧　　C. 洗脱　　D. 原子化

2. 原子吸收分光光度计常用的光源是（　　）。

A. 氢灯　　B. 氘灯　　C. 钨灯　　D. 空心阴极灯

3. 原子吸收分析中光源的作用是（　　）。

A. 提供试样蒸发和激发所需要的能量

B. 产生紫外光

C. 发射待测元素的特征谱线

D. 产生足够浓度的散射光

4. 空心阴极灯内充气体是（　　）。

A. 大量的空气　　B. 大量的氖或氮等惰性气体

C. 少量的空气　　D. 低压的氖或氩等惰性气体

5. 选择不同的火焰类型主要是根据（　　）。

A. 分析线波长　　B. 灯电流大小　　C. 狭缝宽度　　D. 待测元素性质

6. 原子化器的主要作用是（　　）。

A. 将试样中待测元素转化为基态原子

B. 将试样中待测元素转化为激发态原子

C. 将试样中待测元素转化为中性分子

D. 将试样中待测元素转化为离子

7. 原子吸收光谱法中单色器的作用是（　　）。

A. 将光源发射的带状光谱分解成线状光谱

B. 把待测元素的共振线与其他谱线分离开来，只让待测元素的共振线通过

C. 消除来自火焰原子化器的直流发射信号

D. 消除锐线光源和原子化器中的连续背景辐射

8. 下列（　　）不是火焰原子化器的组成部分。

A. 石墨管　　B. 雾化器　　C. 预混合室　　D. 燃烧器

9. 石墨炉原子吸收法的升温程序是（　　）。

A. 灰化、干燥、原子化和净化　　B. 干燥、灰化、净化和原子化

C. 干燥、灰化、原子化和净化　　D. 净化、干燥、灰化和原子化

10. 与火焰原子吸收法相比，石墨炉原子吸收法的特点是（　　）。

A. 灵敏度低但重现性好　　B. 基体效应大但重现性好

C. 样品量大但检出限低　　D. 物理干扰少且原子化效率高

11. 原子吸收光谱分析仪中单色器位于（　　）。

A. 空心阴极灯之后　　B. 原子化器之后

C. 原子化器之前　　D. 空心阴极灯之前

12. 原子吸收光谱分析中，乙炔是（　　）。

A. 燃气-助燃气　　B. 载气　　C. 燃气　　D. 助燃气

13. 原子吸收光谱测铜的步骤是（　　）。

A. 开机预热→设置分析程序→开助燃气、燃气→点火→进样→读数

B. 开机预热→开助燃气、燃气→设置分析程序→点火→进样→读数

C. 开机预热→进样→设置分析程序→开助燃气、燃气→点火→读数

D. 开机预热→进样→开助燃气、燃气→设置分析程序→点火→读数

14. 原子吸收光谱光源发出的是（　　）。

A. 单色光　　B. 复合光　　C. 白光　　D. 可见光

15. 原子吸收测定时，调节燃烧器高度的目的是（　　）。

A. 控制燃烧速度　　B. 增加燃气和助燃气预混时间

C. 提高试样雾化效率　　D. 选择合适的吸收区域

二、判断题

1. 在火焰原子化器中，雾化器的主要作用是使试液雾化成均匀细小的雾滴。（　　）

2. 为保证空心阴极灯所发射的特征谱线的强度，灯电流应尽可能大。（　　）

3. 为保证空心阴极灯的寿命，在满足分析灵敏度的前提下，灯电流应尽可能小。（　　）

4. 空心阴极灯灯电流的选择原则是在保证光谱稳定性和适宜强度的条件下，应使用最低的工作电流。（　　）

5. 以峰值吸收替代积分吸收的关键是发射线的半宽度比吸收线的半宽度小，且发射线的中心频率要与吸收线的中心频率完全重合。（　　）

6. 火焰原子化方法的试样利用率比石墨炉原子化方法的高。（　　）

7. 在火焰原子化器中，雾化器的主要作用是使试液变成原子蒸气。(　　)

8. 任何情况下，待测元素的分析线一定要选择其最为灵敏的共振发射线。(　　)

9. 以峰值吸收替代积分吸收做AAS定量的前提假设之一是：基态原子数近似等于总原子数。(　　)

三、简答题

1. 原子吸收分光光度计光源的主要作用是什么？对光源有哪些要求？

2. 什么是试样的原子化？试样原子化的方法有哪几种？

3. 原子吸收分光光度计有哪几种类型？它们各有什么特点？

4. 原子吸收分光光度计中单色器的作用是什么？

5. 试画出原子吸收分光光度计的结构框图。各部件的作用是什么？

6. 可见分光光度计的分光系统放在吸收池的前面，而原子吸收分光光度计的分光系统放在原子化系统（吸收系统）的后面，为什么？

第四节　原子吸收光谱法的定量分析

一、原子吸收光谱法定量分析的依据

当锐线光源强度及其他实验条件一定时，基态原子蒸气的吸光度 A 与试液中待测元素的浓度 c 及光程长度 b（火焰法中，燃烧器的缝长）的乘积成正比。即

$$A = Kcb \tag{3-3}$$

在火焰原子法中，光程长度 b 为燃烧器的缝长，一般是不变的，因此上式可简化为

$$A = K'c \tag{3-4}$$

式中，K 和 K' 为与实验条件有关的常数。式(3-3)、式(3-4) 表示在确定的实验条件下，吸光度与试样中待测元素浓度呈线性关系，这就是原子吸收光谱定量分析的依据。

二、原子吸收光谱法的定量方法

1. 标准曲线法

工作曲线法也称标准曲线法，它与紫外-可见分光光度法的工作曲线法相似，关键都是绘制一条工作曲线。其方法是：配制一组合适的标准溶液，由低浓度到高浓度，依次喷入火焰，分别测定其吸光度 A。以测得的吸光度为纵坐标，待测元素的含量或浓度 c 为横坐标，绘制 A-c 标准曲线，如图 3-17 所示。在相同的试验条件下，喷入待测试样溶液，根据测得的吸光度，由标准曲线求出试样中待测元素的含量。

在使用本法时要注意以下几点：

(1) 所配制的标准溶液的浓度，应在吸光度与浓度呈直线关系的范围内；

(2) 标准溶液与试样溶液都应用相同的试剂处理；

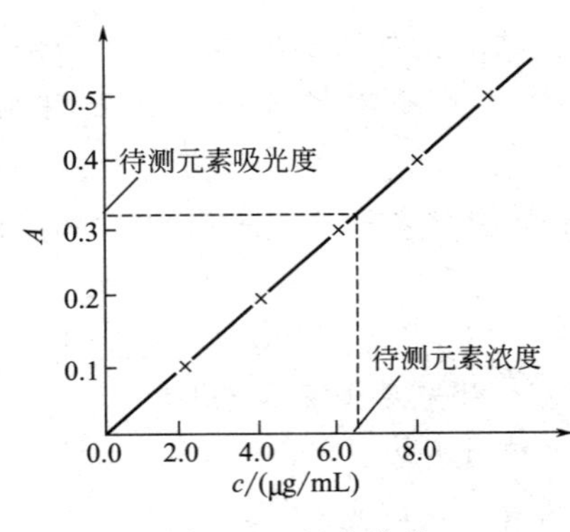

图 3-17 标准曲线

(3) 应该扣除空白值；

(4) 在整个分析过程中操作条件应保持不变；

(5) 由于喷雾效率和火焰状态经常变动，标准曲线的斜率也随之变动，因此，每次测定前应用标准溶液对吸光度进行检查和校正。

工作曲线法简便、快速，适于组成较简单的大批样品分析。

2. 标准加入法

标准加入法

一般说来，待测试样的确切组成是无法准确知道的，这样配制与待测试液组成相近的标准系列溶液有一定的难度，对于组成复杂的试样来说更加困难。因此标准系列溶液与待测试液组成上的差异会造成分析上的误差，这种因基体不同所产生的分析误差称为基体效应。当样品的基体干扰较严重时，常采用标准加入法。

(1) 单标准加入法　取相同体积的试样溶液两份，分别移入容量瓶 A 及容量瓶 B 中，另取一定量的标准溶液加入 B 中，然后将两份溶液稀释至刻度，测出 A 及 B 两溶液的吸光度。设试样中待测元素（容量瓶 A 中）的浓度为 c_x，加入标准溶液（容量瓶 B 中）的浓度为 c_0，A 溶液的吸光度为 A_x，B 溶液的吸光度为 A_0，则可得：

$$A_x = kc_x \tag{3-5}$$

$$A_0 = k(c_0 + c_x) \tag{3-6}$$

由上两式得：

$$c_x = c_0 \frac{A_x}{A_0 - A_x} \tag{3-7}$$

(2) 作图外推法　实际测定中，常采用下述作图法：取几份体积相同的待测试样分别置于等容积的容量瓶中，第一份不加待测元素标准溶液，从第二份开始分别加入不同量的待测元素的标准溶液，最后稀释至相同体积，则各待测试样中待测元素的浓度依次为 c_x，c_x+c_0，c_x+2c_0，c_x+4c_0，…，于相同操作条件下分别测得其吸光度，以加入的标准溶液浓度为横坐标，吸光度值为纵坐标，绘制工作曲线，如图 3-18 所示。这时曲线并不通过原点。显然，相应的截距所反映的吸收值正是试样中待测元素所引起的效应。如果外延此曲线使其与横坐标相交，相应于原点与交点的距离，即为所求试样中待测元素的浓度 c_x，如图 3-18 所示。

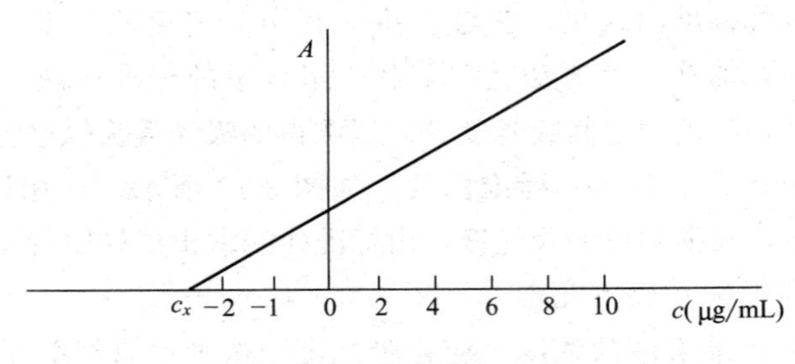

图 3-18 标准加入曲线

使用标准加入法时应注意以下几点：

（1）待测元素的浓度与其相应的吸光度应呈直线关系。

（2）为了得到较为精确的外推结果，最少应采用4个点（包括试样溶液本身）来做外推曲线，并且第一份加入的标准溶液与试样溶液的浓度之比应适当，这可通过试喷试样溶液和标准溶液，比较两者的吸光度来判断。增量值的大小可以这样选择，使第一个加入量产生的吸收值约为试样原吸收值的一半。

（3）标准加入法可以消除基体效应带来的影响，并在一定程度上消除了化学干扰和电离干扰，但不能消除背景干扰。因此只有在扣除背景之后，才能得到待测元素的真实含量，否则将使测量结果偏高。

（4）对于斜率太小的曲线（灵敏度差），容易引进较大的误差。

三、原子吸收光谱法的定量应用

随着人们生活水平的提高，保持良好的生态环境近年来日益受到社会的关注，原子吸收在环境质量评价、农产品质量检测等方面都获得了广泛的应用。在农业生产和科学研究中，经常要对土壤、肥料、植株、饲料、食品等进行化学分析。除一些常量元素钾、钠、钙、镁等以外，微量元素铜、锌、铁、锰、钼、硼等也是非常重要的。

1. 在食品分析中的应用

食品中存在的元素来源于自然存在的元素以及加工、制造过程中的外来污染元素（Na、Mg、K、Ca、B、Si、V、Cr、Mn、Fe、Co、Ca、Zn、As、Se、Mo、Sn）。食品因环境污染出现的其他元素对消费者可能达到有毒害的水平，如Cd、Hg、Pb、As、Sn等有毒污染物。这些元素均可用AAS法测定。可以应用AAS法测定的食物种类很多，如谷物产品、奶制品、蛋类及其制品、肉类及其制品、鱼类及海产品、蔬菜水果及其制品、脂肪及油脂、坚果及其制品、糖及其制品、饮料及调味品等。样品测定前需要进行必要的有机物破坏处理。

如测定Na、K元素时，将溶液吸入空气-乙炔火焰（测钠用贫燃气），分别在589.00nm和766.49nm处测定钠和钾的吸光度。当溶液浓度较高时，可分别用钠与钾的次灵敏线，即330.24nm和404.41nm测定钠和钾。

2. 土壤中微量元素的测定

土壤中微量元素的测定主要用于测定土壤全量形态和有效的微量元素。土壤全量分析首先要决定采用什么方法分解试样，使试样中待测元素最后都成为酸性溶液中的组分，然后可以方便地进行原子吸收的测定。处理试样有两种方法。一种是碱熔融法，试样用适当的熔剂熔融，然后用水浸没熔块，再用酸中和并过量。另一种是酸溶解法，将试样用混酸分解，蒸干，再用稀酸溶解残渣。对于后一种方法，大量的硅在处理过程中已被除去。土壤有效态微量元素必须按照专业分析指导，应针对不同元素采用不用的浸提法，如使用DPTA可以同时提取土壤有效铜、锌、铁、锰，原子吸收法非常适用于土壤提取液的测定，提取液可直接喷雾，干扰少，速度快，适合大批量样品的测定。在一些情况下，需要将痕量待测元素从基体中分离出来，此时多使用溶剂萃取法。

土壤提取液中的铜、锌、铁、锰可以用空气-乙炔火焰法很方便地测定。铝是较难原子化的元素，需要用一氧化二氮-乙炔火焰原子化或使用石墨炉原子化法进行测定。原子吸收法不适宜直接对硼进行测定，但用有机溶剂萃取的方法可以提高测定硼的灵敏度。硼也需要用一氧化二氮-乙炔火焰来测定，而用石墨炉法测硼的困难度较大。

3. 植株中微量元素的测定

植株样品的前处理可以采用干法灰化法和硝酸-高氯酸湿法消化法。样品处理后，试液可直接用火焰原子化法测定其中的微量元素。铜、锌、铁、锰用空气-乙炔火焰法进行测定，无干扰，含量太低时需要富集，如用有机溶剂萃取钼、硒、硼。用石墨炉原子化法测定铝的结果与比色法有较好的相关性。

在分析植株样品时应注意：测硼的样品必须用干法进行前处理，若用湿法，硼会因挥发而损失。测铁时，叶片材料必须经过稀酸或去污剂进行洗涤，否则因铁污染会使得分析失去意义。

除适宜上述土壤和植株的微量元素测定外，原子吸收也适合于各种肥料、饲料和谷物中微量元素的分析，如铜、锌、铁、锰、钴、镍等。应当提到的是，近年来硒已被广泛地研究。因为硒无论对人、动物还是植物都很重要，长期食用缺硒植物的家畜造成危害，自然也影响到动物和人。因此人们把含适量硒的农产品叫做保健食品。硒是一种使用其他方法较难测定的元素，但是使用氢化物原子化法或原子荧光法却是公认的好方法。

4. 环境生态分析中的应用

由于对环境污染问题的关注日益增长，近年来，原子吸收法在大气分析中的应用不断增加。对于大气分析通常所用的方法是将一定体积的空气过滤，然后分析过滤器上的残存物。由于在大多数情况下，能收集到的物质很少（0.1～3mg），故多采用无火焰原子吸收法进行分析，有时也可直接分析气态空气样品，如测定空气中的铅和汞，用火焰法分析时的检测限是 $1\mu m/m^3$，用无火焰法分析时可达 $0.1ng/m^3$。

思考与练习 3.4

一、单选题

1. 原子吸收光谱定量分析的基本原理是（　　）。

A. 朗伯定律　　B. 比尔定律　　C. 朗伯-比尔定律　　D. 其他定律

2. 原子吸收的定量方法-标准加入法，消除了下列（　　）干扰。

A. 分子吸收　　B. 背景吸收　　C. 光散射　　D. 基体效应

二、简答题

简述原子吸收光谱法定量分析方法。

三、计算题

1. 用原子吸收分光光度法分析水样中的铜，分析线 324.8nm，用工作曲线法，按下表加入 $100\mu g/mL$ 铜标液，用（2＋100）硝酸稀释至 50mL。上机测定吸光度，分析结果列于下表中。

加入 100μg/mL 铜标液的体积/mL	1.00	2.00	3.00	4.00	5.00
吸光度 A	0.073	0.127	0.178	0.234	0.281

另取样品 10mL 加入 50mL 容量瓶中，用（2＋100）硝酸定容，测得吸光度 0.137。试计算样品中铜的浓度。

2. 用原子吸收分光光度法测定元素 M 时，由一份未知试液得到的吸光度为 0.435，在 9.00mL 未知液中加入 1.00mL 浓度为 100×10^{-6}g/mL 的标准溶液，测的此混合液吸光度为 0.835。试问未知试液中含 M 的浓度为多少？

3. 用标准加入法测定一无机试样溶液中镉的浓度，各试液在加入镉标准溶液后，用水稀释至 50mL，测得其吸光度如下所示。求镉的浓度。

序号	试液的体积/mL	加入标准溶液（10μg/mL）的体积/mL	吸光度
1	20	0	0.042
2	20	1	0.080
3	20	2	0.116
4	20	4	0.190

第五节　原子吸收光谱法分析实验技术

一、样品的制备

（一）取样

试样制备的第一步也是最为关键的一步就是取样，首先取样要有代表性，其次取样量大小要适当，最后样品在采样、碎样等加工过程中，要防止被污染，避免引入杂质，因为污染是限制灵敏度和检出限的重要原因之一。污染主要来源于容器、大气、水和所用试剂。如用橡皮布、磁漆和颜料对固体样品编号时，可能引入 Zn、Pb 等元素；利用碎样机碎样时，可能引入 Fe、Al、Ca、Mg 等元素。对于痕量元素还要考虑大气污染。在普通的化学实验室中，空气中常含有 Fe、Ca、Mg、Si 等元素，而大气污染一般来说很难校准。因此，样品制成分析试样后要注意，其化学组成必须与原始样一致；样品存放的容器材质要根据测定要求而定，对不同容器应采取各自合适的洗涤方法进行洗涤；无机样品溶液应置于聚氯乙烯容器中，并维持必要的酸度，存放于清洁、低温、阴暗处，有机实验存放时应避免与塑料、胶木瓶盖等物质直接接触。

（二）样品预处理

原子吸收光谱分析通常是溶液进样，被测样品需要先转化为溶液样品。其常用的处理方法与普通化学分析方法相同，要求试样分解完全，在分解过程中不引入杂质和造成待测组分的损失，所有试剂与反应产物对后续测定无干扰。

1. 样品分（溶）解

对无机试样，首先考虑是否能溶于水，若能溶于水，应首选去离子水为溶剂来溶解样品，并配成合适的浓度范围。若样品不能溶于水则考虑用稀酸、浓酸或混合酸处理后配成合适浓度的溶液。常用的酸是 HCl、H_2SO_4、HNO_3、$HClO_4$，H_3PO_4 常与 H_2SO_4 混合用于某些合金试样溶解，用酸不能溶解或溶解不完全的样品采用熔融法。溶剂的选择原则是：酸性试样用碱性溶剂，碱性试样用酸性溶剂。常用的酸性溶剂有 $NaHSO_4$、$KHSO_4$、$K_2S_2O_7$、酸性氟化物等。常用的碱性溶剂有 Na_2CO_3、K_2CO_3、$NaOH$、Na_2O_2、$LiBO_2$（偏硼酸锂）、$Li_2B_4O_7$（四硼酸锂），其中偏硼酸锂和四硼酸锂应用广泛。

2. 样品的灰化

灰化又称消化，灰化处理可除去有机物基体。灰化处理分为干法灰化和湿法灰化两种。

（1）干法灰化　干法灰化是在较高温度下，用氧来氧化样品。具体做法是：准确称取一定量的样品，放在石英坩埚或铂坩埚中，于 80～150℃低温加热，除去大量挥发性有机物，然后放于高温炉中，加热至 450～550℃进行灰化处理。冷却后再将灰分用 HNO_3、HCl 或其他溶剂进行溶解。如有必要则加热溶解以使残渣溶解完全，最后转移到容量瓶中，稀释至标线。干法灰化技术简单，可处理大量样品，一般不受污染。广泛用于无机分析前破坏样品中的有机物。这种方法不适于易挥发元素如 Hg、As、Pb、Sn、Sb 等的测定。干法灰化有时可加入氧化剂帮助灰化。在灼烧前加入少量盐溶液润湿样品，或加几滴酸，或加入纯 $Mg(NO_3)_2$、乙酸盐作为灰化的基体，可加速灰化过程和减少某些元素的挥发损失。

（2）湿法消化　湿法消化是在样品升温下用合适的酸加以氧化。最常用的氧化剂是 HNO_3、H_2SO_4、$HClO_4$。它们可以单独使用，也可以混合使用，如 HNO_3+HCl、HNO_3+HClO_4、$HNO_3+H_2SO_4$ 等，其中最常用的混合酸是 $HNO_3+H_2SO_4+HClO_4$（体积比为 3∶1∶1）。湿法消化样品损失少，不过 Hg、Se、As 等易挥发元素不能完全避免。湿法灰化时由于加入试剂，故被污染的可能性比干法灰化大，而且需要小心操作。

目前采用微波消解样品法已被广泛采用。无论是地质样品还是有机样品，微波消解均可获得满意的结果。采用微波消解法，可将样品放在聚四氟乙烯焖罐中，于专用微波炉中加热，这种方法样品消解快、分解完全、损失少，适合大批量样品的处理工作，对微量、痕量元素的测定结果好。

二、标准样品溶液的配制

标准样品的组成要尽可能接近未知试样的组成。配制标准溶液通常使用各元素合适的盐类来配制，当没有合适的盐类可供使用时，也可直接溶解相应的高纯（99.99%）金属丝（棒、片）于合适的溶剂中，然后稀释成所需浓度范围的标准溶液，但不能使用海绵状金属或金属粉末来配制。金属在溶解之前，要磨光并用稀酸清洗，以除去表面的氧化层。

非水标准溶液可将金属有机物溶于适宜的有机溶剂中配制（或将金属离子转变成可萃取化合物），用合适的溶剂萃取，通过测定水相中的金属离子含量间接加以标定。所需标准溶液的浓度在低于 0.1mg/mL 时，应先配成比使用的浓度高 1～3 个量级的浓溶液（大于 1mg/mL）作为储备液，然后经稀释配成。储备液配成时一般要维持一定酸度，以免器皿表面吸附。配好的储备液应储于聚四氯乙烯、聚乙烯或硬质玻璃容器中。浓度很小（大于 1μg/mL）的标准溶液不稳定，使用时间不应超过 1～2d。表 3-3 所示常用储备标准溶液的配制方法。

表 3-3 常用储备标准溶液的配制

金属	基准物	配制方法(浓度 1mg/mL)
Ag	金属银(99.99%)$AgNO_3$ $AgNO_3$	溶解 1.00g 银于 20mL(1∶1)硝酸中,用时稀释至 1L 溶解 1.57g 硝酸银于 50mL 水中,加 10mL 浓硝酸,用水稀释至 1L
Au	金属金	将 0.1000 金溶解于数毫升王水中,在水浴上蒸干,用盐酸和水溶解,稀释到 100mL,盐酸浓度为 1mol/L
Ca	$CaCO_3$	将 2.4972g 在 110℃烘干过的碳酸钙溶于 1∶4 硝酸中,用水稀释至 1L
Cd	金属镉	溶解 1.000g 金属镉于 1∶1 硝酸中,用水稀释至 1L
Co	金属钴	溶解 1.000g 金属钴于 1∶1 硝酸中,用水稀释至 1L
Cr	金属铬	溶解 1.000g 金属铬于 1∶1 硝酸中,加热使之溶解完全,冷却,用水稀释至 1L

配制标准系列溶液，要注意如下事项：

① 火焰原子化法中，标准系列溶液的浓度单位通常为 mg/L；非火焰原子化法通常为 μg/L。

② 选用高纯度金属（99.99%）或被测元素的盐类（基准物）溶解配制成的标准储备液，浓度较高，通常为 1.000mg/L，在测定时，需将储备液逐级稀释配制成标准使用液和标准系列溶液，稀释用水一般为二级以上实验室用水。

③ 测定钙、镁、铜、锌、钠等时，更应注意保证水的纯度及所用玻璃仪器的洁净。

④ 溶解高纯度金属所用的硝酸、盐酸应选用优级纯。

⑤ 储备液一般存于玻璃试剂瓶或聚氯乙烯试剂瓶中，含氟的储备液只能用聚氯乙烯试剂瓶储存。储备液要保持一定酸度以防止金属离子浓度降低，可存放较长时间。在配制标准系列溶液时，尽量避免使用磷酸和硫酸。

三、测定条件的选择

在原子吸收光谱分析法中，测量条件的选择对测定的准确度、灵敏度都会有较大的影响。不同的测量条件会得到不同的测量结果。因此，选择最佳分析条件和严格控制分析条件是非常重要的。分析条件主要包括：分析线的选择、空心阴极灯电流、狭缝宽度的准确度、燃烧器的位置、火焰类型。在优选分析条件时可采用单因素选择法，即先固定其他因素，改变所研究因素，通过测定吸光度的大小来确定该因素的最佳工作条件。

（一）分析线的选择

一般选用元素的共振线作分析线；在分析浓度较高的样品时，也可选用灵敏度较低的非共振线作分析线，以便得到适宜的吸光度，改善标准曲线的线性范围。火焰原子化法测量砷、铯、汞等元素时，其共振吸收线均在 200nm 以下，火焰组分对此波长有明显的吸收，因此可选择非共振线作为分析线进行测定。表 3-4 列出了常用的各元素分析线，可供使用时参考。

表 3-4 原子吸收分光光度法中常用的元素分析线 单位：nm

元素	分析线	元素	分析线	元素	分析线
Ag	328.1,338.3	Ge	265.2,275.5	Re	346.1,346.5
Al	309.3,308.2	Hf	307.3,288.6	Sb	217.6,206.8
As	193.6,197.2	Hg	253.7	Sc	391.2,402.0
Au	242.3,267.6	In	303.9,325.6	Se	196.1,204.0
B	249.7,249.8	K	766.5,769.9	Si	251.6,250.7
Ba	553.6,455.4	La	550.1,413.7	Sn	224.6,286.3
Be	234.9	Li	670.8,323.3	Sr	460.7,407.8
Bi	223.1,222.8	Mg	285.2,279.6	Ta	271.5,277.6
Ca	422.7,239.9	Mn	279.5,403.7	Te	214.3,225.9
Cd	228.8,326.1	Mo	313.3,317.0	Ti	364.3,337.2
Ce	520.0,369.7	Na	589.0,330.3	U	351.5,358.5
Co	240.7,242.5	Nb	334.4,358.0	V	318.4,385.6
Cr	357.9,359.4	Ni	232.0,341.5	W	255.1,294.7
Cu	324.8,327.4	Os	290.9,305.9	Y	410.2,412.8
Fe	248.3,352.3	Pb	216.7,283.3	Zn	213.9,307.6
Ga	287.4,294.4	Pt	266.0,306.5	Zr	360.1,301.2

（二）灯电流选择

空心阴极灯的发射特征取决于工作电流。灯电流过小，放电不稳定，光输出的强度小；灯电流过大，发射谱线变宽，导致灵敏度下降，灯寿命缩短。因此在保证有足够强度而且稳定的光强输出的条件下，尽量使用较低（最小）的灯电流。一般商品空心阴极灯均标有允许使用的最大工作电流，日常分析工作可选用最大工作电流的 50%～60%较为适合。空心阴极灯一般需要预热 10～30min，待光源辐射稳定后方可进行测量。最佳工作电流需要通过实验确定。

（三）狭缝宽度选择

选择适宜的狭缝宽度，一方面要保证将共振吸收线与非吸收线分开，另一方面又要考虑适宜的光强度输出。狭缝过宽，虽然出射光强度增大，但单色性不好；狭缝过窄，虽然可以减少非吸收线的干扰，但射出光强度不足，造成测定困难。在保证检测器接受足够的能量时（吸光度），适当减小光谱通带。因此狭缝宽度的选择一般遵循以下原则：若待测元素共振线没有邻近线，狭缝可以宽些；若待测元素具有复杂的吸光谱或有连续背景，狭缝宽度应窄些。而最佳的狭缝宽度可以通过实验确定。

（四）燃烧器的高度

为了提高测定的灵敏度，应当使光源发出的光通过火焰中基态原子浓度最大的区域为宜。而对于不同元素而言，基态原子的浓度在火焰不同部位的分布是不同的。最佳燃烧器的高度是随着待测元素的种类和火焰性质的变化而变化的。而最佳燃烧器的高度是可以通过实验来确定的。

（五）原子化条件的选择

1. 火焰原子化条件的选择

除了以上条件外，对于火焰原子化法而言，关键是确定火焰类型和特性，火焰的性质是保证高原子化效率的关键因素。选择什么样的火焰取决于待测元素。不同类型的火焰对不同波长的吸光度不同。乙炔火焰在220nm以下的远紫外区有明显的吸收，因此对于分析线位于该波谱区域的元素，不宜选用乙炔火焰。如用196.9nm的共振线测定硒时，就显然不能选用乙炔-空气火焰，而采用氢-空气火焰，不同类型的火焰产生的最高温度差别也很大，对于易生成难离解化合物的元素及易生成耐热氧化物的元素，应选用高温火焰，如乙炔-空气或乙炔-氧化亚氮火焰；对于易挥发、易电离的元素应选用低温火焰，如煤气-空气火焰；对于易形成难熔氧化物的元素应采用富燃性火焰；不易形成氧化物的元素可以使用贫燃性火焰。

2. 电热原子化条件的选择

（1）载气的选择　可使用惰性气体氩或氮作为载气，通常使用的是氩气。采用氮气作载气时要考虑高温原子化时产生CN带来的干扰。载气流量会影响灵敏度和石墨管寿命。目前大多采用内外单独供气方式，外部供气是不间断的，流量在1～5L/min；内部气体流量在60～70mL/min。在原子化期间，内气流的大小与测定元素有关，可通过试验确定。

（2）冷却水　为使石墨炉迅速降至室温，通常使用水温为20℃，流量为1～2L/min的冷却水（可在20～30s冷却）。水温不宜过低，流速亦不可过大，以免在石墨锥体或石英窗上产生冷凝水。

（3）原子化温度的选择　原子化过程中，干燥阶段的干燥条件直接影响分析结果的重现性。为了防止样品飞溅，又能保持较快的蒸干速度，干燥应在稍低于溶剂沸点的温度下进行。条件选择是否得当，可用蒸馏水或空白溶液进行检查。干燥时间可以调节，并和干燥温度相配合，一般取样10～100μL时，干燥时间为15～60s，具体时间通过实验确定。

灰化温度和时间的选择原则是：在保证待测元素不挥发损失的条件下，尽量提高灰化温度，以去掉比待测元素化合物容易挥发的样品基体，减少背景吸收。灰化温度和灰化时间由实验确定，即在固定干燥条件、原子化程序不变情况下，通过绘制吸光度-灰化温度或吸光度-灰化时间的灰化曲线找到最佳灰化温度和灰化时间。

不同原子有不同的原子化温度，原子化温度的选择原则是：选用达到最大吸收信号的最低温度作为原子化温度，这样可以延长石墨管的使用寿命。但是原子化温度过低，除了造成峰值灵敏度降低外，重现性也会受到影响。

原子化时间与原子化温度是相配合的，一般情况是在保证完全原子化前提下，原子化时间尽可能短一些，对易形成碳化物的元素，原子化时间可以长些。

（4）石墨管的清洗　为了消除记忆效应，在原子化完成后，一般在3000℃左右，采用空烧的方法来清洗石墨管，以除去残余的基体和待测元素，但时间宜短，否则使石墨管寿命大为缩短。

（六）进样量的选择

进样量过小，吸收信号较弱，甚至低于仪器的检测限；进样量过大，在火焰原子化法中，对火焰会产生冷却效应，影响原子化效率；在石墨炉原子化法中，会增加净化困难。在实际工作中，通过实验测定吸光度与进样量的变化来选择合适的进样量。

四、干扰及其消除技术

相比较而言，原子吸收由于使用锐线光源，测定的是共振吸收线，吸收线的数目较少，因而干扰较小。但是干扰依然存在，有时还很严重。因此了解干扰的本质及其消除方法是必要的。原子吸收检测中的干扰可分为四种类型，它们分别是物理干扰、化学干扰、电离干扰和光谱干扰。明确了干扰的性质，便可以采取适当措施，消除和校正所存在的干扰。

（一）物理干扰

由于试样和标液的物理性质（黏度、表面张力、蒸气压）的变化引起吸收强度变化的现象称为物理干扰，这种干扰是非选择性的。如：试液黏度影响试样溶液喷入火焰的速度；表面张力影响雾滴的大小及分布；溶剂的蒸气压影响蒸发速度和凝聚损失；雾化气体的压力影响喷入量，其中黏度是关键。

其消除方法是：

（1）采用稀释法减小试样黏度的变化；

（2）加入基体改进剂以保持试样和标准溶液的黏度一致；

（3）采用标准加入法进行分析等。

（二）化学干扰

由于待测元素与共存组分发生了化学反应，生成了难挥发或难解离的化合物，使基态原子数目减少所产生的干扰就是化学干扰。这类干扰具有选择性，对试样中各种元素的影响各不相同，并随火焰强度、火焰状态和部位、其他组分的存在等条件而变化。化学干扰是原子吸收分光光度法中的主要干扰来源。

典型的化学干扰是待测元素与共存物质作用生成难挥发的化合物，致使参与吸收的基态原子数减少。在火焰中容易生成难挥发氧化物的元素有：铝、硅、硼、钛、铍等。例如硫酸盐、磷酸盐、氧化铝对钙的干扰，是由于它们与钙可形成难挥发的化合物所致。应该指出，这种形成稳定化合物而引起干扰的大小，在很大程度上取决于火焰温度和火焰气体的组成。使用高温火焰可降低这种干扰。

为了消除化学干扰，可以在标准溶液和试样溶液中均加入某种试剂，常常可以抑制化学干扰，这类试剂有如下几种。

1. 加入释放剂

当被测元素与共存元素在火焰中能生成稳定化合物时，加入另一种物质使之与共存元素形成更稳定的或更难挥发的化合物，使待测元素释放出来，这种加入的物质称为释放剂。如磷酸盐干扰钙的测定，当加入镧盐或锶盐之后，它们与磷酸根离子结合而将钙释放出来，从而消除了磷酸盐对钙的干扰。

2. 加入保护剂

由于这些试剂的加入，能使待测元素不与干扰元素生成难挥发化合物。例如，为了消除磷酸盐对钙的干扰，可以加入 EDTA 配位剂，使钙转化为 EDTA-Ca 配合物，后者在火焰中易于原子化，这样也可消除磷酸盐的干扰。同样，在铅盐溶液中加入 EDTA，可以消除磷酸盐、碳酸盐、硫酸盐、氟离子、碘离子对测定铅的干扰。加入 8-羟基喹啉，可消除铝对镁、铍的干扰。应该指出，用有机配位剂是有利的，因为有机物在火焰中易于破坏，使与有机配位剂结合的金属元素能有效地原子化。

3. 加入消电离剂

为了克服电离干扰，一方面可适当控制火焰温度，另一方面可加入较大量的易电离元素，如钠、钾、铷、铯等。这些电离元素在火焰中强烈电离而消耗了能量，就抑制、减少待测元素基态原子的电离，使测定结果得到改善。

4. 加入缓冲剂

缓冲剂即于试样与标准溶液中均加入超过缓冲量（即干扰不在变化的最低限量）的干扰元素。如在用乙炔-氧化亚氮测钛时，可在试样和标准溶液中均加入 200mg/kg 以上的铝，使铝对钛的干扰趋于稳定。

（三）光谱干扰

光谱干扰是由于分析元素吸收线与其他吸收线或辐射不能完全分开而产生的干扰。光谱干扰包括谱线干扰和背景干扰两种，主要来源于光源和原子化器，也与共存元素有关。

1. 谱线干扰

谱线干扰有以下三种。

（1）吸收线重叠　当共存元素吸收线与待测元素吸收波长很接近时，两谱线重叠，使测定结果偏高。这时应另选其他无干扰的分析线进行测定或预先分离干扰元素。

（2）光谱通带内存在的非吸收线　这些非吸收线可能出自待测元素的其他共振线与非共振线，也可能是光源中所含杂质的发射线。消除这种干扰的方法是减小狭缝，使光谱通带小到可以分开这种干扰。另外也可适当减小灯电流，以降低灯内干扰元素发光强度。

（3）原子化器内直流发射干扰　为了消除原子化器内的直流发射干扰，可以对光源进行机械调制，或者是对空心阴极灯采用脉冲供电。

2. 背景干扰

背景干扰是指在原子化过程中，由于分子吸收和光散射作用而产生的干扰。背景干扰使吸光度增加，因而导致测定结果偏高。石墨炉原子化法的背景干扰比火焰原子化法严重，有时不扣除背景就无法进行测量。

（四）电离干扰

电离干扰是由于原子在火焰中电离而引起的效应。分析元素在火焰中形成自由原子后又发生电离，使基态原子数减少，导致测定吸光度降低，校正曲线在高浓度区弯向纵坐标。

电离干扰虽然是一个不利因素，但是共存元素又能起着有益的作用。当有第二种元素是易电离的，就可使被测元素的电离平衡向着生成基态原子的方向移动，使吸光度增加。这种易电离元素的共存起到了电离缓冲剂的作用，因此把起到这种作用的元素称为消电离剂。常用的消电离剂都是一些电离电位低的金属元素，如 K、Na、Rb、Cs 等。

另外，采用低温火焰，如乙炔-空气火焰的电离干扰比较小。其次，使用标准加入法在一定程度上可以消除电离干扰。

五、灵敏度、检出限和回收率

在进行微量或痕量分析时，都会很关心分析的灵敏度与检出限，它们是评价分析方法与分析仪器的重要指标。原子吸收光谱分析中，常用灵敏度、检出限和回收率对定量分析方法及测定结果进行评价。

（一）灵敏度

国际纯粹与应用化学联合会（IUPAC）规定，将原子吸收分析法的灵敏度定义为 A-c 工作曲线的斜率（用 S 表示），即当待测元素的浓度或质量改变一个单位时，吸光度的变化量，其数学表达式为：

$$S=\frac{\mathrm{d}A}{\mathrm{d}c} \tag{3-8}$$

或

$$S=\frac{\mathrm{d}A}{\mathrm{d}m} \tag{3-9}$$

式(3-8)、式(3-9) 中，A 为吸光度；c 为待测元素浓度；m 为待测元素质量。

在火焰原子吸收分析中，通常习惯于用能产生 1% 吸收（即吸光度值为 0.0044）时所对应的待测溶液浓度（μg/mL）来表示分析的灵敏度，称为特征浓度（c_c）或特征（相对）灵敏度。特征浓度的测定方法是配制一待测元素的标准溶液（其浓度应在线性范围），调节仪器最佳条件，测定标准溶液的吸光度。然后按式(3-10) 计算

$$c_c=\frac{c\times 0.004}{A} \tag{3-10}$$

式中，c_c 为特征浓度（表示能产生 1% 吸收时对应的待测溶液浓度），μg/mL^{-1}/1%；c 为被测溶液浓度，μg/mL；A 为测得的溶液吸光度。

在电热原子化测定中，常用特征质量来表示测定灵敏度，即能产生 1% 吸收（0.0044A）信号所对应的待测元素量（μg），又称绝对量。对分析工作来说，显然是特征浓度或特征质量愈小愈好。

影响原子吸收分析灵敏度的主要因素：

（1）元素性质　对一些难熔元素或易形成难解离化合物的元素，用直接法测定的灵敏度比测定普通元素的灵敏度低很多。

（2）仪器的性能　光源的特性、单色器的分辨能力、检测器的灵敏度等都影响

分析的灵敏度。

（3）操作条件 包括光源操作条件、原子化条件、火焰的高度、石墨炉原子化器的温度、气体流速等。实验中选择合适的实验条件，方能得到较高的灵敏度。

（二）检出限

由于灵敏度没有考虑仪器噪声的影响，故不能作为衡量仪器最小检出量的指标。检出限可用于表示能被仪器检出的元素的最小浓度或最小质量。

检出限的定义是指以特定分析方法，以适当的置信水平被检出的最低浓度或最小值。在原子吸收法中，检出限（D）表示被测元素能产生的信号为空白值的标准偏差 3 倍时元素的质量浓度。单位用 g/mL 或 g 表示。原子吸收法常用元素的灵敏度和检出限如表 3-5 所示。

表 3-5 原子吸收法常用元素的灵敏度和检出限

元素	分析线波长/nm	火焰吸收法		石墨炉吸收法	
		特征浓度/μg/mL/1%	检出限/(μg/mL)	特征质量/g	绝对检出限/g
Ag	328.1	0.06	0.002	5.0×10^{-12}	1.0×10^{-13}
Al	309.3	1.0	0.03	5.0×10^{-11}	5.0×10^{-12}
As	193.7	2.0	0.05	2.5×10^{-11}	2.0×10^{-11}
Au	242.8	0.05	0.01	2.0×10^{-11}	1.0×10^{-11}
Ba	553.6	0.4	0.01	1.5×10^{-10}	5.0×10^{-11}
Be	234.9	0.03	0.02	2.0×10^{-12}	5.0×10^{-13}
Bi	223.1	0.7	0.025	4.0×10^{-11}	2.0×10^{-11}
Ca	422.7	0.07	0.005	4.0×10^{-12}	4.0×10^{-13}
Cd	228.8	0.025	0.002	8.0×10^{-14}	3.0×10^{-15}
Co	240.7	0.15	0.002	4.0×10^{-11}	5.0×10^{-12}
Cr	357.9	0.1	0.003	2.0×10^{-11}	2.0×10^{-11}
Cu	324.7	0.1	0.001	3.0×10^{-11}	3.0×10^{-15}
Fe	248.3	0.1	0.005	2.5×10^{-11}	1.0×10^{-11}
Mg	285.2	0.007	0.0001	4.0×10^{-14}	2.0×10^{-12}
Mn	279.5	0.05	0.001	2.0×10^{-13}	4.0×10^{-14}
Ni	232.0	0.1	0.002	1.7×10^{-11}	9.0×10^{-12}
Pb	283.3	0.5	0.01	5.3×10^{-12}	2.0×10^{-12}
Zn	213.9	0.015	0.001	3.0×10^{-14}	1.0×10^{-13}

（三）回收率

进行原子吸收分析实验时，通常需要测出所有方法的待测元素的回收率，以此评价方法的准确度和可靠性。回收率的测定可采用以下两种方法。

1. 利用标准物质进行测定

将已知含量的待测元素标准物质，在与试样相同的条件下进行预处理，在相同仪器及相同操作条件下，以相同定量方法进行测量，求出标样中待测组分的含量，则回收率为测定值与真实值之比，即：

$$回收率=含量测定值/含量真实值 \quad (3\text{-}11)$$

此法简便易行，但多数情况下，含量已知的待测元素标样不易得到。

2. 利用标准加入法测定

在给定的实验条件下，先测定未知试样中待测元素的含量，然后在一定量的该试样中，准确加入一定量待测元素，以同样方法进行样品处理，在同样条件下，测定其中待测元素的含量，则回收率等于加标样测定值与未知标样测定值之差与标样加入量之比，即：

原子吸收光谱法

$$回收率=(加标样测定值-未知标样测定值)/标样加入量 \tag{3-12}$$

显然回收率越接近于1，方法的可靠性就越高。

思考与练习 3.5

一、单选题

1.（　　）是原子吸收光谱分析中的主要干扰因素。

A. 化学干扰　　B. 物理干扰　　C. 光谱干扰　　D. 火焰干扰

2. 下面（　　）方法不是样品预处理的方法。

A. 电干法灰化　　B. 湿法消化　　C. 微波消解法　　D. 水解法

3.（　　）不是影响原子吸收分析灵敏度的主要因素。

A. 元素的性质　　B. 仪器的性能　　C. 操作条件　　D. 检出限

4.（　　）不是化学干扰因素消除的方法。

A. 加入释放剂　　B. 加入保护剂

C. 加入缓冲剂　　D. 加入水

5. 原子吸收分析法测定钾时，加入1%钠盐溶液其作用是（　　）。

A. 减少背景　　B. 提高火焰温度

C. 减少 K^+ 电离　　D. 提高 K^+ 的浓度

6. 原子吸收光谱法中的物理干扰可用下述（　　）方法消除。

A. 释放剂　　B. 保护剂

C. 缓冲剂　　D. 标准加入法

7. 原子吸收分光光度法中，常在试液中加入KCl，是作为（　　）。

A. 释放剂　　B. 缓冲剂

C. 保护剂　　D. 消电离剂

8. 在原子吸收分析中，加入消电离剂可抑制电离干扰，因此，消电离剂的电离电位（　　）。

A. 比待测元素高　　B. 比待测元素低

C. 与待测元素相近　　D. 与待测元素相同

二、简答题

1. 火焰原子吸收光谱法中应对哪些仪器操作条件进行选择？分析线选择的原则是什么？

2. 说明光谱干扰、化学干扰、物理干扰的来源及消除方法。

3. 用火焰原子吸收法测定水样中钙含量时，PO_4^{3-} 的存在会干扰钙含量的准确测定。请说明这是什么形式的干扰？如何消除？

三、拓展题

“六一”儿童节前夕，某技术监督局从市场抽检了一批儿童食品，欲测定其中Pb含量，请用你学过的知识确定原子吸收测定Pb含量的试验方案。（包括最佳实验条件的选择，干扰消除，样品处理，定量方法，结果计算）

原子吸收光谱法

第四章 气相色谱法

案例导入

甲醇是白酒中主要的有害成分，其毒性极强，易在体内蓄积，具有明显的麻醉作用，可引起脑水肿、视神经萎缩，严重者可导致失明。 目前由于饮假酒引起甲醇中毒的事件屡见不鲜。 因此检测部门应该严格检测市面销售的白酒中甲醇的含量是否超标。 其主要检测方法采用的是气相色谱法。

思考：1. 什么是气相色谱法？

2. 气相色谱法如何对物质进行分析？ 使用的仪器是什么？

思维导图

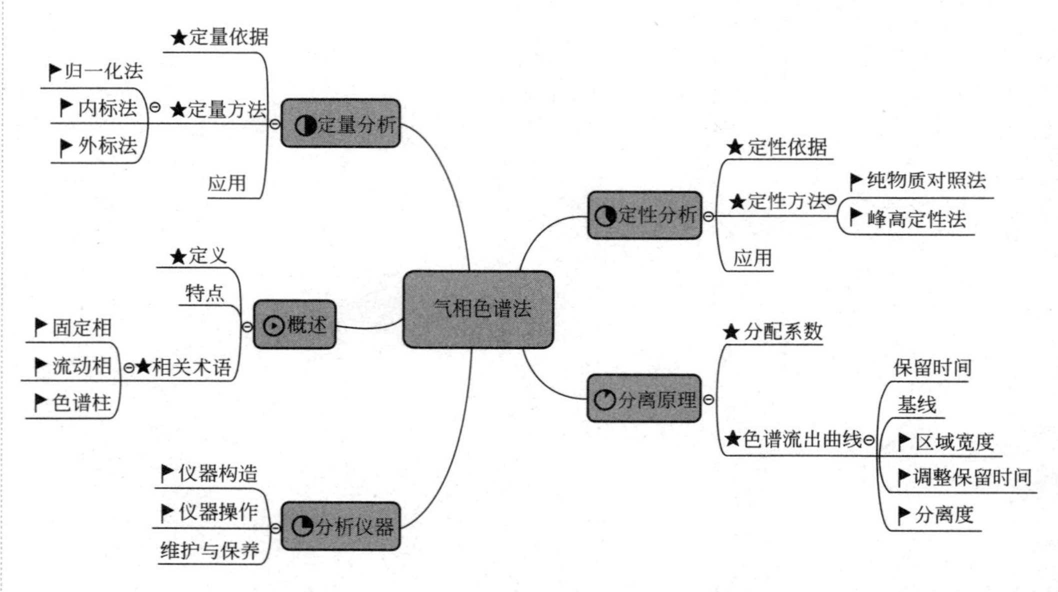

色谱法是当代最重要的分离技术，它能将混合物样品中的各组分一一分离，始创于 20 世纪俄国植物学家茨维特分离植物叶子色素实验。随着科技的进步，现代色谱法已经仪器化，在它的分离系统之后又增加了用于检测分离后各个组分的检测系统，构成了一种新的分析手段——色谱分析法。因此，色谱分析法已经成为一类既能分离混合物，又能进行定性、定量分析的现代仪器分析方法。

目前作为一种分离、分析多组分混合物的极为有效的物理和物理化学分析方法，色谱分析法以其高分离效能、高检测效能、高分析速度、高分析灵敏度而成为现代分析领域中广泛而重要的手段。

通过本章学习，达到以下学习目标：

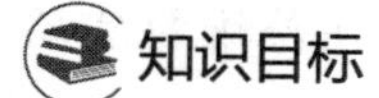
知识目标　掌握气相色谱的分离原理及色谱流出曲线；掌握气相色谱常用的定性分析及定量分析方法；熟悉气相色谱仪的基本结构；了解气相色谱法的特点、适用范围及分离条件的选择。

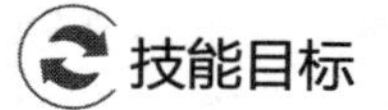
技能目标　能熟练操作气相色谱仪；正确掌握气相色谱仪的使用方法；了解气相色谱仪的维护与保养。

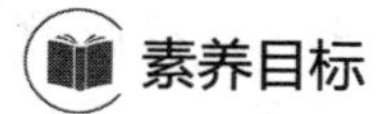
素养目标　培养学生严谨的工作作风和安全意识；培养学生精益求精的学习态度；养成科学规范操作仪器的职业素养。

第一节　气相色谱法概述

一、气相色谱法的特点

气相色谱法是采用气体作为流动相的色谱法，在分离分析方面，具有如下特点：

（1）高灵敏度。可检出 10^{-6} 级甚至 10^{-9} 级杂质含量的物质，可作超纯气体、高分子单体的痕量杂质分析和空气中微量毒物的分析。

（2）高选择性。可有效地分离性质极为相近的各种同分异构体和各种同位素。

（3）高效能。可把组分复杂的样品分离成单组分。

（4）分析速度快。一般分析只需几分钟即可完成，有利于指导和控制生产。

（5）应用范围广。可分析低含量的气体、易挥发的液体和固体，亦可分析高含量的气、液体，可不受组分含量的限制。

（6）所需试样量少。一般气体样用几毫升，液体样用几微升或几十微升。

（7）设备和操作比较简单，仪器价格便宜。

二、气相色谱法预备知识——色谱法

（一）色谱法的发展历史

1906 年，俄国植物学家茨威特发表了一篇文章，报道了成功分离植物叶子中各种色素的实验，并首先提出了色谱法。他在装有碳酸钙颗粒的玻璃管中，倒入含有植物叶子色素的石油醚提取液，然后用纯石油醚不断地冲洗，色素提取液随冲洗液在管中的碳酸钙上缓慢地向下移动，在碳酸钙上形成不同颜色的谱带，如图 4-1 所示。

最下面的色谱带呈黄色，经分析是胡萝卜素；随后是另一黄色的叶黄素谱带；上面两层分别是呈棕色和黄绿色的叶绿素 a、叶绿素 b 谱带。由于不同谱带有不同颜色，这种分离方法被称为色谱法。现代色谱法已不限于分离有色物质，更多用于无色物质的分离和测定，但习惯上仍沿用“色谱”一词。

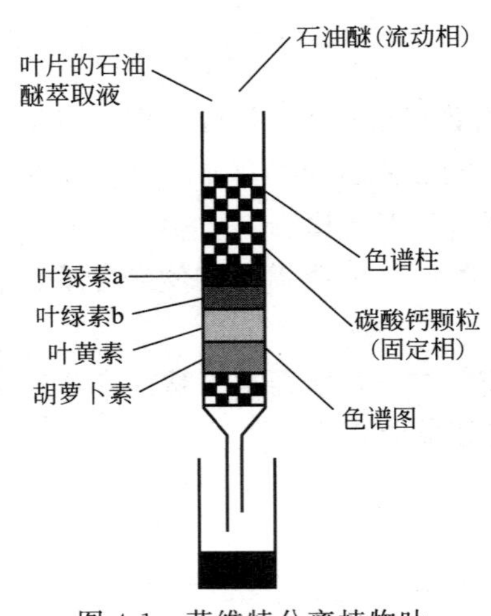

图 4-1 茨维特分离植物叶子色素实验示意

固定不动的相称为固定相。在茨维特实验中，碳酸钙为固定相。

不断流动的相称为流动相。在茨维特实验中，石油醚为流动相。

填充固定相的玻璃柱或金属柱称为色谱柱。

经典色谱法分离速度慢，分离效率低，在随后的几十年中并没有引起足够的重视。直到1941年马丁等把氨基酸的混合液注入以硅胶做固定相的柱中，用氯仿做流动相，将各个氨基酸的组分分开，才引起化学家的重视。1944年马丁等用滤纸代替硅胶，不用色谱柱，固定相是滤纸中含有水分的纤维素，流动相是有机溶剂，成功地分离了氨基酸，从而创立了纸色谱法。1952年，马丁等又提出以气体做流动相的气相色谱法，给挥发性化合物的分离测定带来了划时代的变革。马丁等由于对现代色谱法的形成和发展所做出的重大贡献，获得了1952年的诺贝尔化学奖。

20世纪50年代出现了将固定相涂布在玻璃板上的薄层色谱法。1969年高效液相色谱法的出现和20世纪70年代计算机技术进入色谱领域，出现了全自动色谱仪，使现代色谱技术进入了一个迅速发展的新时代——智能色谱。

（二）色谱法的分类

1. 按固定相及流动相的状态分类

（1）气相色谱法　流动相为气体的色谱法称为气相色谱法（GC）。气相色谱法分为气-固色谱法（GSC）和气-液色谱法（GLC），前者固定相为固体吸附剂，后者固定相为附着在惰性载体表面上的薄层液体。

（2）液相色谱法　流动相为液体的色谱法称为液相色谱法（LC）。按照固定相状态可将液相色谱法分为液-固色谱法（LSC）和液-液色谱法（LLC）。

（3）超临界流体色谱法　流动相为超临界流体的色谱法称为超临界流体色谱法（SFC）。超临界流体是超临界温度和临界压力的流体，这种流体兼有气体低黏度和液体高密度的性质，组分的扩散系数介于气体和液体之间。超临界流体色谱法可分析气相色谱法不能或难于分析的许多沸点高、热稳定性差的物质。

2. 按固定相形式分类

（1）柱色谱法　固定相装在柱中的称为柱色谱法。柱色谱包括填充柱色谱和开管柱色谱，固定相填充在玻璃或金属管中的称为填充柱色谱法；固定相附着在一根吸管内壁上，管中心是空的，称为开管柱色谱或毛细管柱色谱。

（2）平板色谱法　固定相呈平板状的称为平板色谱法。以吸附水分的滤纸作固定相的称为纸色谱法；以涂覆在玻璃板上的吸附剂作固定相的称为薄层色谱法，如图4-2所示。

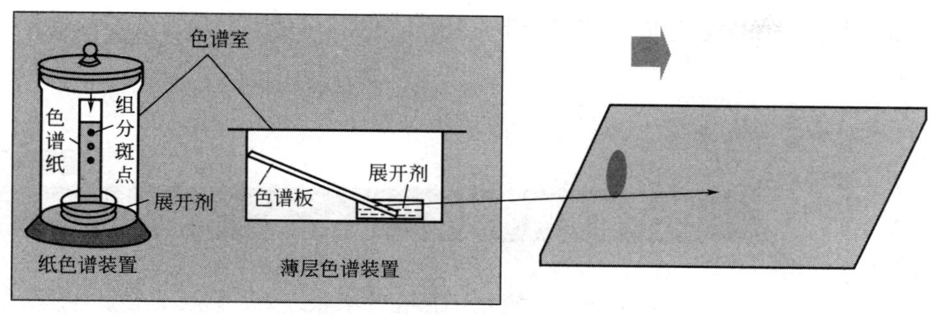

图 4-2 纸色谱和薄层色谱示意

3. 按分离原理分类

（1）吸附色谱法 用固体吸附剂做固定相的称为吸附色谱法。吸附色谱法是利用组分在固体吸附剂上吸附能力的不同，因而吸附平衡常数不同而将组分分离的方法，包括气-固吸附色谱法和液-固吸附色谱法。

（2）分配色谱法 分配色谱法是用液体做固定相，利用组分在液体固定相和流动相中的溶解度不同，因而分配系数不同而进行分离的方法，包括气-液分配色谱法和液-液分配色谱法。

（3）离子交换色谱法 离子交换色谱法是固定相为离子交换剂，利用离子交换剂与不同离子交换能力的不同而进行分离的方法，如图 4-3 所示。

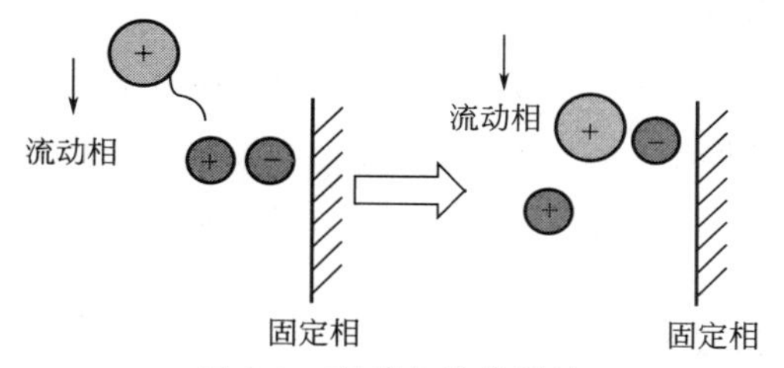

图 4-3 离子交换色谱法

（4）尺寸排阻色谱法 尺寸排阻色谱法又称凝胶色谱，是利用多孔性物质做固定相，因其对不同大小分子的排阻作用不同而进行分离的方法，如图 4-4 所示。

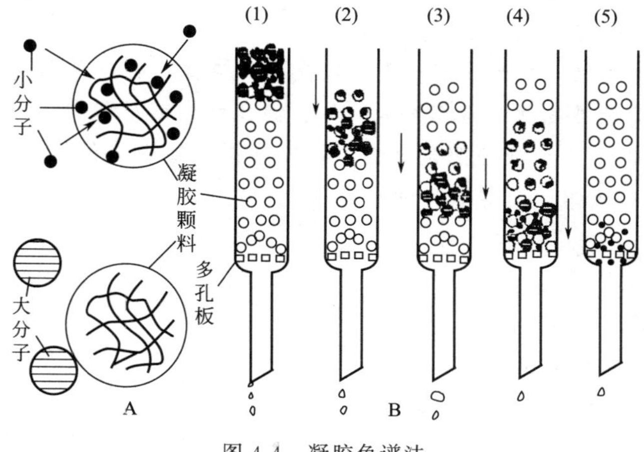

图 4-4 凝胶色谱法

（5）电色谱法　电色谱法是利用带电物质在电场作用下移动速度不同进行分离的方法。

课程思政点

爱国教育

分析化学家陆婉珍院士

我国著名分析化学家和石油化学家陆婉珍院士，在新中国成立后，放弃国外丰厚的生活待遇与优越的科研条件，毅然归国。在20世纪50年代，克服了诸多困难，率先在我国成功开发了弹性石英毛细管、填充毛细管色谱法和多孔层毛细管色谱法等，对我国色谱技术的发展具有重要影响。陆婉珍院士的事迹，告诉我们：大学生不仅要有探索未知、追求真理和勇攀科学高峰的责任感和使命感，更要自觉将小我融入大我，为中华民族的伟大复兴贡献力量。

思考与练习 4.1

一、单选题

1. 目前人们公认的色谱法的创始人是（　　）。

A. 法拉第　　B. 海洛夫斯基　　C. 瓦尔士　　D. 茨维特

2. 气-液色谱属于（　　）。

A. 吸附色谱　　B. 凝胶色谱

C. 分配色谱　　D. 离子色谱

3. 根据分离原理，纸色谱是属于下列（　　）种分离方法。

A. 液-液分配　　B. 液-固分配

C. 离子交换　　D. 毛细管扩散

4. 一般气相色谱法适用于（　　）。

A. 任何气体的测定

B. 任何有机和无机化合物的分离、测定

C. 无腐蚀性气体与在汽化温度下可以汽化的液体的分离与测定

D. 任何无腐蚀性气体与易挥发的液体、固体的分离与鉴定

5. 1941 年建立了液-液分配色谱法，对气相色谱法发展做出了杰出贡献，因此于 1952 年荣获诺贝尔化学奖的科学家是（　　）。

A. 茨维特　　B. 康斯登

C. 范蒂姆特　　D. 马丁

二、简答题

1. 简述气相色谱法的含义及特点。

2. 什么是固定相？什么是流动相？

第二节 气相色谱法的基本原理

一、气相色谱法的分离原理

气相色谱法是一种以气体为流动相的色谱法。在气-固色谱中，固定相是固体吸附剂，它对样品中各组分有不同的吸附能力；在气-液色谱中，固定相是涂在担体表面的固定液，它对样品中各组分有不同的溶解能力。当载气将气态样品带入色谱柱并与固定相接触时，很快被固体吸附剂吸附或被固定液溶解；与此同时，由于组分分子的热运动以及载气的冲洗作用，又使得被吸附或溶解的组分分子从固定相中脱附或挥发出来，并随着载气向前移动，它们在经过固定相时，又再次被固定相吸附或溶解，随着载气的流动，组分在柱内将反复地进行吸附-脱附或溶解-挥发的分配过程。

由于各组分性质的差异，固定相对它们的吸附或溶解能力将有所不同。不易被吸附或溶解的组分，容易脱附或挥发到载气中去，因此在柱中移动的速度较快；反之，容易被吸附或溶解的组分，不易脱附或挥发到载气中去，随载气移动的速度较慢。各组分在柱内两相间经过反复多次分配之后，便能彼此分离，并先后从柱内流出，如图 4-5 所示。

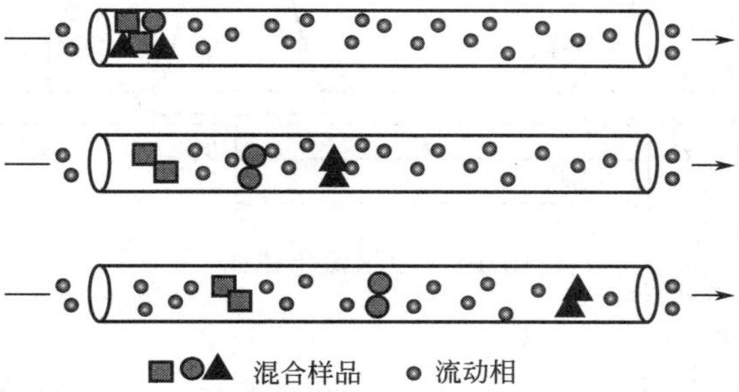

图 4-5 气相色谱法分离原理

在一定温度、压力下，组分在两相间达到分配平衡时，在固定相中的浓度与在流动相中的浓度之比是一个常数，称为分配系数（partition coefficient），用 K 表示，即：

$$K=\frac{\text{组分在固定相中的浓度}}{\text{组分在流动相中的浓度}}=\frac{c_s}{c_m} \tag{4-1}$$

式中，c_s 为组分在固定相中的浓度；c_m 为组分在流动相中的浓度；K 只与固定相和温度有关，与两相体积、柱管特性和所用仪器无关。

分配系数 K 是一个重要的色谱参数，它与柱温、柱压、组分和固定相的性质等有关，而与两相的体积和浓度无关。当每次达到分配平衡时，K 小的组分在固定相中的浓度小，在流动相中的浓度大，因此随载气移动得比较快；反之，K 大的组分在固定相中的浓度大，在流动相中的浓度小，因此随载气移动得比较慢；各组分在柱内反复多次分配（10^2～10^6 次）后，K 小的组分先出柱，K 大的组分后出柱，这样各个组分便被分离开来了。

实际上，分配系数 K 相同的各个组分不能分离，因为它们的色谱峰彼此重叠；分配系数相差越大，各组分分离得越好，其对应的色谱峰也相距越远；如果组分在柱内的分配次数不多，则分配系数相差微小的组分之间就很难分离。因此，色谱分离的两个关键是：①各组分的分配系数不同；②组分在柱内的分配次数足够多。

当分离对象确定了以后，要想使各个组分的分配系数不同，就必须选择合适的色谱固定相；而要想使分配次数足够多，就应当选择恰当的分离操作条件，以提高色谱的柱效能和分离效能。

二、色谱流出曲线

在色谱法中，流动相携带样品进入色谱柱，分配系数 K 小的组分先流出色谱柱，并进入检测器，检测器将各组分的浓度信号转换成电信号而记录下来，得到一条信号随时间变化的曲线，称为色谱流出曲线或色谱图，理想的色谱流出曲线应该是正态分布曲线，如图 4-6 所示。

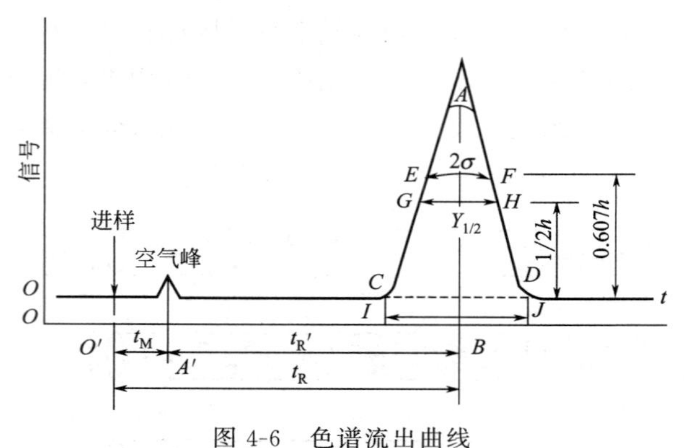

图 4-6　色谱流出曲线

1. 基线

操作条件稳定后，没有试样通过时检测器所反映的信号-时间曲线称为基线（OO'）。稳定的基线应是一条水平直线，基线的平直与否可反映出仪器及实验条件的稳定情况。基线的上下倾斜称为漂移，基线的上下波动称为噪声。

2. 峰高

色谱峰顶点到基线的垂直距离称为峰高，用 h 表示。色谱峰的高度与组分的浓度有关，分析条件一定时，峰高是定量分析的依据。峰高可以用纸的高度（mm）表示，也可以用电信号的大小（mV 或 mA）表示。

3. 峰宽

色谱峰的区域宽度（峰宽）是色谱流出曲线的重要参数之一，可用于衡量色谱柱的柱效及反映色谱操作条件下的动力学因素。宽度越窄，其效率越高，分离的效果越好。

区域宽度通常有三种表示方法：

（1）峰宽　在流出曲线拐点处作切线，分别相交于基线上的距离，如图 4-6 所

示的 IJ，以 Y 表示。

(2) 半峰宽　峰高一半处色谱峰的宽度，如图 4-6 所示的 GH，用 $Y_{1/2}$ 表示。

(3) 标准偏差　峰高 0.607 处峰宽度的一半（如图 4-6 所示 EF 的一半，用 σ 表示）。标准偏差也称曲折点（拐点）峰宽。标准偏差与峰宽和半峰宽的关系如下

$$Y=4\sigma \tag{4-2}$$

$$Y_{1/2}=2\sigma\sqrt{2\ln 2}=2.355\sigma \tag{4-3}$$

4. 峰面积

由色谱峰和基线之间所围成区域的面积称为峰面积，以 A 表示，是色谱定量分析的依据。

5. 保留值

色谱峰的位置用所对应组分峰的保留值表示，反映各待测组分在色谱柱（或板）上的滞留情况，是色谱定性分析的依据，通常用保留时间、保留体积参数来描述。

(1) 死时间（t_M）　死时间是不与固定相作用的物质从进样到出现峰极大值时的时间，反映了流动相流过色谱系统所需的时间，称为流动相保留时间。

(2) 保留时间（t_R）　保留时间是指组分从进样至出现峰极大值时的时间。

(3) 调整保留时间（t'_R）　调整保留时间是指扣除死时间的保留时间，即组分在固定相上滞留的时间。表达式为

$$t'_R=t_R-t_M \tag{4-4}$$

调整保留时间比保留时间更确切地体现了待测组分的保留特性，所以调整保留时间作为定性指标更合理。

(4) 死体积（V_M）　死体积是不与固定相作用的物质从进样到出现峰极大值时所消耗的流动相的体积，即色谱柱中未被固定相占据的所有空隙的体积，死体积与死时间有如下的关系：

$$V_M=t_M F_c \tag{4-5}$$

式中，F_c 为流动相的流速。

(5) 保留体积（V_R）　保留体积是指组分从进样至出现峰极大值时所耗用流动相的体积。

$$V_R=t_R F_c \tag{4-6}$$

(6) 调整保留体积（V'_R）　调整保留体积是指扣除死体积后的组分保留体积，表达式为

$$V'_R=V_R-V_M=(t_R-t_M)F_c=t'_R F_c \tag{4-7}$$

(7) 相对保留值（r_{21}）　相对保留值也称分离因子或选择性因子，是指相邻两种分离组分的调整保留值的比值。

$$r_{21}=\frac{t'_{R_2}}{t'_{R_1}}=\frac{V'_{R_2}}{V'_{R_1}} \tag{4-8}$$

r_{21} 也可用来表示固定相的选择性能。r_{21} 值越大，说明两组分的 t'_R 相差越大，分离得就越好。习惯上设定 $t'_{R2}>t'_{R1}$，则 $r_{21}\geqslant 1$。若 $r_{21}=1$，则两组分热力学性质相同，不能分离。只有当 $r_{21}>1$ 时，两组分才有可能分离。

对于给定的色谱体系，两组分的相对保留值 r_{21} 只与柱温和固定相的性质有关，与其他操作条件如柱长、柱径、填充情况及流动相流速等无关。在色谱定性分析中，常选用一个组分作为标准，其他组分与标准组分的相对保留值作为色谱定性的依据。相邻难分离两组分的相对保留值，也可作为色谱系统分离选择性指标。

气相色谱的流出曲线图可提供很多重要的定性和定量信息，如：

① 根据色谱流出曲线图上峰的个数，可给出该试样中至少含有的组分数；

② 根据组分峰在曲线上的位置（保留值），可以进行定性鉴定；

③ 根据组分峰的面积或峰高，可以进行定量分析；

④ 根据色谱峰的保留值和区域宽度，可对色谱柱的分离效能进行评价。

6. 分离度（R）

分离度 R 也称分辨率，是指相邻两个峰的分离程度。R 为色谱柱的总分离效能指标，定义为相邻两组分色谱峰保留值之差与两色谱峰峰底宽之和之半的比值，即

$$R=\frac{2(t_{R_2}-t_{R_1})}{Y_1+Y_2} \tag{4-9}$$

两色谱峰保留值之差反映固定相对两组分的热力学性质的差异。色谱峰的宽窄反映色谱过程的动力学因素，即柱效能的高低。因此，R 值是两组分热力学性质和色谱过程中动力学因素的综合反映，R 值越大，表明相邻两组分分离得越好。

研究分离度的目的是研究相邻两组分实际被分离的程度。从理论上可以证明，若峰形对称，呈正态分布。当 $R=0.8$，两组分的峰高为 1∶1 时，两组分被完全分离的程度为 95%；当 $R=1$，两组分被完全分离的程度为 98%；当 $R=1.5$ 时，完全分离的程度可达 99.7%。通常用 $R=1.5$ 作为相邻两峰已完全分开的指标。

思考与练习 4.2

一、单选题

1. 气相色谱的分离原理是利用不同组分在两相间具有不同的（　　）。

A. 保留值　　B. 柱效　　C. 分配系数　　D. 分离度

2. 下述各项中，（　　）不是气-固色谱中样品各组分分离的基础。

A. 性质不同　　B. 溶解度的不同

C. 在吸附剂上吸附能力的不同　　D. 在吸附剂上脱附能力的不同

3. 在色谱流出曲线上，两峰间距离决定于相应两组分在两相间的（　　）。

A. 保留值　　B. 分配系数　　C. 扩散速度　　D. 传质速率

4. 色谱分析中，要求两组分达到完全分离，分离度应是（　　）。

A. $R\geqslant0.1$　　B. $R\geqslant0.7$　　C. $R\geqslant1$　　D. $R\geqslant1.5$

5. 相对保留值是指某组分 2 与某组分 1 的（　　）。

A. 调整保留值之比　　B. 死时间之比

C. 保留时间之比　　D. 保留体积之比

6. 调整保留时间是（　　）。

A. 扣除死体积的保留时间　　B. 死时间之比

C. 扣除死时间的保留时间　　D. 保留体积之比

7. 在色谱分析中，用于定量的参数是（　　）。

A. 保留时间　　B. 调整保留值　　C. 峰面积　　D. 半峰宽

8. 下述说法中，错误的是（　　）。

A. 根据色谱峰的保留时间可以进行定性分析

B. 根据色谱峰的面积可以进行定量分析

C. 色谱图上峰的个数一定等于试样中的组分数

D. 色谱峰的区域宽度体现了组分在柱中的运动情况

9. 在气液色谱法中，首先流出色谱柱是（　　）的组分。

A. 溶解能力小　　B. 吸附能力小　　C. 溶解能力大　　D. 吸附能力大

10. 在气固色谱中，各组分在吸附剂上分离的原理是（　　）。

A. 各组分的溶解度不一样　　B. 各组分电负性不一样

C. 各组分颗粒大小不一样　　D. 各组分的吸附能力不一样

11. 气-液色谱柱中，与分离度无关的因素是（　　）。

A. 增加柱长　　B. 改用更灵敏的检测器

C. 调节流速　　D. 改变固定液的化学性质

12. 用气相色谱法定量分析样品组分时，分离度应至少为（　　）。

A. 0.5　　B. 0.75　　C. 1.0　　D. 1.5

13. 下列有关分离度的描述中，正确的是（　　）。

A. 由分离度的计算式来看，分离度与载气流速无关

B. 分离度取决于相对保留值，与峰宽无关

C. 色谱峰峰宽与保留值差决定了分离度的大小

D. 高柱效一定具有高分离度

二、判断题

1. 在色谱分离过程中，单位柱长内组分在两相间的分配次数越多，则相应的分离效果也越好。（　　）

2. 气相色谱分析中，最先从色谱柱中流出的物质是最难溶解或吸附的组分。（　　）

3. 色谱分离度是反映色谱柱对相邻两组分直接分离效果的。（　　）

4. 两个组分的分配系数完全相同时，气相色谱也能将它们分开。（　　）

5. 气固色谱中，各组分的分离是基于组分在吸附剂上的溶解能力和析出能力不同。（　　）

6. 半峰宽是指峰底宽度的一半。（　　）

7. 气相色谱分析中，调整保留时间是组分从进样到出现峰最大值所需的时间。（　　）

8. 某试样的色谱图上出现三个色谱峰，该试样中最多有三个组分。（　　）

9. 色谱柱的选择性可用“总分离效能指标”来表示，它可定义为：相邻两色谱峰保留时间的差值与两色谱峰宽之和的比值。（　　）

三、简答题

1. 简述气相色谱法分离原理。

2. 什么是保留时间？什么是调整保留时间？

3. 从色谱峰流出曲线可获得什么信息？

气相色谱仪的构造

第三节　气相色谱仪

一、气相色谱仪的构造

气相色谱仪的型号较多，随着计算机的广泛使用，仪器的自动化程度也越来越高，但各类仪器在基本结构上是相同的，都由气路系统、进样系统、色谱分离系统、检测系统、数据记录及处理系统和温度控制系统六个部分组成。

气相色谱仪的工作流程如图 4-7 所示。由高压钢瓶供给的流动相（简称载气），经减压阀、净化器、稳压阀、流量计后，以稳定的压力和流速连续经过汽化室，并携带气体样品进入色谱柱中进行分离。分离后的试样随载气依次进入检测器，检测器将组分的浓度（或质量）变化转变为电信号。电信号经放大器放大后，由记录器记录下来，得到色谱图。利用色谱流出曲线即可进行定性、定量分析。

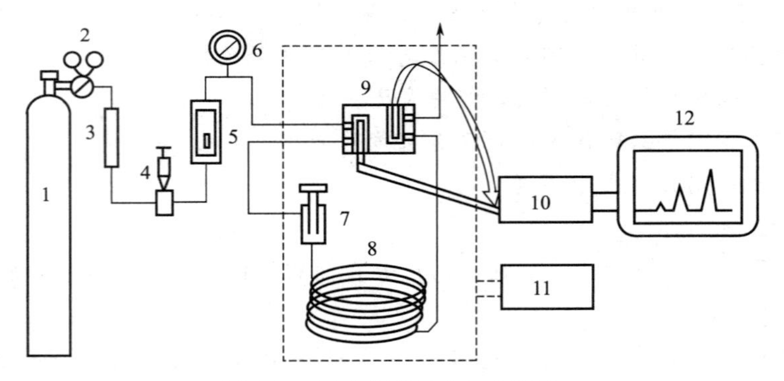

图 4-7　气相色谱仪的工作流程

1—载气；2—减压阀；3—干燥器；4—针形阀；5—转子流量计；6—压力表；7—进样器；8—色谱柱；9—热导池检测器；10—皂膜流量计；11—恒温箱；12—记录器

（一）气路系统

气路系统的主要作用是提供纯净且流速恒定的气体流动相（载气）。常用的载气有氮气、氢气、氦气、氩气和空气。气路系统包括气体钢瓶（气源）、减压阀、净化管、稳压阀、针形阀、稳流阀等。

1. 气源

气源是气相色谱仪载气和辅助气的来源，可以是高压气体钢瓶、氢气发生器以及空气压缩机。空气可以用空压机或钢瓶，作载气的氢气可以用氢气发生器，也可以用氢气钢瓶。

2. 减压阀

用来控制来自气源的气体的压力，用于氢气的减压阀称为氢气减压阀（或氢气表），用于氮气、氧气的减压阀称为氧气减压阀（或氧气表）。通过一个减压阀把10MPa以上的压力减到0.5MPa以下。将调节手柄以顺时针方向拧紧，压力就提高，以逆时针方向旋松，出口压力就减小。

3. 净化管

气体钢瓶供给的气体经减压阀后，必须经净化管净化处理，以除去水分和杂质。净化管通常为内径50mm，长200～250mm的金属管。净化管内装有催化剂或分子筛、活性炭等，以吸附气源中的微量水和低分子量的有机杂质，有时还可以在净化管中装入一些活性炭，以吸附气源中分子量较大的有机杂质。具体装填什么物质取决于载气纯度的要求。

4. 稳压阀

稳压阀是气体流程中的重要控制部位，其作用是稳定流程中的气体压力。

5. 针形阀

针形阀可以用来调节载气流量，也可以用来控制作为燃气的氢气和作为助燃气的空气的流量。

6. 稳流阀

仪器若是进行程序升温操作，由于柱的阻力随着温度的上升而增大，故柱后流量也将变化，使仪器的基线发生漂移。为了使仪器在程序升温的过程中，柱后的流量保持不变，所以安装稳流阀用以克服基线的漂移。

（二）进样系统

进样系统包括进样器和汽化室（如图4-8所示）。进样系统的作用是把待测样品（气体或液体）快速而定量地加到色谱柱中进行色谱分离。进样量的大小、进样时间的长短和样品汽化速率等都会影响色谱分离效率和分析结果的准确性及重现性。

1. 进样器

液体样品的进样，一般用微量注射器，常用的规格有0.5μL、1μL、10μL、50μL、100μL等，如图4-9所示。填充柱色谱常用10μL、毛细管色谱常用1μL的微量注射器。微量注射器的重复性为2.0%。新型仪器带有全自动液体进样器，清洗、润冲、取样、进样、换样等过程自动完成，一次可放置数十个试样。

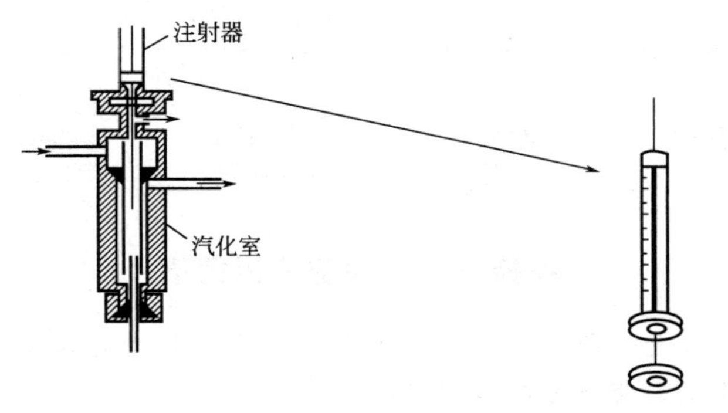

图4-8 进样系统　　图4-9 微量注射器

在使用微量注射器时要注意以下几点：

① 注射器在使用前后要用溶剂清洗，通常所用的清洗溶剂是根据污染物选择的，一般甲醇、二氯甲烷、乙腈和丙酮是常用的。清洗时不能堵塞针头，抽出柱塞。

② 当试样中的高沸点物质沾污注射器时，一般可用下列溶液依次清洗，5%氢氧化钠、水溶液、蒸馏水、丙酮、氯仿，最后用真空泵抽干，不宜用强碱性溶液洗涤。

③ 用注射器取液体试样，应先用少量试样洗涤几次或将针头插入试样中反复抽排几次，并要稍微多于需要量。如有气泡，将针头向上，将气泡和过量的试样排出，用无棉的纤维纸吸去针头的试样。注意切勿使针头内的试样流失。

④ 取样后应立即进样，进样时，注射器应与进样口垂直，插到底后迅速注入试样，完成后立即拔出注射器，整个动作应稳当、连贯、迅速。针尖在进样器中的位置、插入的速度、停留的时间和拔出的速度都会影响进样的重复性。

在实验过程中，很多新手常常会把注射器的针头和注射器杆弄弯，原因主要有：

① 室温下样口拧得太紧，当汽化室温度升高时，硅胶密封垫膨胀后会更紧，这时注射器很难扎进去。

② 位置找不好，针扎在进样口金属部位。

③ 注射器杆弯是进样时用力太猛，进口气相色谱仪带一个进样器架，用进样器架进样就不会把注射器杆弄弯。

气体进样器为六通阀，如图 4-10 所示。六通阀分为推拉式和旋转式两种。试样首先充满定量管，切入后，载气携带定量管中的试样气体进入分离柱，重复性优于 0.5%。

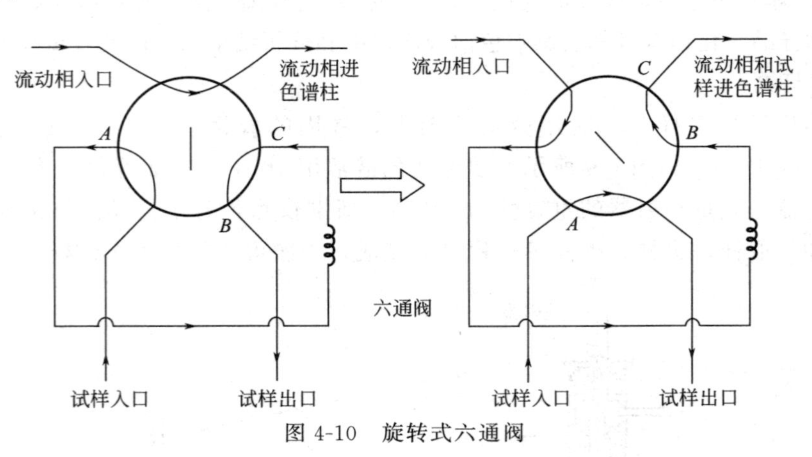

图 4-10　旋转式六通阀

新技术——顶空气相色谱

顶空气相色谱是一种对液体或固体中所含的挥发性成分进行气相色谱分析的一种间接测定法。将被分析样品放在一个密闭容器中（通常为密封的小玻璃瓶），在恒定的温度下，达到热力学平衡，以样品容器上部空间的蒸气作为样品进行色谱分析。这一方法从气相色谱仪角度讲，是一种进样系统，即“顶空进样系统”。

顶空分析（headspace analysis）出现于1939年，比气相色谱法早。由于气相色谱法是专门用于气体或挥发性物质的，所以气相色谱法和顶空色谱法的结合是很自然的。1958年用顶空气相色谱法分析水中氢气含量，1962年出现商品化顶空进样器。现在，顶空气相色谱法已成为普遍使用的技术，它可以用于药物（中药或西药）中的溶剂残留、聚合材料中的残留溶剂和单体、废水中的挥发性有机物、食品中的气味成分、血液中的乙醇等挥发性成分的分析测定等。

2. 汽化室

液体样品在进柱前必须在汽化室内变成蒸气。汽化室为不锈钢材质的圆柱管，上端为进样口，载气由侧口进入，柱管外部用电炉丝加热。汽化室的温度通常控制在50～500℃，以保证液体试样能快速汽化。汽化室要求热容量大，使样品能够瞬间汽化，并要求死体积小。对易受金属表面影响而发生催化、分解或异构化现象的样品，可在汽化室通道内置一玻璃插管，避免样品直接与金属接触。汽化室注射孔用厚度为5mm的硅橡胶密封，由散热式压管压紧，采用长针头注射器将样品注入热区，以减少汽化室死体积，提高柱效。

（三）色谱分离系统

色谱分离系统主要由柱箱和色谱柱组成，其中色谱柱是分离系统的核心，其功能是将多组分样品分离为单个组分。色谱柱一般可分为填充柱和毛细管柱，如图4-11、图4-12所示。

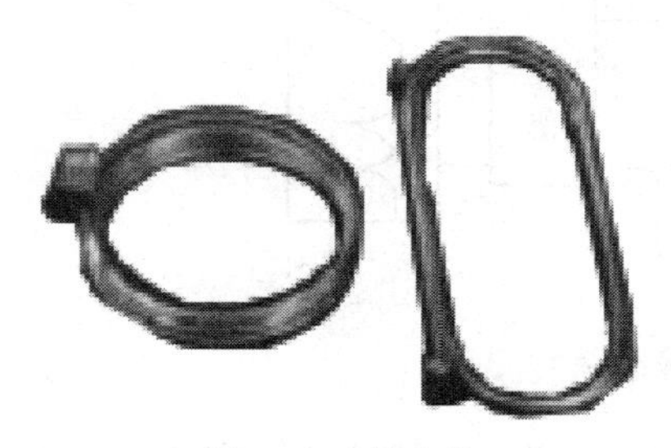

图4-11　填充柱

图4-12　毛细管柱

1. 填充柱

填充柱是指在柱内均匀、紧密填充固定相颗粒的色谱柱。柱长一般在1～5m，内径一般为2～4mm。填充柱的柱材料多为不锈钢和玻璃，其形状有U形和螺旋形。

2. 毛细管柱

毛细管柱又称空心柱，其分离效率比填充柱高，可解决复杂的、填充柱难于解决的分析问题。常用的毛细管柱为涂壁空心柱，其内壁直接涂渍固定相，柱材料大多用熔融石英。柱长一般为30～50m，内径一般为0.1～0.5mm。

填充柱和毛细管柱的区别和特性见表4-1。

表 4-1　填充柱和毛细管柱的区别和特性

项目	填充柱	毛细管柱
柱型	U 形，螺旋形	螺旋形
材料	不锈钢，玻璃	玻璃，弹性石英
柱长	0.5～6m	30～500m
柱内径	2～6mm	0.1～0.5mm
特性	渗透性小，传质阻力大，n 低，速度慢	渗透性大，传质阻力小，n 高，速度快

（四）检测系统

混合组分经色谱柱分离以后，按次序先后进入检测器。检测器的作用是将各组分在载气中的浓度变化转化为电信号，然后对被分离物质的组成和含量进行鉴定和测量。目前检测器的种类繁多，最常用的检测器为热导池检测器（TCD）和氢火焰离子化检测器（FID）。普及型的仪器大都配有这两种检测器。此外，电子捕获检测器（ECD）、氮磷检测器（NPD）及火焰光度检测器（EPD）等也用得较多。

1. 热导池检测器（TCD）

热导池检测器是根据不同的物质具有不同的热导率这一原理制成的。热导池是由池体和热敏元件组成，池体材料通常为不锈钢或铜，热敏元件常用钨丝，其电阻随温度的变化而变化。目前使用最多的是四臂热导池，其中两臂为参比臂（如 R_1、R_4），另两臂为测量臂（如 R_2、R_3）。将参比臂和测量臂接入惠通斯电路，组成热导池测量线路，如图 4-13 所示。

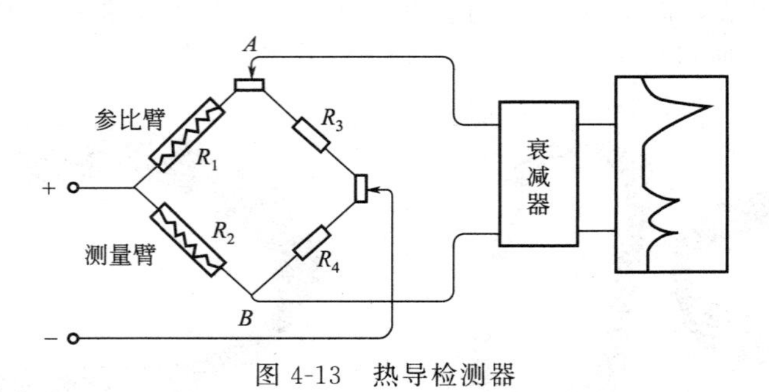

图 4-13　热导检测器

当载气流经参比池和测量池时，因为热导率相同，电桥处于平衡状态，不会产生电位差，记录系统记录的是一条直线；当有试样进入检测器时，纯载气流经参比池，载气携带着组分气流经测量池，由于载气和待测组分二元混合气体的热导率和纯载气的热导率不同，电桥失去平衡，检测器有电压信号输出，记录仪画出相应组分的色谱峰。载气中待测组分的浓度越大，测量池中气体热导率的改变就越显著，电压信号就越强。此时输出的电压信号（色谱峰面积或峰高）与样品的浓度成正比。

热导池检测器的特点是应用范围广，可分析许多有机物及气体等；热导池检测器是非破坏型检测器，不破坏样品，可收集组分，或与其他仪器（如质谱仪、红外光谱仪等）联用；结构简单，稳定性好。

2. 氢火焰离子化检测器（FID）

FID 检测器主要用于可在 H_2-空气火焰中燃烧的有机化合物（如烃类物质）的

检测。氢火焰离子化检测器的主要部件是离子室。离子室一般由不锈钢制成，包括气体入口、出口、火焰喷嘴、极化极和收集极以及点火线圈等部件，如图 4-14 所示。

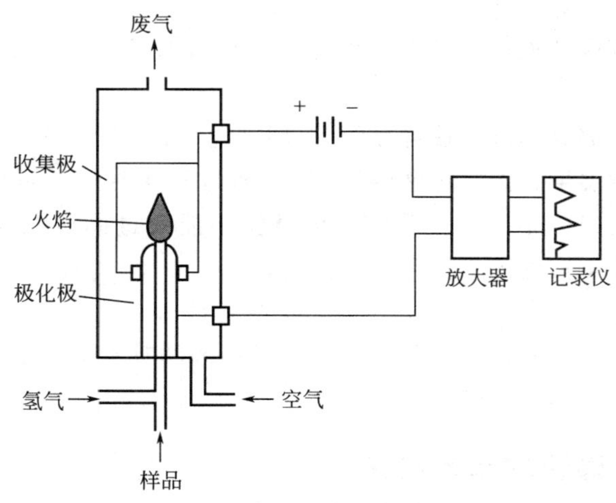

图 4-14　氢火焰离子化检测器

载气一般用氮气，燃气用氢气，分别由各自入口处进入，调节载气和燃气的流量比，使它们以一定比例混合后，由喷嘴喷出。空气作为助燃气，由空气入口进入离子室，供给氧气。在喷嘴附近安装有点火装置，点火后，在喷嘴上方即产生氢火焰，温度达 2000℃左右。当被测组分由载气携带从色谱柱流出，与 H_2 混合一起进入离子室，由毛细管喷嘴喷出。H_2 在空气的助燃下进行燃烧，在火焰下，被测有机物组分电离为正离子和电子，正离子奔向负极，电子奔向正极，产生微电流。微电流大小与被测组分有定量关系。

氢火焰离子化检测器的载气一般用 N_2，比用其他气体的灵敏度要高。N_2、H_2、空气的流量比例一般为 1∶1∶10。

氢火焰离子化检测器能检测大多数有机化合物，但不能检测 H_2O、CO、CO_2、SO_2、NH_3、H_2S、CS_2 等无机气体；灵敏度高，比 TCD 灵敏度高 2～3 个数量级；属于破坏型检测器。

（五）数据记录及处理系统

记录仪和色谱处理系统是记录色谱保留值和峰高或峰面积的设备。常用的记录仪是自动平衡电子电位差计，将从检测器来的电位信号记录成为电位随时间变化的曲线，即色谱图。计算积分器是一种色谱数据处理装置，一般包括一个微处理器、前置放大器、自动量程切换电路、电压-频率转换器、采样控制电路、计数器及寄存器、打印机、键盘和状态指示器等。

（六）温度控制系统

柱温是影响分离的最重要的因素，是色谱分离条件的重要选择参数。汽化室、分离室、检测器在色谱仪操作时均需控制温度。

在气相色谱法中，温度的控制是重要选择参数，它直接影响色谱柱的选择分离、检测器的灵敏度和稳定性。温度控制主要指对色谱柱、汽化室和检测器三处的温度控制，尤其是对色谱柱的控温精度要求很高。色谱柱的温度控制方式有恒温和程序升温两种。

1. 汽化室温度

汽化室温度应保证液体试样瞬间汽化。一般汽化室温度比柱温高 10～50℃。

2. 色谱柱温度

一方面要有足够高的温度使样品组分在柱中保持气态。另一方面，柱温应高于固定液的最低使用温度（即固定液的熔点），因为若柱温低于固定液的熔点，固定液凝固，则对被测组分不起分配作用。但柱温不能超过固定液允许的最高使用温度，否则会造成固定液的严重流失或热分解。

3. 检测器温度

检测器温度应保证被分离后的组分在通过检测器时不会冷凝。一般检测器温度选择与柱温相同或略高于柱温。

气相色谱仪的操作

二、气相色谱仪的基本操作

气相色谱仪的类型和型号繁多，不同类型和型号的产品的技术性能、功能特点、价格、操作特性相差甚大。现以美国安捷伦 GC7890B 和国产 GC4000A 为例，介绍气相色谱仪的基本操作。

（一）GC7890B 基本操作

1. 操作前准备

（1）色谱柱的检查与安装　首先打开柱温箱室，看是否是所需用的色谱柱，若不是则旋下毛细管柱的进样口和检测器的螺母，卸下毛细管柱。取出所需毛细管柱，放上螺母，并在毛细管柱两端各放一个石墨环，然后将两侧柱端截去 1～2mm，进样口一端石墨环和柱末端之间长度为 4～6mm，检测器一端将柱插到底，轻轻回拉 1mm 左右，然后用手将螺母旋紧，不需用扳手，新柱老化时，将进样口一端接入进样器接口，另一端放空在柱温箱内，检测器一端封住，新柱在低于最高使用温度 20～30℃以下，通过较高流速载气连续老化 24h 以上。

（2）气体流量的调节

① 载气（氮气）。开启氮气钢瓶高压阀前，首先检查低压阀的调节杆应处于释放状态，打开高压阀，缓缓旋动低压阀的调节杆，调节至约 0.55MPa。

② 氢气。打开氢气钢瓶，调节输出压至 0.41MPa。

③ 空气。打开空气钢瓶，调节输出压至 0.55MPa。

（3）检漏　用检漏液检查柱及管路是否漏气。

2. 主机操作

（1）接通电源，打开电脑，进入 Windows 主菜单界面。然后开启主机，主机进行自检，自检通过主机屏幕显示 power on successful，进入 Windows 系统后，双击电脑桌面的“Instrument Online”图标，使仪器和工作连接。

（2）编辑新方法。

① 从“Method”菜单中选择“Edit Entire Method”，根据需要勾选项目，

“Method Information”（方法信息），“Instrument/Acquisition”（仪器参数/数据采集条件），“Data Analysis”（数据分析条件），“Run Time Checklist”（运行时间顺序表），确定后单击“OK”。

② 出现“Method Commons”窗口，如有需要输入方法信息（方法用途等），单击“OK”。

③ 进入“Agilent GC Method：Instrument 1”（方法参数设置）。

④“Inlet”参数设置。输入“Heater”（进样口温度）；“Septum Purge Flow”（隔垫吹扫速度）；拉下“Mode”菜单，选择分流模式或不分流模式或脉冲分流模式或脉冲不分流模式；如果选择分流或脉冲分流模式，输入“Split Ratio”（分流比）。完成后单击“OK”。

⑤“CFT Setting”参数设置。选择“Control Mode”（恒流或恒压模式），如选择恒流模式，在“Value”输入柱流速。完成后单击“OK”。

⑥“Oven”参数设置。选择“Oven Temp On”（使用柱温箱温度）；输入恒温分析或者程序升温设置参数；如有需要，输入“Equilibration Time”（平衡时间），“Post Run Time”（后运行时间）和“Post Run”（后运行温度）。完成后单击“OK”。

⑦“Dtector”参数设置。勾选“Heater”（检测器温度），“H_2Flow”（氢气流速），“Air Flow”（空气流速），“Makeup Flow”（尾吹流量 N_2），“Flame”（点火）和“Electrometer”（静电计），并对前四个参数输入分析所要求的量值。完成后单击“OK”。

⑧ 如果勾选了“Data Analysis”。

a. 出现“Signal Detail”窗口。接受默认选项，单击“OK”。

b. 出现“Edit Integration Events”（编辑积分事件），根据需要优化积分参数。完成后单击“OK”。

c. 出现“Specify Report”（编辑报告），选择“Report Style”（报告类型），“Quantitative Results”（定量分析结果）。完成后单击“OK”。

⑨ 如果勾选了“Run Time Checklist”，出现“Run Time Checklist”，至少勾选“Data Acquisition”数据采集。完成后单击“OK”。

（3）方法编辑完成。储存方法：单击“Method”菜单，选中“Save Method As”，输入新键方法名称，单击“OK”完成。

（4）单个样品的方法信息编辑及样品运行。从“Run Control”菜单中选择“Sample Info”选项，输入操作者名称，在“Data File”-“Subdirectory”（子目录）输入保存文件夹名称，并选择“Manual”或者“Prefix/Counter”，并输入相应信息；在“Sample Parameters”中输入样品瓶位置，样品名称等信息。完成后单击“OK”。

注：Manual——每次做样之前必须给出新名字，否则仪器会将上次的数据覆盖掉。Prefix——在Prefix框中输入前缀，在Counter框中输入计数器的起始位（自动计数）。一般已保存的方法，只要在工作站中调出即可，不用每次重新设定。

（5）待工作站提示“Ready”，且仪器基线平衡稳定后，从“Run Control”菜单中选择“Run Method”选项，开始做样采集数据。

3. 数据处理

双击电脑桌面的“Instrument Offline”图标，进入工作站。

（1）查看数据

① 选择数据。单击“File”-“Load Signal”，选择要处理的数据的“File Name”，单击“OK”。

② 选择方法。单击打开图标，选择需要的方法的“File Name”，单击“OK”。

（2）积分

① 单击菜单“Integration”-“Auto Integrate”。积分结果不理想，再从菜单中选择“Integration”-“Integration events”选项，选择合适的“Slope sensitivity”，“Peak Width，Area Reject”，“Height Reject”。

② 从“Integration”菜单中选择“Integrate”选项，则按照要求，数据被重新积分。

③ 如积分结果不理想，则重复①和②，直到满意为止。

（3）建立新校正标准曲线

① 调出第一个标样谱图。单击菜单“File”-“Load Signal”，选择标样的“File Name”，单击“OK”。

② 单击菜单“Calibration”-“New Calibration Table”。

③ 弹出“Calibrate”窗口，根据需要输入“Level”（校正级）和“Amount”（含量），或者接受默认选项，单击“OK”。

④ 如果③中没有输入“Amount”（含量），则在此时“Amt”中输入，并输入“Compound”（化合物名称）。

⑤ 增加一级校正。单击菜单“File”-“Load Signal”，选择另一标样的“File Name”，单击“OK”。然后单击菜单“Calibration”-“Add Level”。并重复④步骤。

⑥ 若使用多级（点）校正表，重复⑤步骤。

⑦ 方法储存。单击“Method”菜单，选中“Save Method As”，输入新建方法名称，单击“OK”完成。

4. 关机

（1）仪器在测定完毕后，运行关机方法，将检测器熄火，关闭空气、氢气，将炉温降至50℃以下，检测器温度降至100℃以下，关闭进样口、炉温、检测器加热开关，关闭载气。将工作站退出，然后关闭主机，最后将载气钢瓶阀门关闭，切断电源。

（2）做好使用登记。

（二）GC4000A 气相色谱仪基本操作

1. 气路的连接

在氧气减压阀装到气瓶上之前，先用酒精棉将气瓶接嘴擦洗干净，再将氧气减压阀用扳手牢固地装在气瓶上。从载气钢瓶、氧气减压阀到仪器的管路，要保证清洁，同时工作过程中不能有其他气体放出。

在气路连接完毕后，进行气路检漏，检漏方法同安捷伦 GC7890B。

2. 流量的测定与调节

GC4000A 气相色谱仪流量的测量，可直接使用皂膜流量计从检测器出气口测量。

所有气体的流量（毛细管柱分流气流量除外）都在气路面板上加以调节。调节载气时，先用稳压阀将载气总压调至 0.3MPa，然后分别调节各路稳流阀，使各路流量达到需要值。由于各个用户使用的色谱柱不一样，用户在使用过程中可以对每根色谱柱做出其压力-流量关系曲线，在调节流量时可以通过查看压力指示值而知道流量值。

调节空气时，将空气总压调到 0.2MPa，然后分别调节针形阀，使各路流量达到需要值。

调节氢气时，直接调节两路稳压阀，并从两压力表上查看压力。

3. 通电开机，设置参数

（1）温度设定　本仪器的温控系统共有四个人机对话窗口，分别为“开机界面”、“定点温度控制界面”、“程序升温界面”和“外部事件界面”。其中“定点温度控制”界面既是一个设定温度参数的窗口，也是一个在运行时实时显示当前各控温点的温度变化的窗口。当作为显示温度变化的窗口时称其为“状态显示”界面，可通过此窗口观察仪器的当前状态。

键盘包括数字编辑输入键和特殊功能键两种。当要输入参数时，先将光标通过【▼】、【▲】、【◀】和【▶】移至相应位置，直接输入需要的数值。如果输入错误，按【清除】键即可删除刚才的输入值。

打开电源，后门自动关闭，液晶屏显示开机画面，按【下页】键，便可进入温度设定状态。

① 恒温操作。温度设定过程。首先进入的是“定点温度控制”界面，如图 4-15 所示。在此界面可以输入各路温度值，最高输入温度值为 400℃，若大于 400℃，自动显示 0℃。“最高柱温”的设定温度应高于“柱温 1”的设定温度，因为最高柱温为柱箱的保护温度，柱箱 1 的实际温度一旦高于最高柱温，系统将不执行。并在液晶屏的右下角显示“超保”，即柱箱超过了保护温度，所有其他各路的温度将停止升温。

定点温度控制		
名称	设定/℃	实测/℃
柱箱1	50.0	
汽化室A	50.0	
热导	25.0	
氢焰	50.0	
电子捕获	0.0	
氮磷	0.0	
转化炉	0.0	
热解吸	0.0	
最高柱温	300.0	

图 4-15　液晶示意

操作举例：假定柱箱（恒温）温度 100℃，汽化室温度 150℃，氢焰温度 200℃，最高温度 300℃。

打开电源，按【下页】键进入温度设定页面；

按数字键，输入 100，按【▼】键后光标移到下一行；

按第二步操作，依次输入 150、200 和 300 后，按【确认】键后光标跳到显示器右上角，此时光标在液晶的右上角闪动，这时有两个键可供选择：如果按【下页】键，液晶显示屏将切换到“程序升温表”界面，可以进行程序升温的相关设定；如果按下【运行】键，将退出“设定参数”界面，直接切换到“状态显示”界面，仪器开始按照已设定的参数运行。

② 程序升温操作。“程序升温表”的参数设定基本与“定点温度控制”类似，只是当光标处在所在行的任一位置时按【停止】键，则该行以下的所有数据将被清空。

如图 4-16 所示的程序升温过程，其操作步骤如下：

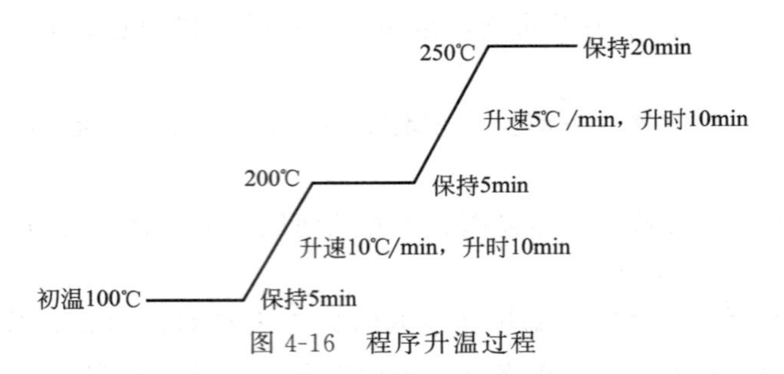

图 4-16 程序升温过程

在恒温温度设定完毕后，按【下页】键进入程序升温设定页面；

按数字键，输入 10，表示第一阶升温速率为 10℃/min；

按【▶】键，光标移到下一列，按数字键，输入 10，表示在第一阶升温 10min；

按【▶】键，光标移到下一列，按数字键“5”，表示第一阶升温保持 5min 后终止；

按数字键“5”，表示第二阶升温速率为 5℃/min；

按【▶】键，光标移到下一列，按数字键，输入 10，表示在第二阶升温 10min，按【▶】键光标移到下一列，按数字键，输入 20，表示第二阶升温保持 20min 后终止；

如果要进行更多阶的程序升温，重复上述操作步骤即可。

按【确认】键，光标跳到显示器右上角，按数字键“5”，表示在初温 100℃下保持 5min。如果此时按【上页】键，液晶显示屏将画面切换到“定点温度控制”界面，可以重新进行定点温度控制表的相关设定；如果按【下页】键，液晶显示屏将切换到“外部事件表”界面，可以进行外部事件表的相关设定。

警告：程序升温总共耗时不得超过 18h。

(2) 外部事件　“外部事件表”，如图 4-17 所示。“外部事件表”中的“TIME”栏中输入的值为整数（单位：s）；“外部事件动作设定”栏中输入的量为布尔值，输入时按【输入】键即可，若原来为 1，按下【输入】键就变为 0，反之亦然。设定好后按【运行】键，将退出“外部事件表”界面，仪器切换到“状态显示”界面，此时，设定过程全部完成，仪器开始按照设定的参数运行。

(3) 其他操作　仪器开始运行时，液晶显示屏停留在“状态显示”界面。此时屏幕的右上角出现“@”时（如图 4-18 所示）表明柱箱温度到达初始温度。这时再次按下【运行】键，程序升温及外部事件将开始执行，此时时钟将从零开始计时。按【运行】键后，各路的温度设定值及后面表格的数值将不能修改或重设。按【停止】键，程序升温停止，后门自动打开，开始降温，温度回落到初始设定的温度点并保持。

外部事件表				
TIME	1#	2#	3#	4#
■ 0				
0				
0				
0				
0				
0				
0				
0				
0				
0				
0				

图 4-17　液晶示意（外部事件）

定点温度控制　@　002:32		
名称	设定/℃	实测/℃
柱箱1	50.0	50.0
汽化室A	50.0	50.1
热导	25.0	25.0
氢焰	50.0	50.2
电子捕获	0.0	0.0
氮磷	0.0	0.0
转化炉	0.0	0.0
热解吸	0.0	0.0
最高柱温	300.0	

图 4-18　液晶示意（定点温度）

按【屏保】键，可以关闭液晶屏的背景灯，以延长背景灯的使用寿命。

在控温前，按【锁键】键，键盘将被锁定，除了【复位】键外，别的键将不起作用，再次按【后门】键解除键盘锁定；在控温后，按【锁键】键，这时除【复位】键外，【上页】、【下页】、【超温报警】和【屏保】键也可使用。

停机时，按【复位】键，系统开始复位，各路开始降温。

连接工作站，开启工作站，即可进行测试。

4. 仪器的启动

温度设定完毕，按【运行】键，仪器进入正常工作状态，各控温点开始加热控温。

若用户仍然使用上一次开机时设定的温度值，可以在打开电源开关后，依次按【下页】键、【确认】键和【运行】键，仪器按照上次设定的参数运行。

程序升温的启动：在完成以上操作后，仪器各点温度达到设定温度时，在“显示温度”页面的右上角出现@标志，再次按【运行】键，则柱箱温度按照设定值运行，同时仪器开始计时。

一次程序升温结束后，柱箱自动降温，“状态显示”界面左下角显示“全开”。当温度降到初温以下时，后门自动关闭。柱箱温度降到设定值时，右上角再次出现@，就可以再次按下【运行】键，进行下一次程序升温操作。

5. 运行状态

仪器运行过程中温度的改动：仪器运行后，若需要对某处温度进行修改，应依次按【复位】键、【下页】键进入温度设定页面，进行修改，改好后按【确认】键，此时仪器停止工作，各控温点处于降温状态，按【运行】键后仪器重新启动。

程序升温的终止和再启动：如果升温过程失败或没有必要升温时，需要停止该程序，按【复位】键，再按【运行】键，回到运行前的状态。

6. 关机

分析结束后，先按【复位】键，各控温点温度降至规定温度后，等待 10min 关断气源，并关掉总电源开关。做好登记。

三、气相色谱仪的维护与保养

气相色谱仪在使用时应当严格按要求操作，注意仪器的使用与维护。

1. 样品处理

用 0.45μm 的滤膜过滤样品，确保样品中不含固体颗粒；进样量尽量小。

2. 色谱柱的维护

在使用新柱前或放置比较久的色谱柱需预先老化以除去柱中残留的溶剂，选择老化温度时应考虑以下几点：

（1）足够高，以除去不挥发物质；

（2）足够低，以延长柱寿命和减小柱流失；

（3）老化温度越低老化时间应越长；

（4）按实际工作时的柱温程序重复升温，以使柱得以较好的老化。色谱柱在使用过程中，一般检测完毕后，柱温应升至比检测温度高 20～30℃以除去柱中残留的溶剂，使用结束或柱子长时间不使用时，应堵上柱子两端以保护柱子中的固定液不被氧气和其他污染物所污染。

3. 检测器的清洗

（1）TCD 检测器的清洗　TCD 检测器在使用过程中可能会被柱流出的沉积物或样品中夹带的其他物质所污染。TCD 检测器一旦被污染，仪器的基线出现抖动、噪声增加。有必要对检测器进行清洗。

惠普 TCD 检测器可以采用热清洗的方法，具体方法如下：关闭检测器，把柱子从检测器接头上拆下，把柱箱内检测器的接头堵死，将参考气的流量设置到 20～30mL/min，设置检测器温度为 400℃，热清洗 4～8h，降温后即可使用。

国产或日产 TCD 检测器污染可用以下方法：仪器停机后，将 TCD 的气路进口拆下，用 50mL 注射器依次将丙酮（或甲苯，可根据样品的化学性质选用不同的溶剂）、无水乙醇、蒸馏水从进气口反复注入 5～10 次，用吸耳球从进气口处缓慢吹气，吹出杂质和残余液体，然后重新安装好进气接头，开机后将柱温升到 200℃，检测器温度升到 250℃，通入比分析操作气流大 1～2 倍的载气，直到基线稳定为止。

（2）FID 检测器的清洗　FID 检测器在使用中稳定性好，对使用要求相对较低，使用普遍，但在长时间使用过程中，容易出现检测器喷嘴和收集积炭等问题，或有机物在喷嘴或收集极处沉积等情况。对 FID 积炭或有机物沉积等问题，可以先对检测器喷嘴和收集极用丙酮、甲苯、甲醇等有机溶剂进行清洗。当积炭较厚不能清洗干净的时候，可以对检测器积炭较厚的部分用细砂纸小心打磨。注意在打磨过程中不要对检测器造成损伤。初步打磨完成后，对污染部分进一步用软布进行擦拭，再用有机溶剂最后进行清洗，一般即可消除。

4. 气相色谱仪维护与保养

（1）保持气相色谱仪工作环境温度在5～35℃，相对湿度≤80%，保持环境清洁干净。每次使用时应保持室温、相对湿度恒定。

（2）各种色谱柱的连接必须保证良好的气密性，经常检查氢气钢瓶主阀是否漏气，色谱室应通风良好，禁止吸烟，避免氢气泄漏引起爆炸。

（3）关机操作时，要使仪器各部分温度降到100℃以下，最后关闭氮气。

（4）如突然停电，要立即关闭氢气主阀和机内氢气压力表，并打开柱箱门散热，氮气保留一段时间再关。

（5）FID检测器点火不燃时，可将FID检测器升到300℃，并检查氢气钢瓶低压表是否大于400kPa。

（6）顶空进样操作分析时，为了更好地具有重现性，取样针温度与传输线温度应比加热炉温度高5℃。

（7）顶空进样操作分析时，取样针、传输线以及加热炉最大使用温度≤210℃，取样时间一般不超过0.1min，进样模式最好选用时间进样，体积进样重现性不好。

新技术——色谱-原子吸收联用技术

近年来仪器联用技术发展很快，气相色谱法（GC）与原子吸收法（AAS）联用或液相色谱法与原子吸收法联用技术，既使混合样品达到分离的目的，使待测元素含量符合方法可测量的范围，又提高了原子吸收分析的灵敏度。

虽然早在30年前原子吸收方法发展的初期就有人将其作为气相色谱的检测器，测定了汽油中的烷基铅，但这种GC-AAS联用的思路直到20世纪80年代才引起重视。现在这种联用技术已用于环境、生物、医学、食品、地质等领域，分析元素也由原来的铅、砷、硒、锡等扩展到20多种。色谱-原子吸收联用的方法已不仅用于测定有机金属化合物的含量，而且可进行相应的元素形态分析。

虽然目前色谱-原子吸收联用尚无定型的商品仪器，但原子吸收分光光度计与色谱仪的连接较简单，某些情况下，一支保温金属管自色谱仪出口引入原子吸收仪器即可实现联用目的。

色谱-原子吸收联用方法可以综合色谱和原子吸收两种方法各自的特点，是金属有机化合物和化学形态分析强有力的方法之一。它在生命科学中揭示微量元素的毒理和营养作用及在环境科学中正确评价环境质量等方面将会得到更为广阔的发展。

思考与练习4.3

一、单选题

1. 气相色谱仪器的主要组成部分包括（ ）。

A. 载气系统、分光系统、色谱柱、检测器

B. 载气系统、进样系统、色谱柱、检测器

C. 载气系统、原子化装置、色谱柱、检测器

D. 载气系统、光源、色谱柱、检测器

2. 下列气体中，（　　）不用作气相色谱法中的载气。

A. 氮气　　B. 氢气　　C. 氦气　　D. 氧气

3. 下列有关高压气瓶的操作正确的选项是（　　）。

A. 气阀打不开用铁器敲击　　B. 使用已过检定有效期的气瓶

C. 冬天气阀冻结时，用火烘烤　　D. 定期检查气瓶、压力表、安全阀

4. 检查气瓶是否漏气可采用（　　）。

A. 用手试　　B. 用鼻子闻

C. 用肥皂水涂抹　　D. 听是否有漏气声音

5. 用气相色谱法测定混合气体中的 H_2 含量时应选择的载气是（　　）。

A. H_2　　B. N_2　　C. He　　D. CO_2

6. 在气相色谱中，液体样品通常采用的进样器是（　　）。

A. 旋转六通阀　　B. 漏斗　　C. 微量注射器　　D. 吸球

7. 汽化室的作用是将样品瞬间汽化为（　　）。

A. 固体　　B. 液体　　C. 气体　　D. 水汽

8. 汽化室的温度要求比柱温高（　　）。

A. 50℃以上　　B. 100℃以上　　C. 200℃以上　　D. 30℃以上

9. 在气相色谱中，起分离作用的是（　　）。

A. 净化器　　B. 热导池　　C. 汽化室　　D. 色谱柱

10. 在气相色谱中，起检测作用的是（　　）。

A. 净化器　　B. 热导池　　C. 汽化室　　D. 色谱柱

11. 在气相色谱法中，不属于常用的检测器的有（　　）。

A. 氢离子火焰检测器　　B. 热导检测器

C. 紫外检测器　　D. 电子捕获检测器

12. 在气相色谱检测器中通用型检测器是（　　）。

A. 氢火焰离子化检测器　　B. 热导池检测器

C. 示差折光检测器　　D. 火焰光度检测器

13. 气相色谱检测器的温度必须保证样品不出现（　　）现象。

A. 冷凝　　B. 升华　　C. 分解　　D. 汽化

14. TCD 的基本原理是依据被测组分与载气（　　）的不同。

A. 相对极性　　B. 电阻率　　C. 相对密度　　D. 热导率

15. 氢火焰离子化检测器中，使用（　　）作载气将得到较好的灵敏度。

A. H_2　　B. N_2　　C. He　　D. Ar

16. 启动气相色谱仪时，若使用热导池检测器，有如下操作步骤：(1) 开载气；(2) 汽化室升温；(3) 检测室升温；(4) 色谱柱升温；(5) 开桥电流；(6) 开记录仪，下面（　　）的操作次序是绝对不允许的。

A. (2) → (3) → (4) → (5) → (6) → (1)

B.（1）→（2）→（3）→（4）→（5）→（6）

C.（1）→（2）→（3）→（4）→（6）→（5）

D.（1）→（3）→（2）→（4）→（6）→（5）

二、判断题

1. 在用气相色谱仪分析样品时载气的流速应恒定。（ ）

2. FID 检测器对所有化合物均有响应，属于通用型检测器。（ ）

3. 氢火焰离子化检测器是依据不同组分气体的热导率不同来实现物质测定的。（ ）

4. 程序升温色谱法主要是通过选择适当温度，而获得良好的分离和良好的峰形，且总分析时间比恒温色谱要短。（ ）

5. 电子捕获检测器对含有 S、P 元素的化合物具有很高的灵敏度。（ ）

6. 气相色谱分析中，混合物能否完全分离取决于色谱柱，分离后的组分能否准确检测出来，取决于检测器。（ ）

7. 气相色谱分析中，程序升温的初始温度应设置在样品中最易挥发组分的沸点附近。（ ）

8. 气相色谱分析结束后，先关闭高压气瓶和载气稳压阀，再关闭总电源。（ ）

9. 气相色谱仪的热导检测器属于质量型检测器。（ ）

10. 气相色谱仪的 FPD 是一种高选择性的检测器，它只对卤素有信号。（ ）

三、简答题

1. 气相色谱仪主要包括哪几部分？各部分的作用是什么？

2. 简述气相色谱仪的基本操作步骤。

第四节　气相色谱法的定性分析

一、气相色谱法的定性依据

气相色谱定性分析的目的是确定试样的组成，即确定每个色谱峰各代表何种组分。定性分析的理论依据是：在一定固定相和一定操作条件下，每种物质都有各自确定的保留值或确定的色谱数据，并且不受其他组分的影响。也就是说，保留值具有特征性。比如保留时间、调整保留时间、保留体积、相对保留体积以及相对保留值。

但在同一色谱条件下，不同物质也可能具有相同或相似的保留值，即保留值并非是专属的。因此，对于一个完全未知的混合样品，单靠色谱法定型比较困难，往往需要采用多种方法综合解决，例如与质谱、红外光谱仪等联用。实际工作中一般所遇到的分析任务，绝大多数样品的成分大体是已知的，或者可以根据样品来源、生产工艺、用途等信息推测出样品的大致组成和可能存在的杂质。在这种情况下，只需利用简单的气相色谱定性方法便能解决问题。

二、气相色谱法的定性方法

气相色谱能对多种组分的混合物进行分离分析，但色谱分析中不同组分在同一固定相上的色谱峰保留值可能相同，仅凭色谱峰对未知物定性有一定困难。对于未知样品，要通过其来源、性质、分析目的对样品进行初步估计，再结合已知纯物质或有关色谱定性参考数据，用一定的方法进行定性鉴定。

1. 标准物质对照法

各种组分在给定的色谱柱上都有确定的保留值，可以作为定性指标。即通过比较已知纯物质和未知组分的保留值定性。如待测组分的保留值与在相同色谱条件下测得的已知纯物质的保留值相同，则可以初步认为它们是属同一种物质。由于两种组分在同一色谱柱上可能有相同的保留值，只用一根色谱柱定性，结果不可靠。可采用另一根极性不同的色谱柱进行定性，比较未知组分和已知纯物质在两根色谱柱上的保留值，如果都具有相同的保留值，即可认为未知组分与已知纯物质为同一种物质。

利用纯物质对照定性，首先要对试样的组分有初步了解，预先准备用于对照的已知纯物质（标准对照品）。该方法简便，是气相色谱定性中最常用的定性方法。

如图 4-19 所示。将未知样品与已知标准醇物质在相同的色谱条件下得到的色谱图直接进行比较，可以推测未知样品中峰 2 可能是甲醇，峰 3 可能是乙醇，峰 4 可能是正丙醇，峰 7 可能是正丁醇，峰 9 可能是正戊醇。

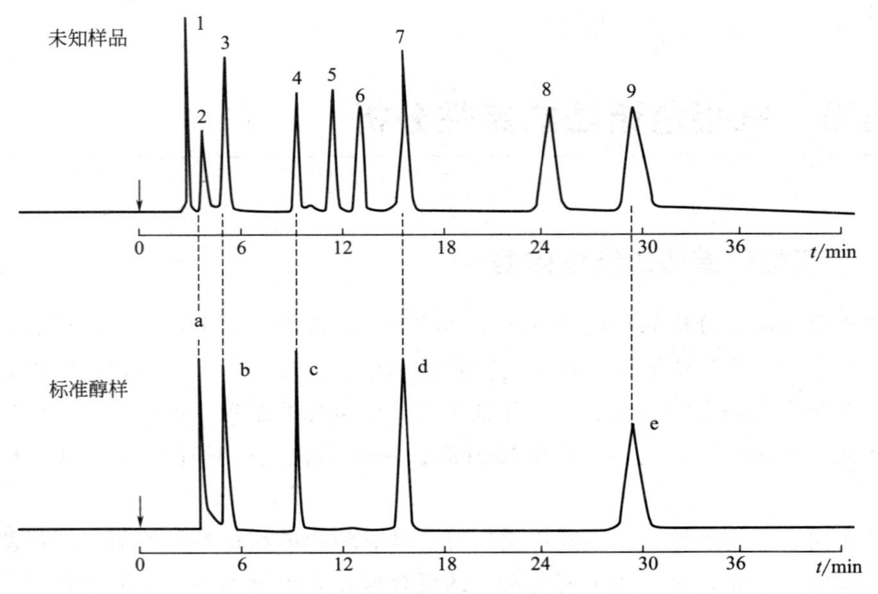

图 4-19　未知样品与已知标准醇物质在相同的色谱条件下得到的色谱图

1～9—未知物的色谱峰；a—甲醇；b—乙醇；c—正丙醇；d—正丁醇；e—正戊醇

实际过程中，将未知物质与已知纯物质的保留时间对照进行定性时，要求载气的流速、载气的温度和柱温一定要恒定，载气流速的微小波动、载气温度和柱温的微小变化，都会使保留时间有变化，从而对定性结果产生影响。实际过程中常采用相对保留值定性法和峰高定性法来避免因载气流速和温度的微小变化带来的影响。

2. 保留指数法定性

保留指数又称为 Kovats 指数，是一种重现性较好的定性参数。保留指数是将正构烷烃作为标准物，把一个组分的保留行为换算成相当于含有几个碳的正构烷烃的保留行为来描述，这个相对指数称为保留指数，定义式如下：

$$I_X=100\left(z+n\frac{\lg t'_{R(X)}-\lg t'_{R(z)}}{\lg t'_{R(z+n)}-\lg t'_{R(z)}}\right) \quad (4\text{-}10)$$

式中，I_X 为待测组分的保留指数；z 与 $z+n$ 为正构烷烃对的碳数。n 通常为 1，也可以是 2 或 3，但不超过 5。保留指数是用正构烷烃作为参照物，规定正构烷烃的保留指数是其碳原子数的 100 倍，如正己烷、正庚烷及正辛烷等的保留指数为 600、700、800，其他类推。将待测物的调整保留值与正构烷烃的调整保留值相比，折合成相应碳原子数的“正构烷烃”。

在有关文献给定的操作条件下，将选定的标准和待测组分混合后进行色谱实验(要求被测组分的保留值在两个相邻的正构烷烃的保留值之间)。由上式计算得到待测组分 X 的保留指数 I_X，再与文献值对照，即可定性。

【例 4-1】 在一色谱柱上测得已烷、庚烷和待测组分的调整保留时间分别为 262.1s、661.3s、395.4s。则待测组分的保留指数为：

解 $$I_X=100\times(6+1\times\frac{\lg 395.4-\lg 262.1}{\lg 661.3-\lg 262.1})=644$$

从文献上查得，在该色谱条件下，苯的保留指数为 644，再用纯苯做对照实验，可以确认该组分是苯。

3. 利用峰高增加法定性

在得到未知样品的色谱图后，在未知样品中加入一定量的已知纯物质，然后在同样的色谱条件下做已加纯物质的未知样品的色谱图。对比两张色谱图，哪个峰加高了则该峰就是加入的已知纯物质的色谱峰。这种方法即可避免载气流速的微小变化对保留时间的影响，又可避免色谱图图形复杂时准确测定保留时间的困难。这是在确认某一复杂样品中是否含有某一组分的最好办法。

动画
峰高定性法

4. 利用双柱或多柱定性

已知物对照定性一般要在两根或多根性质不同的色谱柱上进行。两色谱柱的固定液要有足够的差别，如一根是非极性固定液，一根是极性固定液，这时不同组分的保留值是不一样的。双柱或多柱定性，主要是使不同组分保留值的差别表现出来，有时也可用改变柱温的方法，使不同组分保留值差别扩大。

5. 与其他方法结合定性

质谱、红外光谱和核磁共振等是鉴别未知物的有力工具，将气相色谱与质谱、红外光谱、核磁共振谱联用，复杂的混合物先经气相色谱分离成单一组分后，可再利用质谱仪、红外光谱仪或核磁共振谱仪进行定性。近年来，随着计算机技术的应用，大大促进了气相色谱法与其他方法联用技术的发展。

目前常见的色谱与其他分析仪器联用的技术有：

（1）色谱-质谱联用　未知物经色谱分离后，质谱仪可以很快地给出未知组分的分子量和电离碎片，提供是否含有某些元素或基团的信息。质谱仪灵敏度高，扫描速度快，能准确测知未知物的分子量，色谱则能将复杂化合物分离。色-质联用技术是目前解决复杂未知物定性问题的最有效工具之一。

（2）色谱-红外光谱联用　纯物质有特征性很高的红外光谱图，利用未知物的红外光谱图与标准谱图对照可实现定性测定。红外光谱可以很快得到未知组分所含各类基团的信息，对结构鉴定提供可靠的论据。

三、气相色谱法的定性应用

1. 气相色谱法在食品分析中的应用

食品的营养成分和食品安全是当今世界十分关注的重大问题，检测食品中各种各样的有害健康的物质成为全球瞩目的重大课题。气相色谱法是分析食品中有害物质的简单、方便的手段。食品中重要的营养组分如氨基酸、脂肪酸、糖类及各种添加剂都可以用气相色谱法进行分析。

2. 气相色谱法在农药残留中的应用

在农作物（包括药用植物）中大量使用杀虫剂、除草剂、除真菌剂、灭鼠剂、植物生长调节剂等，在大大提高农作物产量的同时，也致使在农产品、畜产品中农药残留量超标，对人类的健康也带来了很大的负面影响，研究开发快速、可靠、灵敏和实用的农药残留分析技术是控制农药残留、保证食品安全、避免国际贸易争端的当务之急。农药残留分析是复杂混合物中痕量组分分析技术，农残分析既需要精细的微量操作手段，又需要高灵敏度的痕量检测技术，自 20 世纪 60 年代以来，气相色谱技术得到飞速的发展，许多灵敏的检测器开始应用，解决了过去许多难以检测的农药残留问题。

3. 气相色谱在药物分析中的应用

气相色谱在药物分析中的应用主要体现在顶空气相色谱法、气质联用技术、气相-红外联用技术、全二维气相色谱等技术在药物分析中的应用。气相色谱法简单，易于操作，如果用气相色谱可以满足分析要求，它应该是首选的方法。

4. 气相色谱在环境污染物分析中的应用

为了改善人类生存环境、治理环境污染，对环境污染物的检测分析是当今世界一个重要的课题。我国投入巨大的人力、物力进行环境污染物分析研究和实际检测，其中气相色谱法是十分有力的手段之一，可以进行大气、室内气体、各种水体和其他类型污染物的分析研究和测定。

5. 气相色谱在化学工业中的应用

化学工业方面，气相色谱可分析各种醛、酸、醇、酮、醚、氯仿、芳烃异构体、煤气、永久性气体、稀有气体以及有机物中微量水等。在石油和石油化工工业中，气相色谱技术更是被广泛采用，例如石油气、石油裂解气、汽油、煤油、烃类燃烧尾气等都可应用气相色谱法分析。

创新教育

课程思政点

农药残留现场快速检测

1999年8月，上海理工大学华泽钊教授吃了含有农药残留的蔬菜，引发思考：如何能够在现场快速判断出果蔬中是否含有会引起急性中毒的农药残留。于是，他和他的团队通过不懈努力，成功研究出新型的“农药残留现场快速检测技术”。该方法通过生物敏感元件——待测和参比的两根酶柱在反应腔中的温差对比，进而得出微量的农药浓度。该方法迅速、方便、快捷，整个过程只要9分钟。所以创新意识的诞生需要有探索新知识的决心。一旦确立目标，就开始锲而不舍钻研，并将这种创新意识落实于实践。

思考与练习 4.4

一、单选题

1. 在气相色谱分析中，用于定性分析的参数是（　　）。

A. 保留值　　B. 峰面积　　C. 分离度　　D. 半峰宽

2. 如果样品比较复杂，相邻两峰间距离太近或操作条件不易控制稳定，要准确测量保留值有一定困难时，可选择以下方法（　　）定性。

A. 利用相对保留值定性

B. 加入已知物增加峰高的办法定性

C. 利用文献保留值数据定性

D. 与化学方法配合进行定性

3. 气相色谱定性的依据是（　　）。

A. 物质的密度

B. 物质的沸点

C. 物质在气相色谱中的保留时间

D. 物质的熔点

4. 在气相色谱中，直接表示组分在固定相中停留时间长短的保留参数是（　　）。

A. 保留时间　　B. 保留体积

C. 相对保留值　　D. 调整保留时间

二、判断题

气相色谱定性分析中，在相同色谱条件下标准物与未知物保留时间一致，则可以初步认为两者为同一物质。（　　）

三、简答题

气相色谱定性依据是什么？定性方法有哪些？

第五节 气相色谱法的定量分析

一、气相色谱法的定量依据

气相色谱是对有机物各组分定量分析最有效的方法，其准确性远远超越光谱和质谱等仪器对有机物组分的定量分析。所谓定量分析就是要通过气相色谱测试有机混合样品中各种组分的准确含量。气相色谱的定量分析是指在某些条件限定下，仪器检测系统的响应值（色谱峰面积）与相应组分的量或浓度成正比关系，因此可以利用峰面积或峰高定量。

二、气相色谱法的定量方法

在一定色谱操作条件下，流入检测器的待测组分 i 的含量 m_i（质量或浓度）与检测器的响应信号（峰面积 A 或峰高 h）成正比：

$$m_i = f_i A_i \quad 或 \quad m_i = f_i h_i \tag{4-11}$$

式中，f_i 为定量校正因子。

要准确进行定量分析，必须准确地测量响应信号，求出定量校正因子 f_i。式(4-11）是色谱定量分析的理论依据。

（一）峰面积的测量方法

1. 峰高乘以半峰宽法

$$A = 1.065 \times h \times Y_{1/2} \tag{4-12}$$

峰高乘以半峰宽法适用于对称色谱峰。

2. 峰高乘以平均峰宽法

$$A = h \times \frac{1}{2} \times (Y_{0.15} + Y_{0.85}) \tag{4-13}$$

峰高乘以平均峰宽法适用于不对称峰的测量，在峰高 0.15 和 0.85 处分别测出峰宽，由式(4-13）计算峰面积。此法测量时比较麻烦，但计算结果较准确。

3. 峰高乘保留时间法

$$A = hY_{1/2} = ht_R \tag{4-14}$$

此法适用于狭窄的峰，是一种简便快速的测量方法，常用于工厂控制产品质量分析。

4. 自动积分法

具有微处理机的工作站、数据站等仪器部件，能自动测量色谱峰面积，对不同形状的色谱峰可以采用相应的计算程序自动计算，得出准确的结果以及保留时间、A 或 h 等数据。自动积分法测得的是全部峰面积，对小峰或不对称的峰也能给出较准确的数据，是现在利用较多的测量方法，测量精度为 0.2%～2%。

动画
相对校正因子

（二）校正因子

受物质的物理化学性质差异或检测器性能的影响，相同量的不同物质在同一检测器上产生的响应信号（峰面积、峰高）不同，相同量的同一物质在不同的检测器上产生的响应信号也不同，因此，混合物中某物质的含量并不等于该物质的峰面积占总峰面积的百分率。

可选定某一物质作为标准，用校正因子把其他物质的峰面积校正成相当于这个标准物质的峰面积，然后用经过校正的峰面积来计算物质的含量。

$$f_i=\frac{m_i}{A_i} \tag{4-15}$$

式中，f_i 称为绝对校正因子，即是单位峰面积所相当的物质量，与检测器性能、组分和流动相性质及操作条件有关，不易准确测量。实际上常用的是相对校正因子。

相对校正因子，即一种物质 i 和标准物质 s 的绝对校正因子的比值，即

$$f_i'=\frac{f_i}{f_s}=\frac{m_i}{m_s}\times\frac{A_s}{A_i} \tag{4-16}$$

式中，A_i、A_s 分别为组分和标准物质的峰面积；m_i、m_s 分别为组分和标准物质的量。m_i、m_s 可以用质量或摩尔质量为单位，其所得的相对校正因子分别称为相对质量校正因子和相对摩尔校正因子，用 f_m' 和 f_M' 表示。除特殊标明外，工作中所用的校正因子均指相对校正因子，一般的参考文献中都列有许多化合物的校正因子，可在使用时查阅。

相对校正因子只与物质 i 和标准物质 s 及检测器有关，与柱温、流速、样品及固定液含量，甚至载气等条件无关。相对校正因子一般由实验者自己测定，准确称取质量已知的待测组分标准品和标准物，配制成溶液，取一定体积注入色谱柱，经分离后，测得各组分的峰面积，由式(4-16）计算待测组分相对于标准物的相对校正因子。

（三）定量方法

1. 归一化法

若试样中所有组分均能流出色谱柱，并在检测器上都有响应信号，都能出现色谱峰，可用归一化法计算各待测组分的含量。其计算公式如下：

$$P_i=\frac{m_i}{m}\times100\%=\frac{A_if_i'}{A_1f_1'+A_2f_2'+\cdots+A_nf_n'}\times100\% \tag{4-17}$$

若各组分的 f 值相近或相同，例如同系物中沸点接近的各组分，则上式可简化为：

$$P_i=\frac{A_i}{A_1+A_2+\cdots+A_i+\cdots+A_n}\times100\% \tag{4-18}$$

对于狭窄的色谱峰，也可用峰高代替峰面积进行定量测定。当各种条件保持不变时，在一定的进样量范围内，峰的半宽度是不变的，峰高就直接代表某一组分的量。

$$P_i=\frac{h_if_i''}{h_1f_1''+h_2f_2''+\cdots+h_if_i''+\cdots+h_nf_n''}\times100\% \tag{4-19}$$

式中，f_i''为峰高校正因子，常自行测定。

【例 4-2】 在某色谱条件下，分析只含有二氯乙烷、二溴乙烷和四乙基铅三组分的样品，结果如下：

项目	二氯乙烷	二溴乙烷	四乙基铅
相对校正因子	1.00	1.65	1.75
峰面积/cm^{-2}	1.50	1.01	2.82

试用归一化法求各组分的质量分数。

解 二氯乙烷：$P_1=\frac{1.00\times1.50}{1.00\times1.50+1.65\times1.01+1.75\times2.82}\times100\%=18.51\%$

二溴乙烷：$P_2=\frac{1.65\times1.01}{1.00\times1.50+1.65\times1.01+1.75\times2.82}\times100\%=20.57\%$

四乙基铅：$P_3=\frac{1.75\times2.82}{1.00\times1.50+1.65\times1.01+1.75\times2.82}\times100\%=60.92\%$

归一化法简便、准确，进样量多少不影响定量的准确性，操作条件的变动对结果影响较小，尤其适用多组分的同时测定。但若试样中有的组分不能出峰，不能采用此法。

2. 外标法

外标法又称标准样校正法或标准曲线法。取待测试样的纯物质配成一系列不同浓度的标准溶液，分别取一定体积，进样分析；从色谱图上测出峰面积（或峰高），以峰面积（或峰高）对含量作图即为标准曲线；在相同的色谱操作条件下分析待测试样，从色谱图上测出试样的峰面积（或峰高），由上述标准曲线查出待测组分的含量。

外标法是最常用的定量方法，优点是操作简便，不需要测定校正因子，计算简单。操作条件的变化对外标法分析结果准确性影响较大，对进样量的准确性控制要求较高，适用于大批量试样的快速分析。

3. 内标法

内标法是将一定量的纯物质作为内标物，加入到准确称取的试样中，根据被测物和内标物的质量及其在色谱图上相应的峰面积比，求出被测物某组分的含量。例如要测定试样中组分 i（质量为 m_i）的质量分数 P_i，可于试样中加入质量为 m_s 的内标物，试样质量为 m，则：

$$\frac{m_i}{m_s}=\frac{f'_iA_i}{f'_sA_s} \tag{4-20}$$

$$P_i=\frac{m_i}{m}\times100\%=\frac{A_if'_i}{A_sf'_s}\times\frac{m_s}{m}\times100\% \tag{4-21}$$

一般常以内标物为基准（即 $f'_s=1$），计算可化简为：

$$P_i=\frac{A_i}{A_s}\times\frac{m_s}{m}\times f'_i\times100\% \tag{4-22}$$

【例 4-3】 某样重 0.1g，加入 0.1g 内标物，欲测组分 A 的校正因子为 0.80，内标物的校正因子为 1.00，组分 A 的峰面积为 $60mm^2$，内标物峰面积为

$100mm^2$，求组分 A 的质量分数。

解

$$\frac{m_A}{m_s}=\frac{A_A f'_A}{A_s f'_s}$$

$$P_A=\frac{A_A f'_A m_s}{A_s f'_s W}\times 100\%=\frac{60\times 0.8\times 0.1}{100\times 1.0\times 0.1}\times 100\%=48\%$$

内标法要求内标物纯度要高，结构与待测组分相似；内标峰要与组分峰靠近且能很好分离；内标物和被测组分的浓度相接近。

内标法的优点是定量准确，测定条件不受操作条件、进样量及不同操作者进样技术的影响；缺点是选择合适的内标物较困难，每次测定操作均需准确称量内标和样品，同时增加了控制色谱分离条件的难度。

思考与练习 4.5

一、单选题

1. 在气相色谱分析中，用于定量分析的参数是（　　）。

A. 保留时间　　B. 保留体积　　C. 半峰宽　　D. 峰面积

2. 以峰高乘以平均峰宽的方法计算色谱峰的峰面积，适用于（　　）形状的色谱峰。

A. 不对称的色谱峰　　B. 矮而宽的色谱峰

C. 对称的色谱峰　　D. 所有的色谱峰

3. 利用气相色谱法来测定某有机混合物，已知各组分在色谱条件下均有出峰，那么定量分析各组分含量时应采用（　　）。

A. 外标法　　B. 内标法　　C. 归一化法　　D. 工作曲线法

4. 色谱分析的定量依据是组分的含量与（　　）成正比。

A. 保留值　　B. 峰宽　　C. 峰面积　　D. 半峰宽

5. 若只需做一个复杂样品中某个特殊组分的定量分析，用色谱法时，宜选用（　　）。

A. 归一化法　　B. 标准曲线法　　C. 外标法　　D. 内标法

6. 色谱定量中归一化法的要求是（　　）。

A. 样品中被测组分有响应，产生色谱峰

B. 大部分组分都有响应，产生色谱峰

C. 所有组分都有响应，并都产生色谱峰

D. 样品纯度很高

7. 色谱定量分析中需要准确进样的方法是（　　）。

A. 归一化法　　B. 外标法　　C. 内标法　　D. 比较法

8. 相对校正因子是物质（i）与参比物质（s）的（　　）之比。

A. 保留值　　B. 绝对校正因子　　C. 峰面积　　D. 峰宽

9. 在气相色谱分析中，采用内标法定量时，应通过文献或测定得到（　　）。

A. 内标物的绝对校正因子

B. 待测组分的绝对校正因子

C. 内标物的相对校正因子

D. 待测组分相对于内标物的相对校正因子

10. 某人用气相色谱测定一有机试样，该试样为纯物质，但用归一化法测定的结果却为含量的60%，其最可能的原因为（　　）。

A. 计算错误

B. 汽化温度过高，试样分解为多个峰

C. 固定液流失

D. 检测器损坏

二、判断题

1. 色谱定量时，用峰高乘以半峰宽为峰面积，则半峰宽是指峰底宽度的一半。（　　）

2. 色谱定量分析时，面积归一法要求进样量特别准确。（　　）

3. 色谱外标法的准确性较高，但前提是仪器的稳定性高且操作重复性好。（　　）

4. 只要是试样中不存在的物质，均可选作内标法中的内标物。（　　）

5. 色谱分析中相对校正因子不受操作条件的影响，只随检测器的种类而改变。（　　）

6. 气相色谱最基本的定量方法是归一化法、内标法和外标法。（　　）

三、简答题

1. 简述气相色谱定量的依据。

2. 简述气相色谱定量的方法。

3. 内标法的测定原理是什么？

四、计算题

1. 已知某石油裂解气，经色谱定量测出各组分的峰面积 A_i 与各组分的质量校正因子 f_i 列于下表中。假定全部组分都在色谱图上出峰，求各组分的质量分数为多少？

出峰次序	空气	甲烷	二氧化碳	乙烯	乙烷	丙烯	丙烷
峰面积 A_i	34	3.14	4.6	298	87	260	48.3
校正因子 f_i	0.84	1.00	1.00	1.00	1.05	1.28	1.36

2. 测乙醇中微量水分，采用内标法。准确称取试样1500mg，然后准确加入一定体积的纯甲醇（150mg），摇匀后，取5μL进样，在一定色谱条件下测得水及甲醇的色谱峰面积为 $A_{水}=80mm^2$，$A_{甲醇}=98mm^2$。实验测得 $f_{水/甲醇}=0.87$。计算试样中水的含量。

3. 气相色谱分析二甲苯母液中间二甲苯含量。称取样品0.1250g，加入正壬烷内标0.0625g，间二甲苯的校正因子为0.96，正壬烷的校正因子为1.02，间二甲苯的峰面积为 $3.5cm^2$，正壬烷的峰面积为 $12cm^2$。求样品中间二甲苯的质量分数。

第六节 气相色谱法分离条件的选择

一、气相色谱法的理论依据

实际的色谱分离过程非常复杂，在大量的研究工作基础上，人们试图从理论上来解释色谱分离过程中的各种柱现象和描述色谱流出曲线的形状以及评价柱子的有关参数。其中最具代表性的有塔板理论和速率理论。

（一）塔板理论

1941年，马丁等阐述了色谱、蒸馏和萃取之间的相似性，把色谱柱比作蒸馏塔，引用蒸馏塔理论和概念，研究了组分在色谱柱内的迁移和扩散，描述了组分在色谱柱内运动的特征，成功地解释了组分在柱内的分配平衡过程，导出了著名的塔板理论。

1. 塔板理论的基本假设

塔板理论（plate theory）把色谱柱比作一个分馏塔，从而把色谱分离过程比作分馏过程。该理论假设色谱柱内有很多层分隔的塔板，塔板的数量称为理论塔板数，用 n 表示。在每一层塔板上，组分可达到一次分配平衡。随着载气的不断进入，被溶解的组分又从固定液中挥发出来，挥发出来的组分随载气向前移动又再次被固定液溶解。经过若干个塔板，即经过溶解-挥发的多次反复分配（$10^3 \sim 10^6$ 次），待分离组分由于分配系数不同而彼此分离，分配系数小（挥发性大）的组分首先由色谱柱中流出。显然，当塔板数足够多时，即使分配系数差异微小的组分也能得到良好的分离效果。

2. 柱效能指标（n、H）

（1）理论塔板数（n） 柱长（L）一定时，n 越大，柱效就越高：

$$n = 5.54\left(\frac{t_R}{Y_{1/2}}\right)^2 = 16\left(\frac{t_R}{Y}\right)^2 \tag{4-23}$$

式中，t_R、$Y_{1/2}$、Y 应该采用同一单位（时间或长度）。

（2）理论塔板高度（H） 色谱柱长为 L，则理论塔板高度

$$H = \frac{L}{n} \tag{4-24}$$

由式(4-23)和式(4-24)可知：色谱峰越窄即 $Y_{1/2}$ 或 Y 越小，理论数塔板 n 越大，对给定长度的色谱柱而言，塔板高度 H 越小，组分在柱内被分配的次数越多，则柱效越高。因此 n 和 H 可作为描述柱效能的指标。

（3）有效塔板数（n_{eff}） 实际应用中，常出现计算出的 n 虽然很大，但色谱柱效却不高，这是由于保留时间 t_R 中包含了死时间 t_M，而 t_M 并不参加柱内的分配过程，因此理论塔板数和理论塔板高度并不能真实地反映色谱柱分离效能的好坏。为此，提出用有效塔板数 n_{eff} 和有效高度 H_{eff} 评价柱效能的指

标，即：

$$n_{\text{eff}}=5.54\left(\frac{t'_{\text{R}}}{Y_{1/2}}\right)^2=16\left(\frac{t'_{\text{R}}}{Y}\right)^2 \tag{4-25}$$

（4）有效塔板高度 H_{eff}

$$H_{\text{eff}}=\frac{L}{n_{\text{eff}}} \tag{4-26}$$

物质在给定色谱柱上的 n_{eff} 越大，说明该物质在柱中进行有效分配的次数越多，对分离越有利，但不能表示该物质的实际分离效果。能否在色谱柱上分离，主要取决于各组分在两相间分配系数 K 的差异。若两组分在同一色谱柱上的分配系数相同，无论 n_{eff} 有多大，两种组分也无法分离。

（二）速率理论

塔板理论虽然提出了评价柱效能的指标为塔板数和塔板高度，但未能具体说明影响塔板高度的因素。1956 年荷兰学者范第姆特等提出了影响塔板高度的动力学因素，即速率理论（rate theory），并提出了塔板高度 H 与各种影响因素的关系式——速率方程式，又称范第姆特方程式，即

$$H=A+\frac{B}{u}+Cu \tag{4-27}$$

式中，u 为载气的线速度，cm/s；A 为涡流扩散项；B/u 为分子扩散项；Cu 为传质阻力项。

由式(4-27) 可见，在 u 一定时，只有 A、B、C 较小时，H 才能较小，柱效才能较高；反之则柱效较低，色谱峰将扩张。

（1）涡流扩散项 A　也称多路效应项，组分分子在色谱柱中遇到填充物颗粒时，会改变原有的流动方向，从而使它们在气相中形成紊乱的“涡流”流动（如图 4-20 所示）。

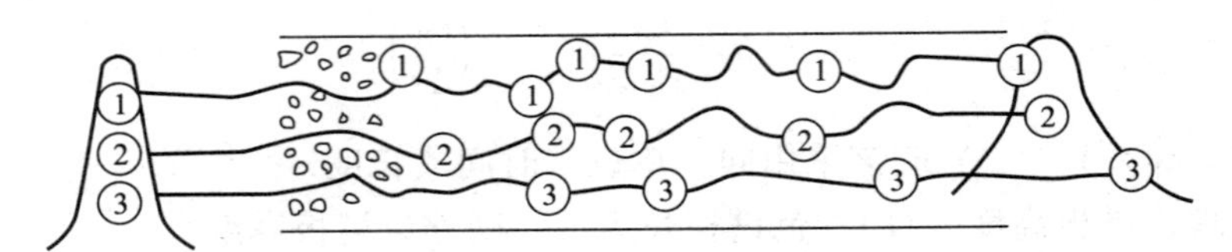

图 4-20　多路效应示意

涡流扩散是因组分所经过的路径长短不同而引起色谱峰形的扩散。扩散的程度取决于填充物的平均颗粒直径 d_{p} 和固定相的填充不均匀因子 λ，即 $A=2\lambda d_{\text{p}}$。A 与载气性质、线速度和组分无关。对于空心毛细管柱，A 项为零。因此，为了减小涡流扩散，降低塔板高度，提高柱效，应尽可能使用直径小、粒度均匀的固定相，并尽量填充均匀。

（2）分子扩散项 B/u　试样沿着载气流动方向运动时，因试样前后（柱轴向）存在着浓度差，运动着的试样分子将产生沿轴向的扩散，使峰形变宽。分子扩散项取决于组分分子在柱内扩散路径的弯曲程度和组分在气相中的扩散系数，即 $B=$

$2\gamma D_g$。式中，γ 为反映扩散路径弯曲程度的因素（弯曲因子）；D_g 为组分在载气中的扩散系数。

另外，分子扩散与组分在柱内的保留时间有关，保留时间越长，分子扩散项对色谱峰扩张的影响越显著。因扩散系数 D_g 与载气的分子量的平方根成反比，即 $D_g \propto 1/\sqrt{M_{载气}}$，所以采用分子量较大的载气（如氮气）可使 B 项降低。D_g 还与温度有关，柱温高，D_g 变大，B 项增大。

（3）传质阻力项 Cu　传质阻力项包括气相传质阻力 C_g 和液相传质阻力 C_l 两部分。即

$$Cu=(C_g+C_l)u \tag{4-28}$$

式中，C_g 是指组分从流动相移动到固定相表面及从固定相表面回到流动相时所受的阻力；C_l 是指组分从固定相的气液界面移动到固定相内部，又返回到气液界面时所受到的阻力。因传质过程需要一定的时间，而流动相中的部分组分分子不受传质阻力的影响，随着载气流出色谱柱，从而引起峰形扩散。一般传质阻力越大，传质过程进行得越慢，峰形扩散越严重。所以实际过程中若采用液膜薄的固定液则有利于液相传质，但不宜过薄，否则会减少样品的容量，降低柱的寿命。组分在液相中的扩散系数 D_L 大，也有利于传质、减少峰扩张。

由范第姆特方程式可以看出许多影响柱效能的因素彼此呈对立关系，如流速加大，分子扩散项影响减少，传质阻力项影响增大；温度升高有利于传质，但又加剧分子扩散的影响等等。由此可见，要使柱效能得以提高，必须在色谱分离操作条件的选择上下功夫，尽可能地平衡这些矛盾的影响因素。速率理论不仅指出了影响柱效能的因素，而且也为选择最佳色谱分离操作条件提供了理论指导。

二、分离操作条件的选择

气相色谱分析中，当分离对象确定了以后，要想使各个组分的分配系数不同，就必须选择合适的色谱固定相；而要想使分配次数足够多，就应当选择恰当的分离操作条件，以提高色谱的柱效能和分离效能。气相色谱的分离操作条件包括载气流速与种类、柱温、进样量和进样时间、汽化室温度等，可以用速率理论方程来指导分离操作条件的选择。

（一）固定相的选择

1. 气-固色谱固定相

气-固色谱一般用表面具有一定空隙的吸附剂作为固定相。常用的吸附剂有非极性活性炭、极性氧化铝、强极性硅胶等。由于吸附剂种类不多，加上各批生产的吸附剂性能不易重现，且进样量稍多时色谱峰不对称，有拖尾现象等，所以气-固色谱的应用受到很大的限制。近年来，通过吸附剂表面的改性及一些新型表面吸附剂的问世，使气-固色谱的应用稍有扩大。气相色谱常用的吸附剂性能如表 4-2 所示。

表 4-2 GC 常用的吸附剂性能对比

吸附剂	性质	活化方法简述	分离对象
活性炭	非极性	苯浸＋通过热水蒸气＋180℃烘干	永久气体、非极性烃
硅胶	氢键型	盐酸浸，水洗，180℃烘干＋200℃活化（使用前）	永久气体、非极性烃
氧化铝	弱极性	200～1000℃活化	烃＋有机异构体＋H 同位素
分子筛	极性	350～550℃活化	永久气体＋惰性气体
GDX	不同极性	170℃除水、通气活化	水＋气体氧化物＋CH_4＋低级醇

2. 气-液色谱固定相

气-液色谱固定相是由担体表面涂以固定液而组成。担体与固定液的性能及在担体表面涂渍固定液的均匀性均影响色谱柱的分离效能。

（1）担体　担体是一种化学惰性的多孔性固体颗粒。它的作用是提供一个大的惰性表面，使固定液以液膜状态均匀地分布在其表面上。气相色谱所用的担体有硅藻土和非硅藻土两类，常用的是硅藻土类担体。如 6201 红色担体、101 白色担体等均属硅藻土类担体。此类担体化学组成基本相似，但表面结构大不相同。因担体表面的结构和性质对试样组分的分离有着显著影响，所以希望担体能满足颗粒细小均匀、孔径分布均匀、有较大的比表面积、热稳定性好、有一定的机械强度、表面化学惰性、无吸附、不与被测组分发生化学反应等条件。

（2）固定液　气-液色谱中起分离作用的主要是固定液。对固定液的基本要求是：

① 挥发性小，热稳定性高，不易被载气带走或发生热分解，并能保证组分保留值的重现性。为了满足此要求，一般都采用高沸点的有机化合物作固定液，而且各自有特定的使用温度范围，尤其是有最高使用温度的极限。

② 化学稳定性好，不与被测组分发生不可逆的化学反应，不使被测组分性质改变。

③ 对试样中各组分要有适当的溶解能力。溶解能力太弱，组分易被载气带走，达不到分离效果；溶解能力太强，组分会滞留在固定液中，同样不能分离。

④ 选择性高。即对试样中性质最相似（指沸点、极性或结构）的组分，应有尽可能高的分离能力。

各种常见固定液及极性大小见表 4-3。

表 4-3 常用的固定液及极性

固定液		最高使用温度/℃	常用溶剂	相对极性	分析对象
非极性	十八烷	室温	乙醚	0	低沸点烃类化合物
	角鲨烷	140	乙醚	0	C_8 以前烃类化合物
	阿匹松（LMN）	300	苯、氯仿	＋1	各类高沸点有机化合物
	硅橡胶（SE-30，E-301）	300	丁醇＋氯仿（1＋1）	＋1	各类高沸点有机化合物
中等极性	癸二酸二辛酯	120	甲醇、乙醚	＋2	烃、醇、醛酮、酸酯各类有机物
	邻苯二甲酸二壬酯	130	甲醇、乙醚	＋2	烃、醇、醛酮、酸酯各类有机物
	磷酸三苯酯	130	苯、氯仿、乙醚	＋3	芳烃、酚类异构物、卤化物
	丁二酸二乙二醇酯	200	丙酮、氯仿	＋4	

续表

	固定液	最高使用温度/℃	常用溶剂	相对极性	分析对象
极性	苯乙腈	常温	甲醇	+4	卤代烃、芳烃和 $AgNO_3$ 一起分离烷烯烃
	二甲基甲酰胺	20	氯仿	+4	低沸点烃类化合物
	有机皂-34	200	甲苯	+4	芳烃、特别对二甲苯异构体有高选择性
	β,β'-氧二丙腈	<100	甲醇、丙酮	+5	分离低级烃、芳烃、含氧有机物
氢键型	甘油	70	甲醇、乙醇	+4	醇和芳烃、对水有强滞留作用
	季戊四醇	150	氯仿+丁醇(1+1)	+4	醇、酯、芳烃
	聚乙二醇-400	100	乙醇、氯仿	+4	极性化合物:醇、酯、醛、腈、芳烃
	聚乙二醇 20M	250	乙醇、氯仿	+4	极性化合物:醇、酯、醛、腈、芳烃

选择固定液时可遵循“相似相溶”的原理。具体选择固定液的原则如下：

① 非极性组分间的分离，一般选用非极性固定液。试样中各组分按沸点由低至高的顺序依次流出色谱柱。

② 极性组分间的分离，一般选用极性固定液。试样中各组分按极性顺序被分离，极性小的先流出色谱柱，极性大的后流出色谱柱。

③ 非极性和极性组分混合物的分离，一般选用极性固定液。此时，非极性组分先出峰，极性组分后出峰。

④ 对于能形成氢键的组分（如醇、酚、胺和水等）的分离，一般选择极性或氢键型的固定液。试样中各组分根据与固定液形成氢键的能力不同，先后流出色谱柱。不易形成氢键的组分先流出，易形成氢键的组分后流出。

在实际工作中，固定液的选择往往根据实践经验或参考文献资料，并通过实验最后确定。

（二）分离操作条件的选择

1. 载气流速的选择

当选定了固定相后，为了使试样中各组分能在较短时间内获得最佳的分离效果，还必须进一步选择适当的分离操作条件。

载气种类的选择首先要考虑使用何种检测器。比如使用 TCD，选用氢气或氦气作载气，能提高灵敏度；使用 FID 则选用氮气作载气。然后再考虑所选的载气要有利于提高柱效能和分析速度。例如选用摩尔质量大的载气（如 N_2）可以使 D_g 减小，提高柱效能。

由速率方程式 $H=A+B/u+Cu$ 可知，流速对柱效的影响很大，因塔板高度 H 与分子扩散项中的流速成反比，而与传质阻力项中的流速成正比，故必定有一个最佳流速，能使 H 达到最小，柱效最高。

以不同流速下测得的塔板高度 H 为纵坐标，流速 u 为横坐标作图，可得 H-u 关系曲线，如图 4-21 所示。在曲线的最低点，塔板高度 H 最小（$H_{最小}$），而该点所对应的流速即为最佳流速（$u_{最佳}$），此时柱效最高。但在实际工作中，为了缩短分析时间，通常控制的流速稍高于最佳流速。

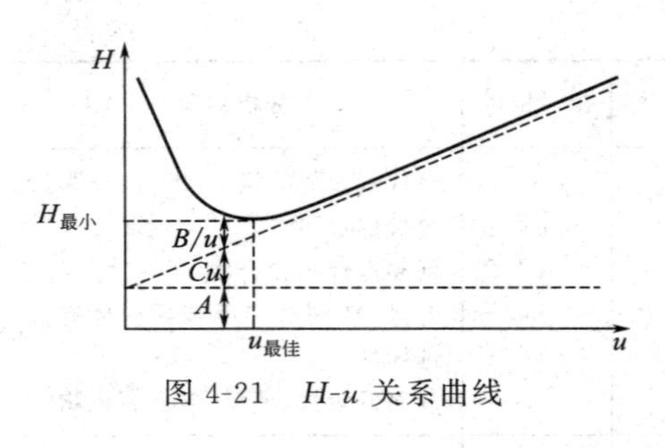

图 4-21 H-u 关系曲线

根据速率理论和速率方程可以选择不同的载气，以便提高柱效。比如，当载气流速较大时，传质阻力项对柱效能的影响是主要的，应选使 C 值变小的载气。分子量小的载气，如 H_2、He 等，因为组分在载气中有较大的扩散系数，减小传质阻力，有利于提高柱效；当载气流速较小时，分子扩散项对柱效能的影响是主要的，应选择使 B 值变小的载气。分子量较大的载气，如 N_2、Ar 等，因使组分在载气中有较小的扩散系数，抑制轴向扩散，有利于提高柱效。

2. 柱温的选择

温度对柱效的影响比较复杂，一般来说，T 增大，D_m、D_s 增大，B/u 项增大，Cu 项减小，适当提高 u，使 B/u 项减少，Cu 项适当，以有利于柱效的提高。表 4-4 可作为固定液含量与柱温选择的参考值。

表 4-4 固定液含量与柱温选择的参考值

组分沸点/℃	固定液参考用量/%	参考柱温/℃
300～400	<3	0～250
200～300	5～10	150～200
100～200	10～15	70～120
100 以下	15～25	室温～60

3. 柱长、柱内径、柱型的选择

由于 $R\propto\sqrt{L}$，故增加柱长 L，有利于分离；但增加柱长，会增加柱成本，延长分析时间，增大柱内阻力，因此应在保证分离良好的前提下尽可能缩短柱长，常用填充柱长为 1～3m。

柱内径太大，不易填充均匀，导致柱效下降；柱内径太小，固定相填充太少，分离效果差，填充柱的内径一般取 2～4mm 为宜。

太弯曲的柱子不易填充均匀，并导致气流路径复杂、曲折，载气线速度变化大，从而使柱效降低，分离效果变差。一般而言，柱子的曲率半径越小，分离效果越差。

4. 进样量和进样时间的选择

气相色谱分析的进样量应控制在峰高或峰面积与进样量呈线性关系的范围内。若进样量太大，会出现重叠峰、平顶峰，无法进行正常分析；若进样量太小，则有的组分不能出峰。进样量通常由实验效果来确定，液样一般取 0.1～5μL，气样一般取 0.1～10mL。

进样时间必须很快，最好在 0.5s 内完成，形成浓度集中的“试样塞子”。如果进样速度慢，试样的起始宽度增大，峰形会严重展宽，影响分离效果，甚至还会产生不出峰的现象。

5. 汽化室温度的选择

只有把汽化室控制在适当的温度下，液体样品进入汽化室后才能被瞬时汽化，但又不会分解。一般汽化室温度比柱温高 30～100℃。同时，当进样量较大时，汽化温度宜高些；进样量较小时，汽化温度可低些。如果汽化不良，会使色谱峰变成前沿平坦、后沿陡峭的展宽的伸舌峰，不利于分离。因此，在保证样品不分解的前提下，汽化室温度略高一些更好。

思考与练习 4.6

一、单选题

1. 关于塔板理论说法不正确的是（　　）。

A. 将色谱柱假想成一个精馏塔

B. 分配系数小的组分先流出色谱柱

C. 塔板理论数 n 越大，分离的效果一定好

D. 理论塔板数和理论塔板高度可作为描述柱效能的指标

2. 根据范第姆特公式，下列说法中，正确的是（　　）。

A. 最佳流速时，塔板高度最小

B. 最佳流速时，塔板高度最大

C. 最佳塔板高度时，流速最小

D. 最佳塔板高度时，流速最大

3. 色谱柱的柱选择性可以用下列（　　）参数表示。

A. 相对保留值　　B. 分配系数　　C. 理论塔板数　　D. 载气流速

4. 在气-液色谱法中，当两组分的保留值完全一样时，应采用（　　）操作才有可能将两组分分开。

A. 改变载气流速　　B. 增加色谱柱柱长

C. 改变柱温　　D. 减小填料的粒度

5. 在气液色谱固定相中，担体的作用是（　　）。

A. 提供大的表面支撑固定液　　B. 吸附样品

C. 分离样品　　D. 脱附样品

6. 下述不符合制备色谱柱中对担体的要求是（　　）。

A. 表面应是化学活性的　　B. 多孔性

C. 热稳定性好　　D. 粒度均匀

7. 选择固定液的基本原则是（　　）原则。

A. 相似相溶　　B. 极性相同　　C. 官能团相同　　D. 沸点相同

8. 三乙醇胺、丙腈醚等都属于（　　）固定液。

A. 非极性　　B. 中等极性　　C. 强极性　　D. 弱极性

二、判断题

1. 气固色谱用固体吸附剂作固定相，常用的固体吸附剂有活性炭、氧化铝、硅胶、分子筛和高分子微球。（　　）

2. 用气相色谱法分析非极性组分时，一般选择极性固定液，各组分按沸点由低到高的顺序流出。（　　）

3. 分离非极性和极性混合物时，一般选用极性固定液。此时，试样中极性组分

先出峰，非极性组分后出峰。（　　）

4. 分析混合烷烃试样时，可选择极性固定相，按沸点大小顺序出峰。（　　）

5. 气相色谱仪常用的白色和红色载体都属于硅藻土载体。（　　）

6. 气相色谱法测定低级醇时，可用 GDX 类固定相来分离。（　　）

7. 色谱分析中分离非极性组分，一般选用非极性固定液，各组分按沸点顺序流出。（　　）

气相色谱法

三、简答题

1. 试以塔板高度 H 做指标，讨论气相色谱操作条件的选择。

2. 试述速率方程中 A、B、C 三项的物理意义。H-u 曲线有何用途？曲线的形状受哪些主要因素的影响？

第五章
高效液相色谱法

案例导入

清心平肝口服液具有补血滋阴之功效，临床多用于妇女更年期综合征，疗效显著。本方是由龙骨、白芍、麦冬、白薇、丹参、酸枣仁等七味中药组成。方中白芍为臣药，其主要成分为芍药苷。测定清心平肝口服液中芍药苷的含量可采用高效液相色谱法。

思考：1. 什么是高效液相色谱法？和气相色谱法有何区别？

2. 高效液相色谱法使用的分析仪器是什么？

思维导图

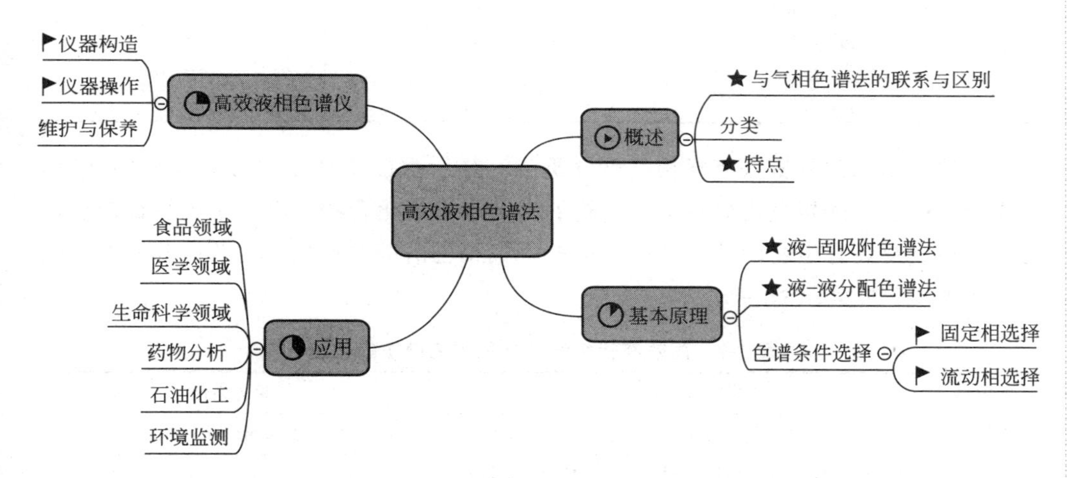

高效液相色谱法（high performance liquid chromatography，HPLC）是20世纪70年代初期，以经典液相色谱法为基础发展起来的一种新的色谱技术，也称高压液相色谱法、高速液相色谱法。高效液相色谱法是在经典的柱色谱的基础上，引入了气相色谱法的理论，在技术上采用了高压泵、高效固定相和高灵敏度检测器。

通过本章学习，达到以下学习目标：

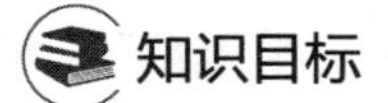

掌握高效液相色谱法分析的基本原理；掌握高效液相色谱仪的结构及工作原理；掌握典型的高效液相色谱仪的操作规程以及物质定性、定量的分析方法。

技能目标 能独立操作高效液相色谱仪，能根据测定分析对象，选择流动相、固定相、分离方式和测量条件；了解高效液相色谱仪的维护与保养。

素养目标 培养学生严谨的工作作风和安全意识；培养学生精益求精的学习态度；养成科学规范操作仪器的职业素养。

第一节　高效液相色谱法概述

高效液相色谱法是以液体为流动相的色谱法。与经典的液相色谱法相比，高效液相色谱法能在较短的分析时间内获得高柱效和高分离能力，具体比较如表 5-1 所示。

表 5-1　高效液相色谱法与经典液相色谱法的比较

项　　目	高效液相色谱法	经典液相色谱法
色谱柱柱长/cm	10～25	10～200
色谱柱内径/mm	2～10	10～50
固定相粒径/μm	5～50	75～600
色谱柱入口压力/MPa	2～20	0.001～0.1
理论塔板数 n/块	2×10^{2}～52×10^{4}	2～50
进样量/g	10^{-6}～10^{-2}	1～10
分析时间/h	0.05～1.0	1～20

高效液相色谱分析法与气相色谱分析法一样，都能实现在线分离分析的功能，并能恰好适用于气相色谱分析不能分析的高沸点有机化合物、高分子和热稳定性差的化合物以及具有生物活性的物质，弥补了气相色谱法的不足。这两种分析方法的比较如表 5-2 所示。

表 5-2　高效液相色谱法与气相色谱法的比较

项目	高效液相色谱法	气相色谱法
进样方式	样品制成溶液	样品需加热汽化或裂解
流动相	(1)液体流动相可为离子型、极性、弱极性溶液，可与被分析样品产生相互作用，并能改善分离的选择性； (2)采用高压输送流动相	(1)气体流动相为惰性气体，不与被分析的样品发生相互作用； (2)常压输送流动相
固定相	(1)分离机理：可依据吸附、分配、筛析等多种原理进行样品分离，可供选择固定相种类繁多； (2)色谱柱：固定相粒度大小为 5～10μm；填充柱内径为 3～6mm，柱长 10～25cm，柱效为 10^{3}～10^{4}；毛细管内径为 0.01～0.03mm，柱长 5～10m，柱效为 10^{4}～10^{5}；柱温为常温	(1)分离机理：依据吸附、分配两种原理进行样品分离，可供选择固定相种类多； (2)色谱柱：固定相粒度大小为 0.1～0.5mm；填充柱内径为 1～4mm，柱效为 10^{2}～10^{3}；毛细管内径为 0.1～0.3mm，柱长 10～100m，柱效为 10^{3}～10^{4}；柱温为常温～300℃
检测器	选择性检测器：UVD、PDAD、FD、ECD 通用型检测器：ELSD、RID	通用型检测器：TCD、FID 选择性检测器：ECD、FPD、NPD

续表

项目	高效液相色谱法	气相色谱法
应用范围	可分析低分子量、低沸点样品；高沸点、中分子量、高分子量有机化合物（包括极性、非极性）；离子型无机化合物；热不稳定，具有生物活性的生物分子	可分析低分子量、低沸点有机化合物；永久性气体；配合程序升温可分析高沸点有机化合物；配合裂解技术可分析高聚物

一、液相色谱法的分类

液相色谱法根据分离机制的不同，可以分为液-固吸附色谱法（LSC）、液-液分配色谱法（LLPC）、离子交换色谱法（IEC）、离子色谱法（IC）和空间排阻色谱法（SEC）。

1. 液-固吸附色谱法（LSC）

液-固吸附色谱法（LSC）是液相色谱中发展历史最长的一种方法，液-固色谱法的固定相为固体吸附剂，是一些多孔的固体颗粒物质，在它们的表面存在着吸附中心，不同的分子由于在固定相上的吸附作用不同而得到分离，因此，也称为吸附色谱法。

2. 液-液分配色谱法（LLPC）

液-液分配色谱以涂渍或键合在惰性载体表面上的固定液为固定相。固定相的形式分为两种：一种是涂渍固定相，即用类似于气相色谱法的方法将某些固定液涂渍在惰性担体的表面。涂渍的固定相，其固体液易于流失，柱子寿命短，分离的重现性差，现已很少使用；另一种是化学键合固定相，即把欲键合的化学基团与惰性担体反应，使之以共价键的形式结合在担体表面上。化学键合固定相能耐溶剂的洗脱、耐热、不易流失、柱寿命长，而且重现性和分离效果好。

3. 离子交换色谱法（IEC）

利用离子交换剂作固定相的液相色谱法称为离子交换色谱法（IEC）。凡是在溶液中能够电离的物质，通常可用离子交换法进行分离，如氨基酸、核酸、蛋白质等生物大分子，应用比较广泛。

4. 离子色谱法（IC）

离子色谱法是 20 世纪 70 年代中期发展起来的一项新的液相色谱法。离子色谱法以离子交换树脂为固定相，电解质溶液为流动相。可分析的离子从无机和有机阴离子到金属阳离子，从有机阳离子到糖类、氨基酸等均可用离子色谱法进行分析。

5. 空间排阻色谱法（SEC）

空间排阻色谱法是采用一定孔径的凝胶（一种多孔性物质）作固定相，其流动相可以是水溶液，也可以是有机溶剂。空间排阻色谱法具有分析时间短、谱峰窄、灵敏度高、试样损失小以及色谱柱不易失活等优点，但峰容量有限，不能分辨分子大小相近的化合物。该方法主要用于测定高聚物的分子量分布和各种平均分子量，也可用于分离分子量大的物质。

二、高效液相色谱法的特点

1. 分离效能高

由于使用新型高效微粒固定相填料，液相色谱填充柱的柱效可达 2×10^3～5×10^4 块理论塔板数，远远高于气相色谱填充柱 10^3 块理论塔板数的柱效，故高效液相色谱柱的长度较短，目前多采用 10～30cm，最短的柱子可达 3cm。

2. 选择性高

由于液相色谱柱柱效高，并且流动相可以控制和改善分离过程的选择性。因此，高效液相色谱法不仅可以分析不同类型的有机化合物及同分异构体，还可以分析在性质上极为相似的旋光异构体，并已在高疗效的合成药物和生化药物的生产控制分析中发挥了重要的作用。

3. 检测灵敏度高

高效液相色谱法中使用的检测器大多数具有较高的灵敏度。如使用广泛的紫外吸收检测器，最小检出量可达 10^{-9}g；用于痕量分析的荧光检测器，最小检出量可达 10^{-12}g。

4. 分析速度快

由于高压输液泵的使用，相对于经典液相色谱，其分析时间大大缩短，当输液压力增加时，流动相流速会加快，通常分析一个样品需要 15～30min，有些样品甚至在 5min 内即可完成。

5. 应用范围广

气相色谱法需要将被测样品汽化才能进行分离和测定，分析对象只限于分析气体和沸点较低的化合物，它们仅占有机物总数的 20%左右。对于 80%高沸点、热稳定性差、分子量大的有机物，目前主要采用高效液相色谱法进行分离和分析。

6. 流动相可选择范围广

在高效液相色谱法中，可用多种溶剂作流动相，通过改变流动相组成来改善分离效果，因此对于性质和结构类似的物质分离效果比气相色谱法好。此外，液体流动相的种类比较多，可以为纯净物，也可以为混合物；可以为无机溶剂，也可为有机溶剂。

除具有以上特点外，高效液相色谱法的应用范围也日益扩展。由于它使用了非破坏性的检测器，样品被分析后，在大多数情况下，可除去流动相，实现对少量珍贵样品的回收，亦可用于样品的纯化制备。

课程思政点

爱国教育

运动会的兴奋剂检测

2022年冬季奥林匹克运动会，中国运动员以9金4银2铜、金牌榜第三的冬奥会历史最佳成绩，进一步向全世界展示中国强大的软实力。赛前和赛后都需要对运动员是否使用过兴奋剂进行有效分析，但兴奋剂种类繁多，结构差异大，并且随着时间的推移不断有新的兴奋剂涌现。目前最常见的检测方法有高效液相色谱法(HPLC)、气相色谱-质谱联用(GC/MSD)、液相色谱-质谱联用检测方法等，从而提高检测方法的灵敏度和准确性。

思考与练习 5.1

一、单选题

1. 液相色谱适宜的分析对象是（　　）。

A. 低沸点小分子有机化合物　　B. 高沸点大分子有机化合物

C. 所有有机化合物　　D. 所有化合物

2. 在液相色谱法中，按分离原理分类，液固色谱法属于（　　）。

A. 分配色谱法　B. 排阻色谱法　C. 离子交换色谱法　D. 吸附色谱法

二、简答题

简述高效液相色谱法与经典液相色谱法的相同点与不同点。

第二节　高效液相色谱法的基本原理

按组分在两相间的分离机理分类，高效液相色谱法可分为十余种方法，本节主要介绍液-固吸附色谱法、液-液分配色谱法、离子交换色谱法。

一、液相色谱分离原理

（一）液-固吸附色谱法（LSC）

液-固吸附色谱是以固体吸附剂如硅胶、各种微球硅珠、氧化镁、氧化铝、活性炭、聚酰胺等作为固定相。一般吸附剂粒度为 20～50μm 或 35～75μm，比液-液色谱固定相粒度大。

液-固吸附色谱法的分离基础是组分分子与固体吸附剂表面活性点上的竞争吸附以及组分分子与流动相分子的相互作用，是根据填充剂吸附活性点对样品的吸收系数不同而分离的。溶质分子和流动相分子在具有表面活性的吸附中心上进行竞争，这种作用还存在于不同溶质分子间，以及同一溶质分子中不同官能团之间。由于这些竞争作用，形成了不同溶质在吸附剂表面的吸附、解吸平衡，这就是液-固吸附色谱的选择性吸附分离原理。当试样分子被流动相带入柱内，只要它们在固定相有一定程度的保留，就要取代数目相当的已被吸附的流动相溶剂，于是，在固定相表面发生竞争吸附：

$$X_m + nR_s \longrightarrow X_s + nR_m \tag{5-1}$$

式中，X_m 和 X_s 分别表示在流动相中和吸附在吸附剂表面上的溶质分子；R_m

和 R_s 分别表示在流动相中和在吸附剂上被吸附的流动相分子；n 表示被溶质分子取代的流动相分子的数目。

达到平衡时，吸附平衡常数 K 为：

$$K=\frac{[X_s][R_m]^n}{[X_m][R_s]^n} \tag{5-2}$$

式中，$[X_m]$、$[X_s]$ 分别为流动相中和吸附在吸附剂表面上的溶质分子的平衡浓度；$[R_m]$、$[R_s]$ 分别为在流动相中和在吸附剂上被吸附的流动相分子的平衡浓度。

K 值大，表示组分在吸附剂上保留强，难于洗脱；K 值小，则保留弱，易于洗脱。试样中各组分据此得以分离，K 值可通过吸附等温线数据求出。

吸附剂吸附试样组分的能力，主要取决于吸附剂的比表面积和理化性质、试样的组成和结构以及洗脱液的性质等。组分与吸附剂的性质相似时，易被吸附，呈现高的保留值；当组分分子结构与吸附剂表面活性中心的刚性几何结构相适应时易于吸附，从而使吸附色谱成为分离几何异构体的有效手段。不同的官能团具有不同的吸附能力。因此，吸附色谱可按组分分离化合物。吸附色谱对同系物没有选择性，不能用该法分离分子量不同的化合物。

（二）液-液分配色谱法（LLC）

液-液分配色谱法的流动相和固定相都是液体，它利用样品组分在固定相和流动相中溶解度的不同，而在两相间进行不同的分配，从而实现不同组分的分离。分配系数大者，保留值大。现多用化学键合的固定相，它是通过化学反应将有机分子键合在担体（一般为硅胶）表面，形成单一、牢固的单分子薄层而构成的柱填充剂。

按固定相和流动相的极性差别，液-液分配色谱可分为正相色谱法和反相色谱法两类。

1. 正相色谱法

正相色谱法的流动相极性小于固定相。在正相色谱中，固定相是极性填料（如含水硅胶），而流动相是非极性或弱极性的溶剂（如烷烃）。因此，样品中极性小的组分先流出，极性大的后流出，正相色谱法适于分析极性化合物。

现用得较多的是正相键合相色谱法，常以氰基或氨基化学键合相为固定相。氰基键合相以氰乙基取代硅胶的羟基，极性比硅胶小，选择性与硅胶相似，主要用于可诱导极性的化合物和极性化合物的分析。氨基键合相以丙氨基取代硅胶中的羟基，其选择性与硅胶有很大的不同，主要用于分析糖类。正相键合色谱法适用于分析中等极性的化合物，如脂溶性维生素、芳香醇、芳香胺等。

2. 反相色谱法

反相色谱法的流动相极性大于固定相，极性大的组分先流出色谱柱，极性小者后流出，适用于分析非极性化合物。反相键合色谱法常将十八烷基、辛烷基或苯基键合在硅胶上构成反相键合相色谱的固定相，流动相是以水为溶剂，再加入一种能与水混溶的有机溶剂（如甲醇、乙腈或四氢呋喃等）以改变溶液的极性、离子强度和 pH 等。典型的反相键合相色谱是在十八烷基键合硅胶柱上，采用甲醇-水或乙腈-水作流动相，分离非极性或中等极性的化合物，如同系物、稠环芳烃、药物、激素、天然产物及农药等。

（三）离子交换色谱法（IEC）

离子交换色谱法的固定相是离子交换剂，根据交换剂的性质，可分阳离子交换剂和阴离子交换剂。

交换剂由固定的离子基团和可交换的平衡离子组成。当流动相带着组分离子通过离子交换柱时，组分离子与交换剂上可交换的平衡离子进行可逆交换，最后达到交换平衡，阴阳离子的交换平衡可表达为：

阳离子交换：$R^+Y^- + X^- \longrightarrow R^+X^- + Y^-$

阴离子交换：$R^-Y^+ + X^+ \longrightarrow R^-X^+ + Y^+$

R^+，R^-：交换剂上的固定离子基团，如 RSO^{3-} 或 RNH^{3+}；

Y^+，Y^-：可交换的平衡离子，可以是 H^+、Na^+ 或 OH^- 等；

X^+，X^-：组分离子。

组分离子对固定离子的亲和力强，分配系数大，其保留时间长；反之，分配系数小，其保留时间短；因此，离子交换色谱是根据不同组分离子对固定离子基团的亲和力差别而达到分离的目的。离子交换色谱主要用于分离离子化合物或与离子相互作用的化合物。如氨基酸、蛋白质、核酸、无机离子等。在药物化学和生物化学中应用广泛。

二、高效液相色谱分离方法的选择

高效液相色谱法中几种分离方法都有各自的适用范围，具体选用哪一种分离方法比较合适，取决于样品的性质，如分析范围、分子量、溶解度、官能团类型和其数量等。若组分分子量大于 2000，应采用排阻色谱法；若样品溶于水，则以水溶液为流动相；若样品溶于有机溶剂，则相应的溶剂可用作流动相；若分子量小于 2000，首先应确定样品是否溶于水，若样品溶于水，可考虑用离子交换色谱法、离子色谱法或反相键合相色谱法；若样品不溶于水，但溶于有机溶剂，可考虑用键合相色谱或吸附色谱，若样品溶于中等极性或强极性溶剂，应选用非极性或弱极性固定相；若溶于非极性溶剂，则应采用极性固定相。分离方式选择的一般原则见图 5-1。

三、固定相与流动相选择

（一）固定相

高效液相色谱采用小颗粒、高效能的固定相，克服了经典液相色谱中传质慢、柱效低的缺点，提高了色谱柱的分离效率。

不同类型的色谱柱，其固定相或柱填料的性质和结构各不相同。目前，高效液相色谱的固定相可分为以下几类。

1. 按填料的刚性程度分类

固定相按填料的刚性程度分类可分为刚性固体、硬质凝胶两类。以硅胶为基体

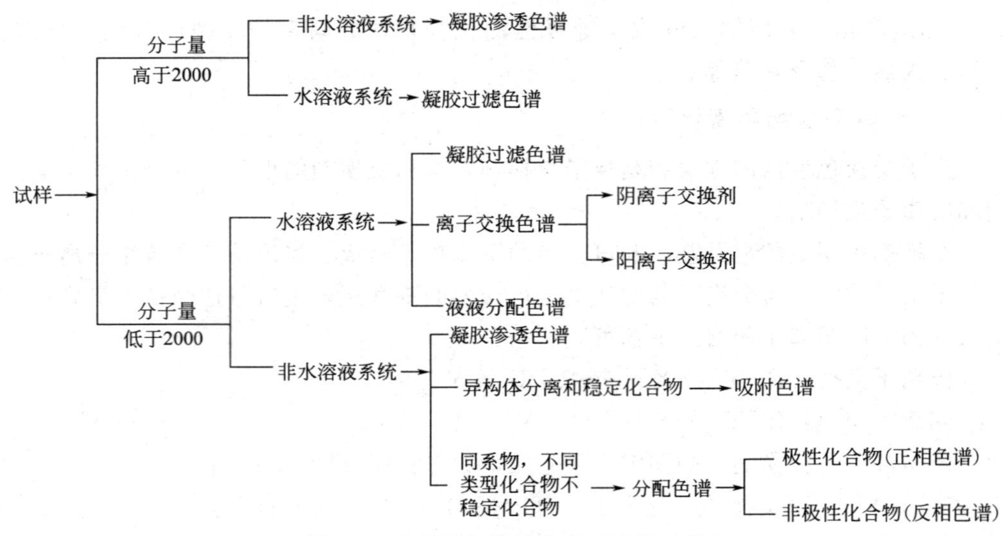

图 5-1 高效液相色谱分离方法的选择

的刚性固体，能承受较高的压力，可应用于任何一种液相色谱方法。它可以作为液固色谱的固定相，也可以作为液相色谱的担体。硬质凝胶通常是由聚苯乙烯与二乙烯基苯交联而成，承受压力较低，主要用于离子交换色谱和尺寸排阻色谱。

2. 按孔隙深度分类

固定相按孔隙深度分类，可分为表面多孔微粒型和全多孔微粒型固定相两类。

（1）表面多孔微粒型 表面多孔微粒型是在实心玻璃珠外面覆盖一层多孔活性材料，如硅胶、氧化铝、离子交换剂、分子筛、聚酰胺等，以形成无数对外开放的浅孔。这类固定相的多孔层厚度小、孔浅、相对死体积小、出峰迅速、柱效高；颗粒较大、渗透性好、梯度淋洗时迅速达平衡，较适合做常规分析。由于多孔层厚度薄，最大允许量受限制。

（2）全多孔微粒型固定相 全多孔微粒型固定相是由硅胶微粒凝聚而成。这类固定相由于颗粒很细（$5\sim10\mu m$），孔径较浅，传质速率快，易实现高效、高速，特别适合复杂混合物的分离及痕量分析。

根据分离模式的不同而采用不同性质的固定相，如活性吸附剂、键合不同极性分子官能团的化学键合相、离子交换剂和具有一定孔径范围的多孔材料，从而分别用作吸附色谱、键合色谱、离子交换色谱及尺寸排阻色谱固定相。

3. 化合键合固定相

固定液以化学键合（化学反应）的方式将固定液结合在载体的表面，采用这种固定相的色谱，称为化学键合相色谱（简称键合相色谱，EPC）。

化学键合固定相一般都采用硅胶（薄壳型或全多孔微粒型）为基体。在键合反应之前，要对硅胶进行酸洗、中和、干燥活化等处理，然后再使硅胶表面上的硅羟基（≡Si—OH）与各种有机物或有机硅化合物起反应，制备化学键合固定相。键合相主要有：硅酸酯型（≡Si—O—C）键合相、硅氮型（≡Si—N）键合相、硅氧硅碳型（≡Si—O—Si—C）键合相、硅碳型（≡Si—C）四种类型。其中以硅氧硅碳型

（≡Si—O—Si—C）应用最为普遍，如：十八硅烷基（简称碳十八柱，ODS），反应如图 5-2 所示。

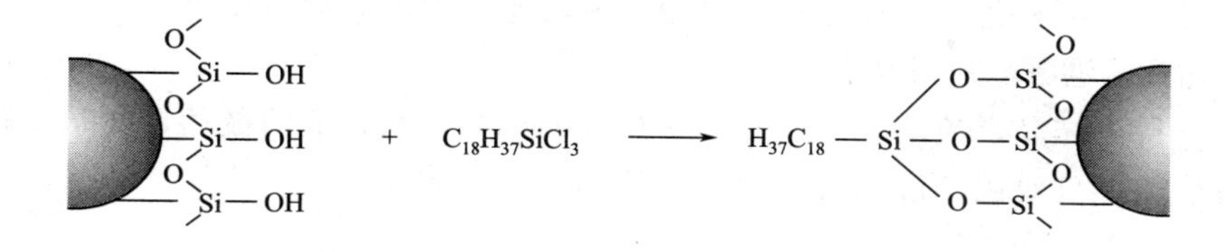

图 5-2　十八硅烷基键合反应

键合 C_{18}、C_8、C_1 与苯基等非极性烃基团，用于反相色谱；键合氨基、氰基［氰乙硅烷基，≡Si（CH_2）$_2$CN］等极性基团，用于正相色谱；键合醚基和二羟基等弱极性基团，用于反相或正相色谱。

化学键合相具有柱稳定性高、选择性高、柱效能高等特点，特别适合于梯度洗脱，为复杂体系的分离创造了条件。目前键合固定相色谱法已逐渐取代分配色谱法。化学键合相色谱的应用见表 5-3。

表 5-3　化学键合相色谱的应用

样品种类	键合基团	流动相	色谱类型	实例
低极性 溶解于烃类	$—C_{18}$	甲醇-水 乙腈-水 乙腈-四氢呋喃	反相	多环芳烃、甘油三酯、类脂、脂溶性维生素、氢醌
中等极性 可溶于醇	—CN $—NH_2$	乙腈-正己烷 氯仿 正己烷 异丙醇	正相	脂溶性维生素、甾族、芳香醇、胺、类脂止痛药、芳香胺、脂、氯化农药、苯二甲酸
	$—C_{18}$ $—C_8$ —CN	甲醇-水 乙腈	反相	甾族、可溶于醇的天然产物、维生素、芳香酸、黄嘌呤
	$—C_8$ —CN	甲醇、乙腈、水、缓冲液	反相	水溶性维生素、胺、芳醇、抗生素、止痛药
高极性 可溶于水	$—C_{18}$	水、甲醇、乙腈	反相离子对	酸、磺酸类染料、儿茶酚胺
	$—SO_3^-$	水、缓冲液	阳离子交换	无机阳离子、氨基酸
	$—NR_3^+$	磷酸缓冲液	阴离子交换	核苷酸、糖、无机阴离子、有机酸

（二）流动相

液相色谱中的流动相，又称淋洗剂、洗脱剂，它有两个作用：一是携带样品前进；二是给样品一个分配相，进而调节选择性，以达到混合物的分离。高效液相色谱中，流动相对分离起着极其重要的作用，在固定相选定之后，流动相的选择最重要。

流动相的组成、极性改变可显著改变组分的分离状况，亲水性固定液常采用疏水性流动相，即流动相的极性小于固定液的极性；而疏水性固定液常采用亲水性流动相。流动相按组成可分为单组分（纯溶剂）和多组分（混合溶剂）；按极性大小可分为极性、弱极性、非极性；按使用方式可分为固定组成淋洗和梯度淋洗。

不论采用哪种色谱分离方式，对用作流动相的溶剂有如下要求。

1. 合适的溶解能力与极性

对于待测样品，流动相溶剂必须有良好的选择性和合适的极性，同时要有一定的溶解能力，且对固定液的溶解度尽可能小。

2. 与检测器相适应

溶剂要适合于检测器，例如采用示差折光检测器，必须选择折光率与样品有较大差别的溶剂作流动相；若采用紫外检测器，所选择的溶剂在检测器的工作波长下不能有紫外吸收。

3. 化学稳定性好

流动相不能与固定相或组分发生任何化学反应。

4. 溶剂的纯度要高

纯度不高时会导致基线不稳定和产生干扰等，实验中至少应使用分析纯试剂。

常用作流动相的溶剂有：己烷、环己烷、四氯化碳、甲苯、乙酸乙酯、乙醇、水等。可根据分离要求选择合适的纯溶剂或混合溶剂。溶剂的极性是选择流动相的重要依据。采用正相液-液分配分离时，首先选择中等极性溶剂，若组分的保留时间太短，可降低溶剂极性；反之增加。也可在低极性溶剂中，逐渐增加其中极性溶剂的含量，使保留时间缩短，即梯度淋洗。

常用溶剂的极性大小顺序为：水＞甲酰胺＞乙腈＞甲醇＞乙醇＞丙醇＞丙酮＞二氧六环＞四氢呋喃＞甲乙酮＞正丁醇＞乙酸乙酯＞乙醚＞异丙醚＞二氯甲烷＞氯仿＞溴乙苯＞苯＞四氯化碳＞二硫化碳＞环己烷＞己烷＞煤油。

思考与练习 5.2

一、单选题

1. 高效液相色谱中，常用作固定相，又可用作键合相基体的物质是（　　）。

A. 分子筛　　B. 硅胶　　C. 氧化铝　　D. 活性炭

2. 水在下述中洗脱能力最弱（作为底剂）的是（　　）。

A. 正相色谱法　　B. 反相色谱法　　C. 吸附色谱法　　D. 空间排阻色谱法

3. 液-液分配色谱法中的反相液相色谱法，其固定相、流动相和分离化合物的性质分别为（　　）。

A. 极性、非极性、非极性　　B. 非极性、极性、非极性

C. 极性、非极性、极性　　D. 非极性、极性、离子化合物

4. 在液相色谱中，以缓冲液为流动相的是（　　）。

A. 离子交换色谱　　B. 凝胶色谱

C. 化学键合相色谱　　D. 液-固吸附色谱

5. 在正相键合相色谱中，流动相常用（　　）。

A. 烷烃加醇类　　B. 甲醇-水

C. 水　　D. 缓冲盐溶液

6. 在液相色谱中，提高柱效能最有效的途径是（　　）。

A. 提高柱温　　B. 降低板高

C. 降低流动相流速　　D. 减小填料粒度

7. 流动相的选择主要取决于（　　）。

A. 色谱柱　　B. 检测器

C. 被测物质的性质　　D. 高压泵

二、判断题

1. 在液相色谱法中，提高柱效最有效的途径是减小填料粒度。（　　）

2. 高效液相色谱分析中，固定相极性大于流动相极性称为正相色谱法。（　　）

3. 在液相色谱法中，约 70%～80% 的分析任务是由反相键合相色谱法来完成的。（　　）

三、简答题

1. 何谓化学键合固定相？主要优点是什么？

2. 什么叫正相色谱？什么叫反相色谱？各适用于分离哪些化合物？

3. 在高效液相色谱中，为何要对流动相脱气？

4. 试述高效液相色谱流动相的选择？举例说明。

5. 指出苯、萘、蒽在反相色谱中的洗脱顺序并说明原因。

第三节　高效液相色谱仪

一、高效液相色谱仪的构造

高效液相色谱仪由高压输液系统、进样系统、分离系统、检测系统、记录系统五大部分组成（图 5-3）。分析前，选择适当的色谱柱和流动相，开泵，冲洗柱子，待柱子达到平衡而且基线平直后，用微量注射器把样品注入进样口，流动相把试样带入色谱柱进行分离，分离后的组分依次流入检测器的流通池，最后和洗脱液一起排入流出物收集器。当有样品组分流过流通池时，检测器把组分浓度转变成电信号，经过放大，用记录器记录下来就得到色谱图。色谱图是定性、定量和评价柱效高低的依据。

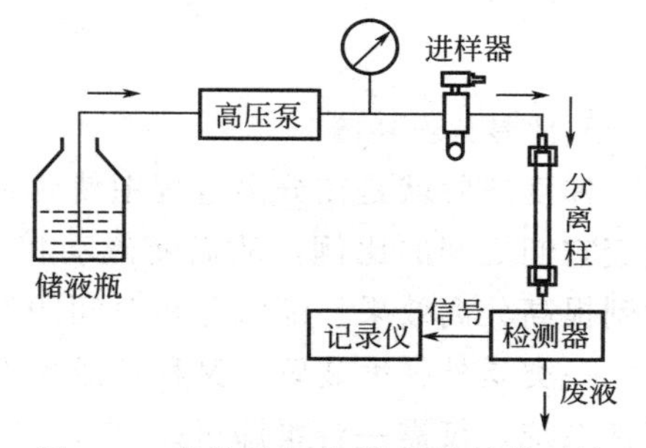

图 5-3　高效液相色谱仪的结构示意

（一）高压输液系统

由于高效液相色谱所用的固定相颗粒极细，因此对流动相的阻力很大，为使流动相有较大的流速，必须配备高压输液系统。

高压输液系统由储液器、高压输液泵、梯度洗脱装置和压力表等组成。

1. 储液器

储液器是用来存放流动相的容器，供给符合要求的流动相以完成分离分析工作。储液器的材料应耐腐蚀，对洗脱液呈化学惰性，一般由玻璃、不锈钢或氟塑料制成。容量为0.5～2.0L，用来储存足够数量、符合要求的流动相，以便在不重复加液的情况下能连续工作。

储液器应配有溶剂过滤器，以防止流动相中的颗粒进入泵内。溶剂过滤器一般用耐腐蚀的镍合金制成。

2. 高压输液泵

高压输液泵是高效液相色谱仪中的关键部件之一，其功能是将溶剂储存器中的流动相以高压形式连续不断地送入液路系统，使样品在色谱柱中完成分离过程。

由于液相色谱仪所用色谱柱径较细，所填固定相粒度很小，因此，对流动相的阻力较大，为了使流动相能较快地流过色谱柱，就需要高压泵注入流动相。对泵的要求：输出压力高、流量范围大、流量恒定、无脉动，流量精度和重复性为0.5%左右。此外，还应耐腐蚀，密封性好。高压输液泵，按其性质可分为恒压泵和恒流泵两大类。恒流泵是能给出恒定流量的泵，其流量与流动相黏度和柱渗透无关，其结构如图5-4所示。恒压泵是保持输出压力恒定，而流量随外界阻力变化而变化，如果系统阻力不发生变化，恒压泵就能提供恒定的流量。

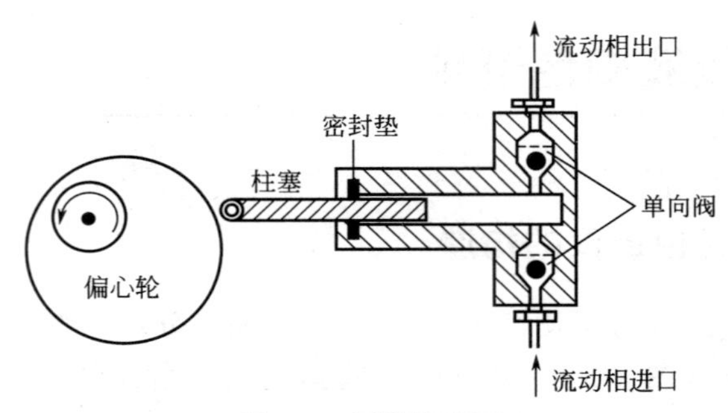

图5-4　恒流柱塞泵

3. 梯度洗脱装置

梯度洗脱就是在分离过程中使两种或两种以上不同极性的溶剂按一定程序连续改变它们之间的比例，从而使流动相的强度、极性、pH或离子强度相应地变化，达到提高分离效果、缩短分析时间的目的。梯度洗脱装置分为两类：

一类是外梯度装置（又称低压梯度），流动相在常温常压下混合，用高压泵压至柱系统，仅需一台泵即可。

另一类是内梯度装置（又称高压梯度），将两种溶剂分别用泵增压后，按电器部件设置的程序，注入梯度混合室混合，再输至柱系统。

梯度洗脱的实质是通过不断地改变流动相的强度，来调整混合样品中各组分的k值，使所有谱带都以最佳平均k值通过色谱柱。它在液相色谱中所起的作用相当于气相色谱中的程序升温，所不同的是，在梯度洗脱中溶质k值的变化是通过溶质的极性、pH和离子强度来实现的，而不是借改变温度（温度程序）来达到。

为保证检测结果的准确性，延长高效色谱仪的使用寿命，溶剂和流动相在使用前要进行溶剂纯化、流动相脱气和流动相过滤等处理。

（1）溶剂纯化技术　分析纯和优级纯在很多情况下可以满足色谱分析的要求，但不同的色谱柱和检测方法对溶剂的要求不同。常用的纯化操作有脱水、重蒸、吸附、萃取。

（2）流动相的脱气　流动相使用前一定要进行脱气操作，以消除溶液中因溶解有氧气或混入了空气而形成的气泡，防止基线不稳、噪声过大、样品氧化现象。常用脱气技术有：超声波脱气、通氮脱气、自动脱气机脱气等。超声波脱气方法是将配制好的流动相连同容器一起放入超声水槽中，脱气 10～20min。该方法操作简便，应用广泛。

（3）流动相的过滤　流动相使用前一定要进行过滤操作，以防止不溶物堵塞流路或色谱柱入口处的微孔垫片。最常见的装置为溶剂过滤器。流动相过滤可用 C4 微孔玻璃漏斗除去 3～4μm 以下的固态物质；严格说应用 0.45μm 以下有机溶剂专用微孔滤膜或水溶剂专用微孔滤膜过滤。

（二）进样系统

与气相色谱仪不同，在液相色谱仪中，柱外的谱带扩宽现象会造成柱效显著下降，尤其是用微粒填料时，更为严重。柱外的谱带展宽通常发生在进样系统，连接管道及检测器中，故一个设计较好的液相色谱仪应尽量减少这三个区域的体积。

进样系统包括进样口、注射器和进样阀等，它的作用是把分析试样有效地送入色谱柱上端进行分离。六通进样阀是最理想的进样器，它的优点是进样量的可变范围大，耐高压，易于自动化；缺点是容易造成谱峰柱前扩宽。其结构如图 5-5 所示。

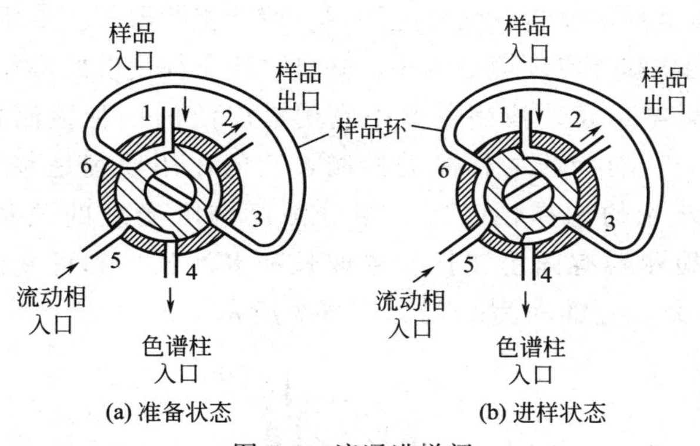

图 5-5　流通进样阀

（三）分离系统

色谱分离系统包括色谱柱、固定相和流动相。色谱柱是核心部分，柱子应具有耐高压、耐腐蚀、抗氧化、密封不漏液和柱内死体积小、柱效高、柱容量大、分析速度快、柱寿命长的特点。一般用内部抛光的不锈钢制成，如图 5-6 所示。

液相色谱柱的两端有烧结不锈钢或多孔聚四氟乙烯过滤片，以防止柱内的填料

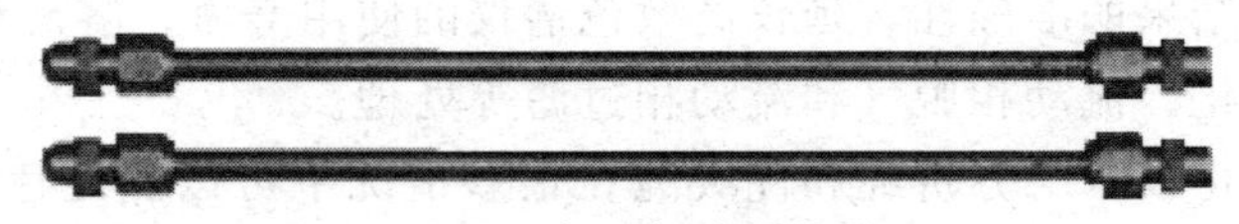

图 5-6　常见色谱柱外形

流出。柱子装填对柱效能影响很大，通常采用匀浆法填充 HPLC 色谱柱。先将填料配成悬浮液，在高压泵的作用下快速将其压入装有洗脱液的色谱柱内，经冲洗后，即可备用。

液相色谱柱在装填料之前是没有方向的，但在填充好固定相后的柱子是有方向的，在使用时，应使流动相的方向与柱子的填充方向一致。通常在柱子的管外用箭头标示出流动相方向。

（四）检测系统

检测器的作用是将柱子流出物中样品组成和含量的变化转化为可供检测的信号。检测器是液相色谱仪的关键部件之一。对检测器的要求是：灵敏度高、重复性好、线性范围宽、死体积小以及对温度和流量的变化不敏感等。在液相色谱中，有两种类型的检测器，通用型检测器和专用型检测器。

通用型检测器可连续测量色谱柱流出物（包括流动相和样品组分）的全部特性变化，通常采用差分测量法。这类检测器包括示差折光检测器、电导检测器和蒸发光散射检测器等。通用型检测器适用范围广，但由于对流动相有响应，因此易受温度变化、流动相流速和组成变化的影响，噪声和漂移都较大，灵敏度较低，一般不能用于梯度洗脱。

专用型检测器用于测量被分离样品组分某种特性的变化，这类检测器对样品中组分的某种物理或化学性质敏感，而这一性质是流动相所不具备的，或至少在操作条件下不显示。这类检测器包括紫外检测器、荧光检测器等。专用型检测器灵敏度高，受操作条件变化和外界环境影响小，并且可用于梯度洗脱操作。

紫外光度检测器是高效液相色谱中应用最广泛的一种检测器，它适用于对紫外光（或可见光）有吸收的样品的检测，它的作用原理是基于被分析试样组分对特定波长紫外光的选择性吸收，组分浓度与吸光度的关系遵守朗伯-比尔定律。紫外光度检测器有固定波长（单波长和多波长）和可变波长（紫外光和紫外-可见光）两类。它的典型结构如图 5-7 所示。

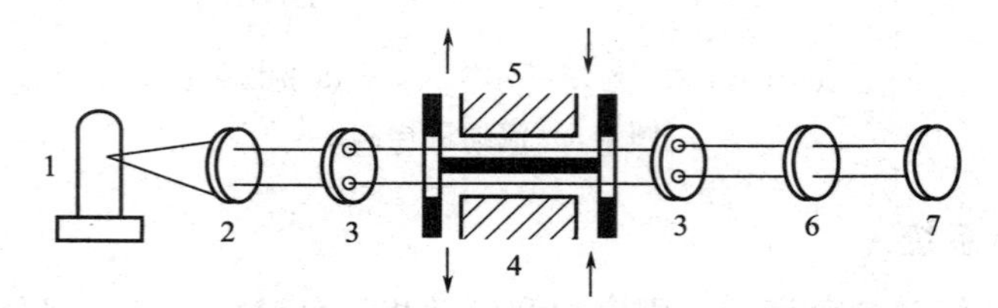

图 5-7　固定紫外检测器光路图

1—低压汞灯；2—透镜；3—遮光板；4—测量池；5—参比池；6—紫外滤光片；7—双紫外光敏电阻

光源一般常采用低压汞灯 1，透镜 2 将光源射来的光束变成平行光，经过遮光板 3 变成一对细小的平行光束，分别通过测量池 4 和参比池 5，然后用紫外滤光片

6 滤掉非单色光，用两个紫外光敏电阻接成惠思顿电桥，根据输出信号差（即代表被测试样的浓度）进行检测。为适应高效液相色谱分析的要求，测量池体积都很小，在 5～10μm 之间，光路长 5～10mm，其结构形式常采用 H 形或 Z 形。接收元件采用光电管、光电倍增管或光敏电阻。检测波长一般固定在 254nm 和 280nm。

课程思政点 文化自信教育

高效液相色谱仪

目前新型的高效液相色谱仪器不断涌现，如美国和日本生产的二维纳升级HPLC、美国的超高压液相色谱仪(UHPLC)等。我国近几年成功的完成了加压毛细管色谱仪国际首创、高效微流电色谱仪器可以与UHPLC抗衡，其柱效比UHPLC高10倍，5秒钟可以分离5个芳香烃，总体优于UHPLC，又是一个国际首创。因此我们不要迷信国外产品，现实情况并不是像外国人或某些中国人说的“中国的仪器总是比外国的差”。虽然我们在高端仪器方面确实存在一些问题，但是有很多国产常规、普及型的仪器大大优于进口仪器。

二、高效液相色谱仪的基本操作

（一）岛津 LC-10AT 高效液相色谱仪的基本操作

高效液相色谱仪的操作

岛津 LC-10AT 高效液相色谱仪由两个 LC-10ATvp 溶剂输送泵（分主/A 泵和副/B 泵）、Rheodyne 7725i 手动进样阀，SPD-10Avp 紫外-可见检测器（检测波长 190～600nm），LC solution 色谱工作站和计算机等组成，另外还包括打印机等辅助设备。仪器检测灵敏度高，稳定性强。双泵配置既可适用于一种溶剂或预先混合好的混合溶剂进行洗脱，也可进行高压梯度洗脱。中文化色谱工作站采用多窗口界面，可引导操作者迅速打开所需界面，从参数设定、装置控制到数据分析、报告制作等各种操作更加简便。在同一界面下可显示完整的色谱图及区域放大色谱图，有助于色谱峰和基线的确认。该仪器可广泛应用于医药、食品、化工、环保等众多分析领域。

仪器使用方法如下所述。

1. 准备工作

（1）所需的流动相用 0.45μm 滤膜过滤，超声脱气 20min。

（2）样品和标准溶液，用 0.45μm 滤膜过滤。

（3）检查仪器各部件的电源线、数据线和输液管道是否连接正常。

2. 开机

接通电源，依次开启电源、B 泵、A 泵、检测器，待泵和检测器自检结束后，打开电脑，最后打开色谱工作站。

3. 参数设定

（1）波长设定：在检测器显示初始屏幕时，按“func”键，用数字键输入所需波长值，按“Enter”键确认。按“CE”键退出。

（2）流速设定：在A泵显示初始屏幕时，按“func”键，用数字键输入所需的流速（柱在线时流速一般不超过1mL/min），按“Enter”键确认。按“CE”键退出。

（3）流动相比例设定：在A泵显示初始屏幕时，按“conc”键，用数字键输入流动相B的浓度值，按“Enter”键确认。按“CE”键退出。

（4）梯度设定：

① 在A泵显示初始屏幕时，按“edit”键，“Enter”键。

② 用数字键输入时间，按“Enter”键，重复按“func”键选择所需功能（“FLOW”设定流速，“BCNC”设定流动相B的浓度值），按“Enter”键，用数字键输入设定值，按“Enter”键。

③ 重复上一步设定其他时间步骤。

④ 用数字键输入停止时间，重复按“func”键直至屏幕显示“STOP”，按“Enter”键确认。按“CE”键退出。

4. 更换流动相并排气泡

（1）将A/B管路的吸滤器放入装有装备好的流动相储液瓶中；

（2）逆时针转动A/B泵的排液阀180°，打开排液阀。

（3）按A和B泵的“purge”键，“pump”指示灯亮，泵大约以9.9mL/min的流速冲洗3min后自动停止。

（4）将排液阀顺时针旋转到底，关闭排液阀。

（5）如管路中仍有气泡，则重复以上操作直至气泡排尽。

（6）如按以上方法不能排尽气泡，从柱入口处拆下连接管，放入废液瓶中，设流速为5mL/min，按“pump”键，冲洗3min后再按“pump”键停泵，重新接上柱并将流速重设为规定值。

5. 平衡系统

（1）查看基线

① 按《LC solution色谱数据工作站操作规程》打开“在线色谱工作站”软件。

② 输入实验信息并设定各项方法参数。

③ 按下“数据收集”页的“查看基线”按钮。

（2）等度洗脱方式

① 按A泵的“pump”键，A、B泵将同时启动，“pump”指示灯亮。用检验方法规定的流动相冲洗系统，一般最少需6倍柱体积的流动相。

② 检查各管路连接处是否漏液，如漏液应予以排查。

③ 观察泵控制屏幕上的压力值，压力波动应不超过1MPa。若超过则可初步判断为柱前管路仍有气泡，按检查管路后再操作。

④ 观察基线变化。如果冲洗至基线漂移＜0.01mV/min，噪声为＜0.001mV时，可认为系统已达到平衡状态，可以进样。

（3）梯度洗脱方式

① 以检验方法规定的梯度初始条件，按上面的方法平衡系统。

② 在进样前运行 1～2 次空白梯度。方法：按 A 泵的“run”键，“prog. run”指示灯亮，梯度程序运行；程序停止时，“prog. run”指示灯灭。

6. 进样

(1) 进样前按检测器“zero”键调零，按软件中“零点校正”按钮校正基线零点，再按一下“查看基线”按钮使其弹起。

(2) 用样品溶液清洗注射器，并排除气泡后抽取适量即可以进样了。

(3) 含量测定的标准溶液和样品溶液每份至少进样 2 次。

7. 清洗管路及进样口

(1) 分析完毕后，先关检测器和色谱工作站，再用经滤过和脱气的适当溶剂清洗色谱系统，正相柱一般用正己烷，反相柱若使用过含盐流动相，则先用水冲洗，然后用甲醇-水冲洗，冲洗前先按“4. 更换流动相并排气泡”操作，再用分析流速冲洗，各种冲洗剂一般冲洗 15～30min，特殊情况应延长冲洗时间。

(2) 冲洗完毕后，逐步降低流速至 0，进样器也应用相应溶剂冲洗，可使用进样阀所附专用冲洗接头。

(3) 关闭电源，做好使用登记，内容包括日期、检品、色谱柱、流动相、柱压、使用小时数、仪器完好状态等。

(二) 安捷伦 LC1200 基本操作

Agilent1200 液相色谱仪由流动相（A、B、C、D 四相）及其托盘、在线真空脱气机、四元泵、自动进样器、柱温箱、检测器（二极管阵列检测器、荧光检测器、示差检测器）和计算机组成。

以分离样品色素实验为例，简单介绍 Agilent1200 HPLC 仪分析样品操作步骤。

1. 开机前的准备工作

(1) 配制流动相。A 相：0.02mol/L 乙酸铵溶液。称取 1.54g 乙酸铵溶于 1000mL 超纯水中，经 0.45μm 滤膜过滤后装流动相瓶；B 相：色谱级甲醇。直接装流动相瓶。将 A、B 两相分别放入 A、B 通道。

(2) 试样准备。将配制好的标准溶液和处理后的样液（经 0.45μm 滤膜过滤）分别装入样品瓶（体积以 0.5～1.0μm 为宜），置于自动进样器盘中，记录所放位置。

(3) 将 Zorbax-XDB-C_{18} 柱（5μm，250mm×4.6mm. i. d）连接到管路。安装色谱柱时，柱箭头方向要与流动相流向一致，并确保不漏液。

2. 开机

(1) 打开电脑至开机状态；

(2) 顺次打开在线真空脱气机、四元泵、自动进样器、柱温箱、检测器 (DAD 开关)，仪器自检；

(3) 在电脑界面双击 Instrument Online 图标，进入化学工作站功能界面，选择 Method and Run Control 界面。

3. 流动相管路排气

(1) 逆时针打开 Purge 阀 2～3 圈，启动泵开关，将流速设为 3mL/min，分别将A相和B相流路中的气泡赶尽（2～3min）。

（2）将流速减至1mL/min后，关闭Purge阀。

4. 建立混合色素分析方法

（1）在Method and Run Control界面，点击菜单Method，选择Edit entire Method进入方法参数设置界面，选择需要编辑的选项。

（2）设置自动进样器参数：选择进样方式“Injection with Needle Wash”（进样加洗针），Wash Vial输入21（洗针瓶放在样品盘中的位置），设置后点击OK。

（3）设置四元泵参数：设置流速（Flow）为1mL/min，信号采集时间（Stop time）为15min，后运行时间（Post Time）为1min；流动相B设为10%（A显示90%）；编制梯度洗脱程序。设置后，单击OK。

（4）设置柱温参数：选择Not controlled，单击OK。

（5）设置检测器参数：二极管阵列检测器（DAD）参数设计如下：

选择A通道，设置检测波长（Sample，Bw）为254nm/16mm，参比波长（Reference，BW）为353nm/20nm，xuanze UV（紫外）和Vis（可见）灯，波长扫描范围（Spectrum Range）为190～800nm。点击Timetable进入可变波长编辑界面，点击Insert插入行，选择A通道，在Time输入7.00min、检测波长（Sample，BW）输入620nm/16nm，参比波长（Reference，BW）输入780nm/16nm，设置后点击OK。

（6）设置数据分析参数。

（7）保存方法：点击Method菜单中Save Method as，将设置的分析参数另保存为“色素分析”方法文件，保存在指定文件夹。

5. 编辑序列Sequence输入样品信息

在Method and Run Control界面，点击菜单Sequence选择，Sequence table，依次输入样品瓶号（Location）、样品（Sample Name）、选择Method Name为“色素分析”、进样次数（Inj Number）、样品类型（Sample Type）、数据文件名（Data File）及进样体积（Inj Volume），设置后点击Save Sequence as保存序列。

6. 调出监控信号

从View菜单选择Online Signals，调出信号显示窗口。待信号基线平稳（基线走平后），点击信号窗口Balance作基线调零。

7. 运行Sequence采集样品数据

点击Sequence图标，输入操作者姓名（Operator Name）、数据文件保存路径（Path）后，点击运行序列（Run Sequence），仪器开始按编辑的程序采集数据。

8. 关机程序

（1）清洗管路　数据采集结束，关闭泵开关，将A相换成超纯水，重启泵开关，以甲醇+水=20+80（体积比）冲洗管路及色谱柱至少20min，待压力平稳、基线走平。

（2）关机　停泵，关闭联机软件。依次关闭检测器（DAD）、柱温箱、自动进样器、四元泵、在线真空脱气机电源开关。

三、高效液相色谱仪的维修与保养

1. 基本操作注意事项

（1）泵运行前先打开排空阀，用注射器抽出流动相，观察10s，流动相应连续流出。不用排空阀时应将其关闭，否则大气压力会使流动相从排空阀出口流出。

（2）在使用仪器过程中，注意储液瓶里的流动相是否够用，如快用尽应及时更换。更换流动相时务必停泵，防止吸入大量空气，影响仪器正常工作。

（3）在启动分析进样时，请快速扳动进样阀，否则会引起系统压力突跳，影响仪器的使用寿命。

（4）如对样品分析的定性、定量要求较高，应配置柱温箱，保持温度恒定。

（5）若流动相不是纯甲醇，样品分析结束后，必须使用HPLC级甲醇对泵及进样阀进行清洗，大约30min后，待压力重新回落并稳定，方可关泵。

（6）若流动相中含有缓冲盐，则须根据其特殊的清洗方法进行清洗。

2. 检测器的维护和保养

（1）检测器是高效液相色谱仪器的数据收集部分，由很多的电子和光学元件组成。禁止拆卸更换仪器内部元件，防止损坏或影响准确度。

（2）仪器内部的流通池是流动相流过的元件，样品的干净程度和微生物的生长都可能污染流通池，导致无法检测或检测结果不准，所以在使用了一段时间以后要先用水冲洗流通池和管路再换有机溶剂冲洗。

（3）当仪器检测数据出现明显波动，基线噪声变大时要冲洗仪器管路。冲洗后如果还是没有改善就应该检测氘灯能量，如果能量不足就应更换新的氘灯。

（4）仪器在每次使用完了以后都要用水和一定浓度的有机溶剂冲洗管路，保证下次使用时管路和系统的清洁。

3. 高压恒流泵的维护和保养

（1）高压恒流泵为整个色谱系统提供稳定均衡的流动相流速，保证系统的稳定运行和系统的重现性。高压输液泵由步进电机和柱塞等组成，高压力、长时间的运行会逐渐磨损泵的内部结构。在升高流速的时候应使梯度升高，最好每次升高0.2mL/min，当压力稳定时再升高，如此反复直到升高到所需流速。

（2）绝对不允许在没有流动相或流动相还没有进入泵头的情况下启动泵而造成柱塞杆的干磨。

（3）每天使用后应将整个系统管路中的缓冲液体冲洗干净，防止盐沉积，整个管路要浸在无缓冲液的溶液或有机溶剂中。

（4）要用HPLC级试剂。

（5）输液管前端要用溶剂过滤器过滤流动相。要注意防止管路阻塞造成压力过高而损坏仪器。

（6）仪器使用完后，要及时清洗管路、冲洗泵，保证泵的良好运转环境和使用寿命。

4. 色谱柱的维护和保养

（1）应在柱头加烧结片不锈钢滤片，需要加保护柱，防止柱头堵塞，影响分析效果。

（2）当流动相的 pH＞7 时，要用大粒度同种填料作预柱。

（3）溶剂的化学腐蚀性不能太强。

（4）要避免微粒在柱头沉降。

（5）为防止高压冲击，泵上的压力限制不宜太高，一般在 15～20MPa 为宜，在旧柱或梯度洗脱时应稍高些，以避免因上限设置过低而造成正常使用中的中途停机。

（6）所使用的流动相均应为 HPLC 级或相当于该级别的，在配制过程中所有非 HPLC 级的试剂或溶液均经 0.45μm 薄膜过滤。而且流动相使用前都经过超声仪超声脱气后才可使用。

（7）所使用的水必须是经过蒸馏纯化后再经过水膜过滤后使用，所有试液均新用新配。

（8）色谱柱长时间不用，在存放时，柱内应充满溶剂，两端封死。

思考与练习 5.3

一、单选题

1. 液相色谱中通用型检测器是（　　）。

A. 紫外检测器　　B. 示差折光检测器

C. 热导池检测器　　D. 荧光检测器

2. 在液相色谱中，梯度洗脱适用于分离（　　）。

A. 同分异构体　　B. 极性范围宽的混合物

C. 沸点相差大的混合物　　D. 生物大分子物质

3. 在高效液相色谱法中，梯度洗脱装置的主要作用（　　）。

A. 不断改变流动相的极性　　B. 带着样品进入色谱柱

C. 高压输送流动相　　D. 存储流动相

4. 在高效液相色谱流程中，试样混合物在（　　）中被分离。

A. 检测器　　B. 记录器　　C. 色谱柱　　D. 进样器

5. 液相色谱流动相过滤必须使用粒径为（　　）的过滤膜。

A. 0.5μm　　B. 0.45μm　　C. 0.6μm　　D. 0.55μm

6. 下列用于高效液相色谱的检测器，（　　）检测器不能使用梯度洗脱。

A. 紫外检测器　　B. 荧光检测器

C. 蒸发光散射检测器　　D. 示差折光检测器

7. 在环保分析中，常常要监测水中多环芳烃，如用高效液相色谱分析，应选用下述（　　）检测器。

A. 荧光检测器　　B. 示差折光检测器

C. 电导检测器　　D. 紫外吸收检测器

8. 下述不是高液相色谱仪中的检测器是（　　）。

A. 紫外吸收检测器　　B. 红外检测器

C. 示差折光检测器　　D. 电导检测器

9. 高效液相色谱仪与气相色谱仪比较增加了（　　）。

A. 恒温箱　　B. 进样装置　　C. 程序升温　　D. 梯度淋洗装置

10. 在高效液相色谱仪中保证流动相以稳定的速度流过色谱柱的部件是（　　）。

A. 储液器　　B. 输液泵　　C. 检测器　　D. 温控装置

11. 高效液相色谱、原子吸收分析用标准溶液的配制一般使用（　　）水。

A. 国标规定的一级、二级去离子水　　B. 国标规定的三级水

C. 不含有机物的蒸馏水　　D. 无铅（无重金属）水

12. 高压、高效、高速是现代液相色谱的特点，采用高压主要是由于（　　）。

A. 可加快流速，缩短分析时间　　B. 高压可使分离效率显著提高

C. 采用了细粒度固定相所致　　D. 采用了填充毛细管柱

二、判断题

1. 高效液相色谱流动相过滤效果不好，可引起色谱柱堵塞。（　　）

2. 高效液相色谱分析中，使用示差折光检测器时，可以进行梯度洗脱。（　　）

3. 高效液相色谱仪的色谱柱可以不用恒温箱，一般可在室温下操作。（　　）

4. 在高效液相色谱仪使用过程中，所有溶剂在使用前必须脱气。（　　）

5. 填充好的色谱柱在安装到仪器上时是没有前后方向差异的。（　　）

6. 检测器、泵和色谱柱是组成高效液相色谱仪的三大关键部件。（　　）

7. 应用光电二极管阵列检测器可以获得具有三维空间的立体色谱光谱图。（　　）

三、简答题

1. 什么是梯度洗脱？

2. 高效液相色谱仪由哪几部分组成？各部分主要作用是什么？

3. 简述高效液相色谱仪的基本操作注意事项。

4. 为什么作为高效液相色谱仪的流动相在使用前必须过滤、脱气？

第四节　高效液相色谱法的应用

高效液相色谱法作为一种重要的分离分析手段，通过色谱柱可以将复杂样品中的不同组分很好地分离，这种能力是任何其他分析方法所无法比拟的。对色谱柱分离后的组分进行定性及定量的鉴定，是分析工作的一个重要环节。

一、定性分析

由于高效液相色谱过程中影响溶质迁移的因素较多，同一组分即便在相同的操作条件下，不同色谱柱上的保留值也可能有很大差别，因此高效液相色谱法与气相色谱相比，定性难度较大。常用的定性方法是标准样品定性法。即利用每一种化合物在特定色谱条件下（流动相组成、色谱柱、柱温等相同）具有不同的保留值从而进行定性分析。此外，还可以利用高效液相色谱-质谱联用技术实现在线检测。两谱联用仪给出样品的色谱图，并能快速给出每个色谱组分的质谱图，同时获得定性、定量信息。目前联用技术是复杂样品成分分析、鉴定最重要的手段。

二、定量方法

液相色谱法的定量方法与气相色谱法相同，常用内标法和外标法进行定量分析。因为很难找到相同条件下各组分的定量校正因子，所以在高效液相色谱法中很少使用归一化法。

1. 外标法

外标法是以待测组分纯品配制标准试样和待测试样同时作色谱分析来进行比较而定量的方法，可分为标准曲线法和直接比较法。具体方法参阅气相色谱的外标法定量。

内标法

2. 内标法

内标法是将已知量的参比物（内标物）加到已知量的试样中，使试样中参比物的浓度已知；在进行色谱测定后，待测组分峰面积和参比物峰面积之比应该等于待测组分的质量与参比物质量之比，求出待测组分的质量，进而求出待测组分的含量。内标法具有准确度高的特点。

三、应用

高效液相色谱法的应用远远广于气相色谱法，其具有高分辨率、高灵敏度、分析速度快等优点。适于分析沸点高、分子量大、热稳定性差的物质及生物活性物质，它广泛用于石油化学、生命科学、临床化学、药物研究、环境监测、食品检验及法学检验等领域。

1. 在食品分析中的应用

食品分析中对高效液相色谱法的应用主要体现在两方面：一是食品中含量较高的三大营养物质，即糖类、脂类、蛋白质（氨基酸、肽）的检测；二是食品中微量成分，即维生素、微量物质及食品添加剂等的分析。近年来高效液相色谱分析法在食品分析中的应用日益增多，它比化学分析法操作简便、快速，并能提供更多有用信息。食品中添加的防腐剂、抗氧化剂、甜（香）味剂、乳化剂、天然或人工合成色素等，一般均可用高效液相色谱法进行较准确、快速的测定。图 5-8 为 9 种抗氧化剂在反相键合硅胶柱上的分离谱图。

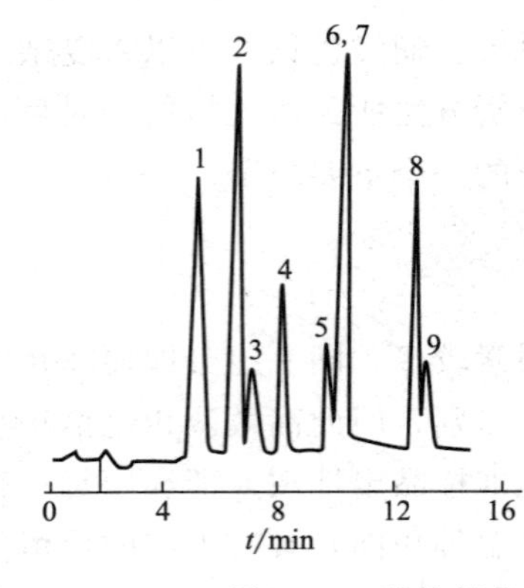

色谱柱：Lichrosorb RP-18(3.2mm×250mm，10μm)
流动相：梯度洗脱，16min内从H_2O:乙酸=95:5增加至乙腈：乙酸=95:5
流量：1mL/min
检测器：UVD(280mm)

图 5-8 9 种抗氧化剂在反相键合硅胶柱上的分离谱图

1—棓酸丙酯；2—2,4,5-三羟基苯丁酮；3—叔丁基对苯二酚；4—去甲二氢愈创木酸；5—叔丁基对羟苯甲醚；6—2-叔丁基-4-羟甲基苯酚；7—棓酸辛酯；8—棓酸十二酯；9—二叔丁基甲酚

2. 在医药研究中的应用

高效液相色谱法有高选择性、高灵敏度，已经成为医药研究的有力工具。人工合成药物的纯化及成分的定性、定量分析，中草药有效成分的分离、制备及纯度测定，药物代谢的测定等等，都需要用到高效液相色谱的不同测定方法。图 5-9 为磺胺类药物反相色谱分析谱图。

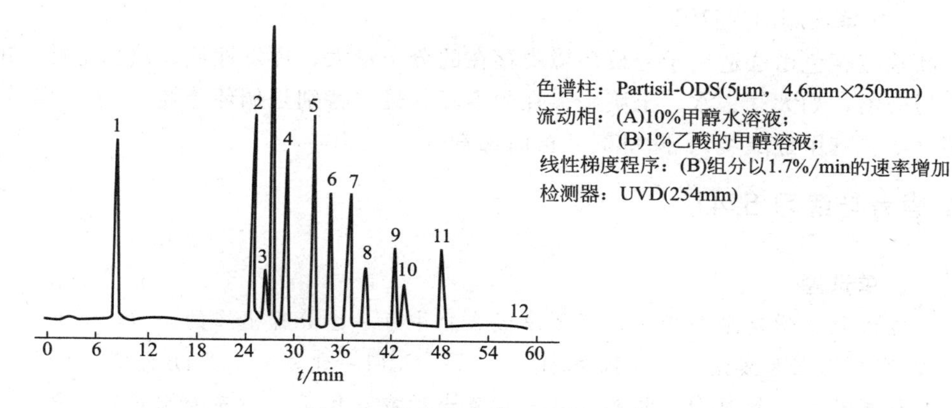

图 5-9 磺胺类药物的反相色谱分析

1—磺胺；2—磺胺嘧啶；3—磺胺吡啶；4—磺胺甲基嘧啶；5—磺胺二甲基嘧啶；6—磺胺氯哒嗪；7—磺胺二甲基异噁唑；8—磺胺乙氧哒嗪；9—4-磺胺 2,6-二甲氧嘧啶；10—磺胺喹噁啉；11—磺胺溴甲吖嗪；12—磺胺胍

3. 在生命科学中的应用

随着生命科学和生物工程技术的迅速发展，人们对氨基酸、多肽、蛋白质核酸、核苷酸等生物分子的研究日益增加。这些生物活性物质是人类生命延续中不可缺少的成分，也是生物化学、生物制药、生物工程中进行蛋白质纯化、DNA 重组与修复、RNA 转录等技术中的重要研究对象。高效液相色谱法在该领域的应用主要集中于两个方面：

（1）低分子量物质，如氨基酸、有机酸、有机胺、类固醇、卟啉、糖类、维生素等的分离和测定。

（2）高分子量物质，如多肽、核糖核酸、蛋白质和酶（各种胰岛素、激素、细胞色素、干扰素等）的纯化、分离和测定。

过去对这些生物大分子的分离主要依赖于等速电泳、经典离子交换色谱等技术，但都有一定的局限性，远远不能满足生物化学研究的需要。因为在生命科学领域中经常要求从复杂的混合物基质，如培养基、发酵液、体液、组织中对感兴趣的物质进行有效而又特异的分离，通常要求检测限达纳克级或皮克级，并要求重复性好、快速、自动检测；制备分离、回收率高且不失活。在这些方面，高效液相色谱法具有明显的优势。

4. 在药物分析中的应用

人工合成药物的纯化及成分的定性、定量分析，中草药有效成分的分离、制备及纯度的测定，临床医药中人体血液和体液中药物浓度、药物代谢产物的测定，体液中代谢物测定；药代动力学研究；临床药物监测都需要高效液相色谱法的不同方法予以解决，高效液相色谱法已经成为药物分析与研究的有力工具。

5. 在石油化工中的应用

在石油化工生产中使用的具有较高分子量和较高沸点的有机化合物，如高碳数脂肪族或芳香族的醇、醛、酮、醚等化工原料，各种表面活性物质燃料等，都可使用高效液相色谱法进行分析。

6. 在环境检测中的应用

高效液相色谱法适用于分析环境中存在的分子量大、挥发性低、热稳定性差的有机污染物，如大气、水、土壤中存在的多环芳烃（特别是稠环芳烃）、多氯联苯、农药（如氨基甲酸酯类）、除草剂、黄曲霉素等。

高效液相色谱法

思考与练习 5.4

一、单选题

1. 在液相色谱定量分析时，不要求混合物中每一组分都出峰的是（　　）。

A. 外标标准曲线法　　B. 内标法　　C. 归一化法　　D. 外标法

2. 如果样品比较复杂，相邻两峰间距离太近或操作条件不易控制稳定，要准确测量保留值有一定困难时，可选择以下方法（　　）定性。

A. 利用相对保留值定性　　B. 加入已知物增加峰高的办法定性

C. 利用文献保留值数据定性　　D. 与化学方法配合进行定性

二、简答题

1. 高效液相色谱有哪几种定量方法？其中哪种是比较精确的定量方法，并简述之。

2. 宜用何种高效液相色谱法分离下列物质？

（1）乙醇和丁醇；（2）Ba^{2+} 和 Sr^{2+}；（3）正戊酸和正丁酸；（4）高摩尔质量的葡糖苷。

高效液相色谱法

三、计算题

测定生物碱试样中黄连碱和小檗碱的含量，称取内标物、黄连碱和小檗碱对照品各 0.2000g 配成混合溶液。测得峰面积分别为 $3.60cm^2$、$3.43cm^2$ 和 $4.04cm^2$。称取 0.2400g 内标物和试样 0.8560g 同法配制成溶液后，在相同色谱条件下测得峰面积为 $4.16cm^2$、$3.71cm^2$ 和 $4.54cm^2$。计算试样中黄连碱和小檗碱的含量。

第六章
其他分析方法

案例导入

2006年4月下旬，广州某医院多例重症肝炎病人先后突然出现急性肾功能衰竭症状。院方经过排查，将目光锁定在某制药公司生产的“亮菌甲素注射液”上，后经检测和反复验证确定导致此次悲剧发生的罪魁祸首是冒充药用辅料丙二醇的工业原料二甘醇，检测机构所使用的检验方法之一就是红外光谱法。

思考：1. 什么是红外光谱法？

2. 红外光谱法如何确定物质的结构？

思维导图

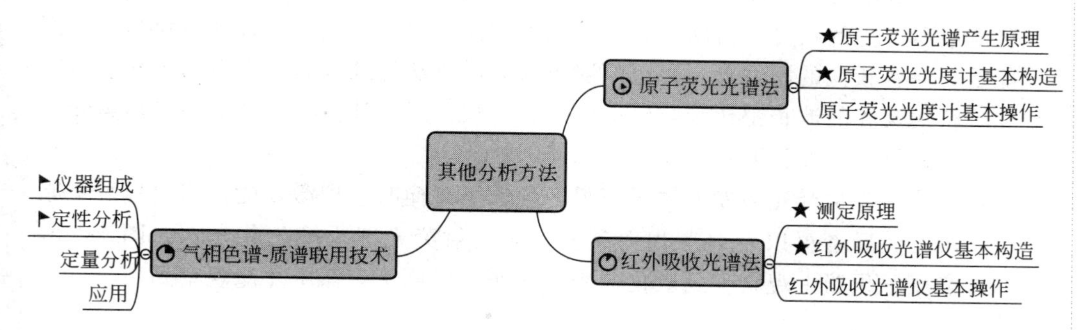

通过本章学习，达到以下学习目标：

知识目标　掌握原子荧光光谱法、红外光谱法、气相色谱法-质谱联用技术的基本原理；了解各类分析仪器的基本结构。

技能目标　了解各类分析仪器的操作步骤；了解分析仪器的基本维护与保养。

第一节　原子荧光光谱法

原子荧光光谱法（atomic fluorescence spectrometry，简称为AFS）是介于原子发射光谱（AES）和原子吸收光谱（AAS）之间的光谱分析技术。它的基本原理是基态原子（一般蒸气状态）吸收合适的特定频率的辐射而被激发至高能态，而后激发过程中以光辐射的形式发射出特征波长的荧光。荧光强度与被测元素的浓度成正比，从而进行定量的一种分析方法。

原子荧光光谱法的优点是灵敏度高，目前已有 20 多种元素的检出限优于原子吸收光谱法和原子发射光谱法；谱线简单；在低浓度时校准曲线的线性范围宽达 3～5 个数量级，特别是用激光做激发光源时更佳。主要用于金属元素的测定，在环境科学、高纯物质、矿物、水质监控、生物制品和医学分析等方面有广泛的应用。

一、原子荧光光谱的产生

气态自由原子，吸收光源（常用空心阴极灯）的特征辐射后，原子的外层电子跃迁到较高能级，然后又跃迁返回基态或较低能级，同时发射出与原激发波长相同或不同的发射光谱即为原子荧光。原子荧光是光致发光，也是二次发光。当激发光源停止照射之后，再发射过程立即停止。

原子荧光可分为三类：共振荧光、非共振荧光和敏化荧光，实际得到的原子荧光谱线，这三种荧光都存在。其中以共振原子荧光最强，在分析中应用最广。

共振荧光是所发射的荧光和吸收的辐射波长相同。当发射的荧光与激发光的波长不相同时，产生非共振荧光，非共振荧光又分为直跃线荧光、阶跃线荧光、anti-Stokes（反斯托克斯）荧光。直跃线荧光是激发态原子由高能级跃迁到高于基态的亚稳能级所产生的荧光。阶跃线荧光是激发态原子先以非辐射方式去活化而损失部分能量，回到较低的激发态，再以辐射方式去活化跃迁到基态所发射的荧光。直跃线和阶跃线荧光的波长都比吸收辐射的波长要长。反斯托克斯荧光的特点是荧光波长比吸收光辐射的波长要短。

敏化荧光是指受光激发的原子与另一种原子碰撞时，把激发能传递给另一个原子使其激发，后者再以发射形式去激发，而发射荧光即为敏化荧光，如图 6-1 所示。火焰原子化器中观察不到敏化荧光，在非火焰原子化器中才能观察到。

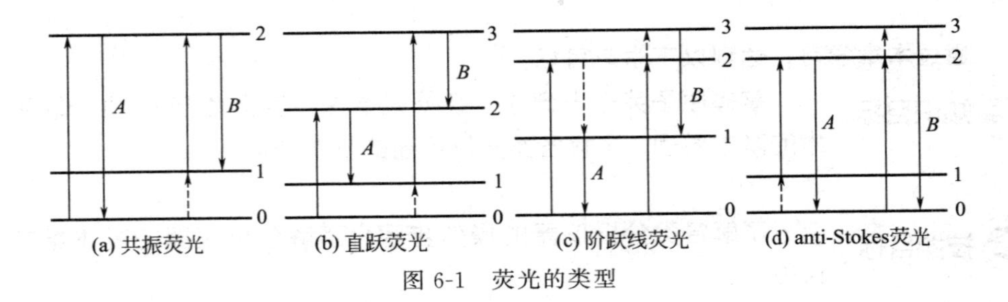

图 6-1　荧光的类型

二、氢化物发生-原子荧光法的测定原理

酸化过的样品溶液中的待测元素（砷、铅、锑、汞等）与还原剂（一般为硼氢化钾或钠）在氢化物发生系统中反应生成气态氢化物，用 EHn 表示，式中 E 代表待测元素。使用适当催化剂，在上述反应中还可以得到镉和锌的气态组分。过量氢气和气态氢化物与载气（氩气）混合，进入原子化器，氢气和氩气可形成氩氢火

焰，使待测元素原子化。待测元素的激发光源（一般为空芯阴极灯或无极放电灯）发射的特征谱线通过聚焦，激发氩氢焰中待测物原子，得到的荧光信号被光电倍增管接收，然后经放大、解调，得到荧光强度信号，荧光强度与被测元素的浓度在一定条件下成正比，因此可以进行定量分析。

能产生原子荧光的元素约 20 多种，能用氢化物发生-原子荧光法测定的元素目前只有 11 种：汞 Hg、砷 As、硒 Se、锑 Sb、铋 Bi、碲 Te、锡 Sn、锗 Ge、铅 Pb、锌 Zn、镉 Cd，检测浓度在微克级。通常一个元素只有一个价态易生成氢化物。如测砷时，酸性条件下，通过加入硫脲、抗坏血酸将五价砷还原为三价砷，三价砷可以生成氢化物；六价硒在强酸条件下，可以转变为四价硒，四价硒能生成氢化物；对于汞，比较特殊，水中的汞被硼氢化钾还原为汞单质，并不生成氢化物，因此可以用冷原子荧光法检测。

三、原子荧光光度计的基本构造

原子荧光光度计是利用硼氢化钾或硼氢化钠作为还原剂，将样品溶液中的待分析元素还原为挥发性共价气态氢化物（或原子蒸气），然后借助载气将其导入原子化器，在氩-氢火焰中原子化而形成基态原子。基态原子吸收光源的能量而变成激发态，激发态原子在去活化过程中将吸收的能量以荧光的形式释放出来，此荧光信号的强弱与样品中待测元素的含量呈线性关系，因此通过测量荧光强度就可以确定样品中被测元素的含量。

市面上的原子荧光光度计产品使用的均是氢化法原子荧光光度法。原子荧光光度计分为非色散型原子荧光光度计与色散型原子荧光光度计。这两类仪器的结构基本相似，差别在于单色器部分，也就是对生成的荧光是否进行分光。仪器主要由以下几部分组成。

（一）激发光源

可用连续光源或锐线光源。常用的连续光源是氙弧灯，常用的锐线光源是高强度空心阴极灯、无极放电灯、激光等。连续光源稳定，操作简便，寿命长，能用于多元素同时分析，但检出限较差。锐线光源辐射强度高，稳定，可得到更好的检出限。

（二）原子化器

原子荧光光度计对原子化器的要求与原子吸收光谱仪基本相同，主要是原子化效率要高。氢化物发生-原子荧光光度计是专门设计的，是一个电炉丝加热的石英管，氩气作为屏蔽气及载气。

（三）光学系统

光学系统的作用是充分利用激发光源的能量和接收有用的荧光信号，减少和除去杂散光。色散系统对分辨能力要求不高，但要求有较大的集光本领，常用的色散元件是光栅。非色散型仪器的滤光器用来分离分析线和邻近谱线，降低背景。非色散型仪器的优点是照明立体角大，光谱通带宽，集光本领大，荧光信号强度大，仪器结构简单，操作方便。缺点是散射光的影响大。

（四）检测器

常用的是日盲光电倍增管，在多元素原子荧光分析仪中，也用光导摄像管、析像管做检测器。检测器与激发光束成直角配置，以避免激发光源对检测原子荧光信号的影响。

（五）氢化物发生器

1. 间断法

在玻璃或塑料制发生器中加入分析溶液，通过电磁阀或其他方法控制 $NaBH_4$ 溶液的加入量，并可自动将清洗水喷洒在发生器的内壁进行清洗，载气由支管导入发生器底部，利用载气搅拌溶液以加速氢化反应，然后将生成的氢化物导入原子化器中。测定结束后将废液放出，洗净发生器，加入第二个样品，如前述进行测定，由于整个操作是间断进行的，故称为间断法。这种方法的优点是装置简单、灵敏度（峰高方式）较高。这种进样方法主要在氢化物发生技术初期使用，现在有些冷原子吸收测汞仪还使用，缺点是液相干扰较严重。

2. 连续流动法

连续流动法是将样品溶液和 $NaBH_4$ 溶液由蠕动泵以一定速度在聚四氟乙烯的管道中流动并在混合器中混合，然后通过气液分离器将生成的气态氢化物导入原子化器，同时排出废液。采用这种方法所获得的是连续信号。该方法装置较简单，液相干扰少，易于实现自动化。由于溶液是连续流动进行反应，样品与还原剂之间严格按照一定的比例混合，故对反应酸度要求很高的那些元素也能得到很好的测定精密度和较高的发生效率。连续流动法的缺点是样品及试剂的消耗量较大，清洗时间较长。这种氢化物发生器结构比较复杂，整个发生系统包括两个注射泵，一个多通道阀，一套蠕动泵及气液分离系统；整个氢化物发生系统价格昂贵，如图 6-2 所示。

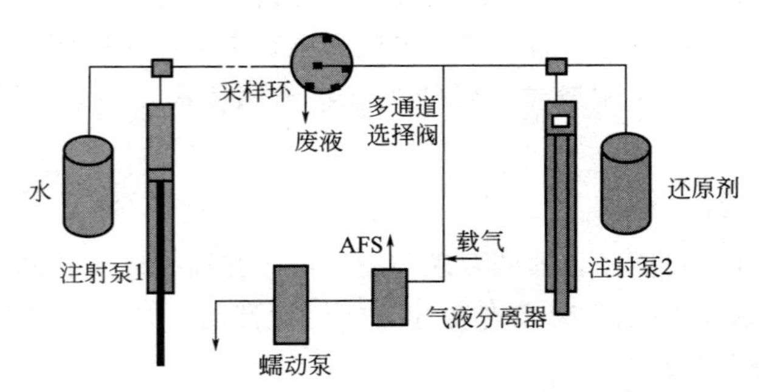

图 6-2 连续流动法氢化物发生器

3. 断续流动法

针对连续流动法的不足，在保留其优点的基础上，1992 年，断续流动氢化物发生器的概念首先由西北有色地质研究院郭小伟教授提出，它是一种集结了连续流动与流动注射氢化物发生技术各自优点而发展起来的一种新的氢化物发生装置。此后由海光公司将这种氢化物发生器配备在一系列商品化的原子荧光仪器上，从而开创了半自动化及全自动化氢化物发生——原子荧光光谱仪器的新时代。它的结构几乎和连续流动法一样，只是增加了存样环。仪器由微机控制，按下述步骤工作：在第一步时，蠕动泵转动一定的时间，样品被吸入并存储在存样环中，但未进入混合器中。与此同时，$NaBH_4$ 溶液也被吸入相应的管道中。在第二步骤时泵停止运转，以便操作者将吸样管放入载流中。在第三步骤时，泵高速转动，载流迅速将样品进入混合器，使其与 $NaBH_4$ 反应，所生成的氢化物经气液分离后进入原子化器，如图 6-3 所示。

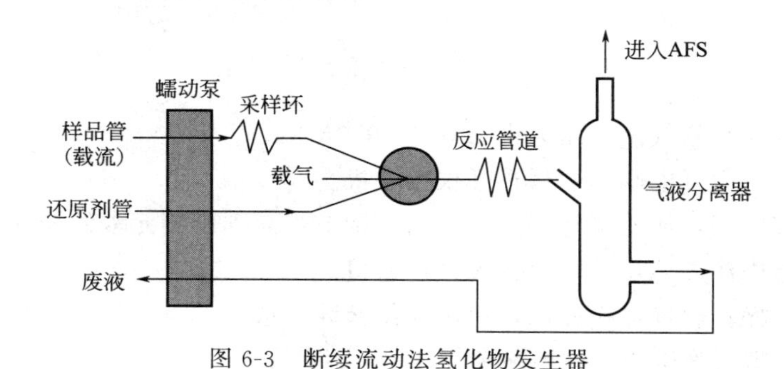

图 6-3 断续流动法氢化物发生器

4. 流动注射氢化物技术

流动注射氢化物技术是结合了连续流动和断续流动进样的特点，通过程序控制蠕动泵，将还原剂 $NaBH_4$ 溶液和载液 HCl 注入反应器，又在连续流动进样法的基础上增加了存样环，样品溶液吸入后储存在取样环中，待清洗完成后再将样品溶液注入反应器发生反应，然后通过载气将生成的氢化物送入石英原子化器进行测定，如图 6-4 所示。

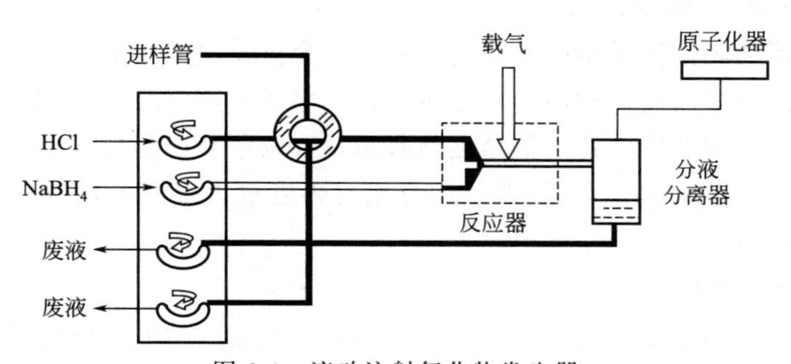

图 6-4 流动注射氢化物发生器

四、原子荧光光度计的基本操作

AFS-830 双道原子荧光光度计的外观，如图 6-5 所示。

（一）基本操作

AFS-830 双道原子荧光光度计主要操作如下：

（1）断电状态下，安装待测元素灯，AFS-830 双道原子荧光光度计可同时装入两个阴极灯。

图 6-5 AFS-830 双道原子荧光光度计

（2）打开高纯氩气瓶，压力设为 0.2～0.3MPa。

（3）通电，先开电脑，然后再开仪器主机。

（4）调节灯高，使元素灯聚焦于一面，调节炉高到所测元素的最佳高度。向二级气液分离器中注高纯水，以封住大气连通口。

（5）打开操作软件操作界面，设定操作参数，选择“点火”，等仪器预热 20～30min 后，压紧泵管压块，开始测定。

（6）测量完毕，将进样管与还原剂管插入高纯水中进行系统清洗，在“blank”（“空白”）中点“测量”，等待清洗完毕，用同样方法用空气将系统中的水排出。

（7）松开泵管压块，在软件界面中“仪器条件”下按“熄火”，退出界面，关闭主机，关闭气瓶，关闭电源。

（二）参数设定

在参数设定方面，主要包括以下几个方面。

1. 原子化器的观察高度

原子化器的观察高度是影响检出信号的一个重要参数，从试验中可以看出，降低原子化器的观察高度，检出信号有所增强（原子密度大），但背景信号相应增高，提高原子化器观察高度，检出信号逐渐减弱，背景信号也相应减小，当原子化器观察高度为 10mm 时，检出信号/背景信号相对强度最大，原子化效率最高，样品测定选择 8～10mm。

2. 负高压的选择

随着负高压的增大，信号强度增强，但噪声也相应增大，负高压过高或过低信号强度值都不稳定。试验表明负高压为 300～350V 时，检出信号/背景信号相对强度最好。

3. 空芯阴极灯电流的选择

根据灯电流与检出信号强度的关系，灯电流通常为 60mA 时，所得的信背比最高，在能满足检测条件的情况下，应尽量采用低电流，同时不要超过最大使用电流，以延长灯的寿命。测汞时，电流选 10～15mA。

4. 载气、屏蔽气流速的确定

样品与硼氢化钾反应后生成的气态氢化物是由载气携带至原子化器的，因此载气流速对样品的检出信号具有重要作用。从实测的载气流速与检出信号相对强度的关系中可见，较小的载气流速有利于信号强度的增强，但载气流速过小不利于氩-氩焰的稳定，也难以迅速地将氢化物带入石英炉，过高的载气量会冲稀原子的浓度，当载气流速为300～400mL/min时，检出信号/背景信号相对强度最好，样品测定选择载气流速为300mL/min。而屏蔽气的流速对检出信号强度没有显著影响，选择1000mL/min。

5.硼氢化钾浓度的影响

结果表明，当硼氢化钾/氢氧化钾的浓度在2%/0.5%附近时，信号强度基本不变，而硼氢化钾进一步增高将导致检出信号下降，这是由于高浓度硼氢化钾产生大量的氢气稀释了待测元素氢化物。单测汞时，硼氢化钾/氢氧化钾的浓度为0.2%/0.5%附近较为适合。

6.样品溶液的酸度

氢化物发生反应要求有适宜的酸度，盐酸浓度为2%～5%较为适宜。

（三）注意事项

在操作的过程中，注意以下事项：

（1）高浓度样品要事先稀释，否则管路污染很难清洗，尤其是测汞。

（2）测量无信号或信号异常（所有曲线测量值很小），可能出现的问题如下所述。

① 仪器电路故障。判断方法：在灯能量显示处反射，有能量带变化，仪器电路正常。否则，仪器电路不正常。

② 反应系统。管道堵、漏，水封无水、未进或进不足样品和还原剂（检查进样管路），氢化物未进入原子化器。

③ 未形成氩-氢火焰。还原剂是否现配，还原剂浓度、酸度不够，产生的氢气量太少，点火炉丝位置与石英炉芯的出口相距远。

思考与练习6.1

一、单选题

1.原子荧光分析中，下列说法正确的是（　　）。

A.原子荧光分析法是测量受激基态分子而产生原子荧光的方法

B.原子荧光分析属于光激发

C.原子荧光分析属于热激发

D.原子荧光分析属于高能粒子互相碰撞而获得能量被激发

2.原子化器的主要作用是（　　）。

A.将试样中待测元素转化为基态原子

B.将试样中待测元素转化为激发态原子

C.将试样中待测元素转化为中性分子

D.将试样中待测元素转化为离子

3.在原子荧光中，多数情况下使用的是（　　）。

A.直跃荧光　　B.敏化荧光　　C.共振荧光　　D.非共振荧光

二、简答题

1. 简述原子荧光光度计的基本原理及构造。

2. 与原子吸收光谱法相比，原子荧光光谱分析具有哪些优点？

第二节　红外吸收光谱法

红外吸收光谱法又称红外分光光度法，是利用样品的红外吸收光谱进行定性分析、结构鉴定及定量分析的一种分析方法。红外吸收光谱法现在已成为现代结构化学和分析化学最常用和不可缺少的工具，在高聚物的构型、构象、力学性质的研究以及物理、天文、气象、遥感、生物、医学等领域也有广泛的应用。

红外吸收光谱法具有以下特点。

（1）范围广　化工、制药、食品、环保等有机化合物研究；合成纤维、橡胶等高聚物研究；无机材料测试；催化剂表面结构、吸附和反应机理研究等。

（2）特征性强　每种化合物都有与自己结构相关的红外光谱，由几组互相佐证的相关峰来加强定性分析的可靠性。尤其在官能团定性方面是别的分析方法所不及的。

（3）其他优点　可测样品范围广（无机、有机、高分子等不限相态且用量少）；速度快、操作简便、重现性好、精度高；设备价格相对低廉；有大量可供查阅的标准谱图等。

由于红外光谱分析特征性强，对气体、液体、固体试样都可测定，并具有用量少、分析速度快、不破坏试样的特点，因此，红外光谱法不仅与其他许多分析方法一样，能进行定性和定量分析，而且该法是鉴定化合物和测定分子结构的最有用方法之一。

红外吸收光谱法也存在一些局限性：少数化合物没有红外吸收，如对称性分子和同核双原子分子；不是所有的吸收峰都可解释，尤其是一些指纹峰；对某些复杂物质的结构分析，还须与核磁、质谱、拉曼等方法配合；定量分析的灵敏度和准确度较低等。

一、红外吸收光谱的原理

（一）红外光谱

红外光谱可分为三个区域：近红外光区（13330～4000cm^{-1}）、中红外光区（4000～400cm^{-1}）和远红外光区（400～10cm^{-1}）。绝大多数有机物和无机物的基频吸收带都出现在中红外区。

1. 近红外光区

近红外光区处于可见光区到中红外光区之间。因为该光区的吸收带主要是由低能电子跃迁、含氢原子团（如O—H、N—H、C—H）伸缩振动的倍频及组合频吸收产生，摩尔吸收系数较低，检测限大约为0.1%。近红外辐射最重要的用途是对某些物质进行例行的定量分析。基于 O—H 伸缩振动的第一泛音吸收带出现在 $7100cm^{-1}$（$1.4\mu m$），可以测定各种试样中的水，如：甘油、肼、有机膜及发烟硝酸等，可以定量测定酚、醇、有机酸等。

2. 中红外光区

绝大多数有机化合物和无机离子的基频吸收带出现在中红外光区。由于基频振动是红外光谱中吸收最强的振动，所以该区最适于进行定性分析。在 20 世纪 80 年代以后，随着红外光谱仪由光栅色散转变成干涉分光以来，明显地改善了红外光谱仪的信噪比和检测限，使中红外光谱的测定由基于吸收对有机物及生物质的定性分析及结构分析，逐渐开始通过吸收和发射中红外光谱对复杂试样进行定量分析。随着傅里叶变换技术的出现，该光谱区的应用也开始用于表面的显微分析，通过衰减全发射、漫反射以及光声测定法等对固体试样进行分析。由于中红外吸收光谱（mid-infrared absorption spectrum，IR），特别是在 $4000\sim670cm^{-1}$（$2.5\sim15\mu m$）范围内，最为成熟、简单，而且目前已积累了该区大量的数据资料，因此它是红外光区应用最为广泛的光谱方法，通常简称为红外吸收光谱法。它是本章介绍的主要内容。

3. 远红外光区

金属-有机键的吸收频率主要取决于金属原子和有机基团的类型。由于参与金属-配位体振动的原子质量比较大或由于振动力常数比较低，使金属原子与无机及有机配体之间的伸缩振动和弯曲振动的吸收出现在 $<200cm^{-1}$ 的波长范围，故该区特别适合研究无机化合物。

红外吸收光谱法是鉴别化合物和确定物质分子结构的常用方法之一。当一定频率的红外光照射某物质分子时，若分子中某基团的振动频率与它相同，则此物质就能吸收这种红外光，光的能量通过分子偶极矩的变化而传递给分子，使分子的振动能级发生跃迁。因此，如果连续地用不同频率的红外光照射某一物质，该物质就会根据自身的组成和结构对各种频率的红外光进行选择性吸收，用仪器将物质的分子吸收红外光的情况记录下来，即可得到红外吸收光谱图。

（二）红外光谱的产生

红外光谱是由于物质吸收红外辐射后导致分子振动能级的跃迁而产生的。和物质对紫外光、可见光的吸收一样，物质对红外光具有选择性吸收必须同时满足两个条件：一是红外辐射应具有刚好能满足物质跃迁时所需的能量。二是红外辐射与物质之间有耦合作用。

当一定频率的红外照射分子时，如果分子中某个基团的振动频率和它一样，两者就会产生共振，此时光的能量通过分子偶极距的变化而传递给分子，这个基团就吸收一定频率的红外光，产生振动跃迁；如果红外光的振动频率和分子中各基团的振动频率不符，该部分的红外光就不会被吸收。因此，若用连续改变频率的红外光照射某试样，由于该试样对某些频率的红外光有吸收，则通过试样后的红外光在一些波长范围内变弱（被吸收），在另一些范围内仍较强（不吸收）。如果用一种仪器把物质对红外光的吸收情况记录下来，就可以得到该物质的红外吸收光谱图，图中横坐标为波长，纵坐标为该波长下物质对红外光的吸收程度。不同结构的物质有不同的红外吸收光谱图，因此可以从未知物质的红外吸收光谱图反过来求证该物质的结构，这正是红外光谱定性的依据。

红外光谱是物质定性的重要的方法之一。它的解析能够提供许多关于官能团的信息，可以帮助确定部分乃至全部分子类型及结构。其定性分析有特征性高、分析时间短、需要的试样量少、不破坏试样、测定方便等优点。传统的利用红外光谱法鉴定物质通常采用比较法，即与标准物质对照和查阅标准谱图的方法，但是该方法对于样品的要求较高并且依赖于谱图库的大小。如果在谱图库中无法检索到一致的谱图，则可以用人工解谱的方法进行分析，这就需要有大量的红外知识及经验积累。大多数化合物的红外谱图是复杂的，即便是有经验的专家，也不能保证从一张孤立的红外谱图上得到全部的分子结构信息，如果需要确定分子结构信息，就要借助其他的分析测试手段，如核磁、质谱、紫外光谱等。尽管如此，红外谱图仍是提供官能团信息最方便快捷的方法。

红外光谱定量分析法的依据是朗伯-比尔定律。红外光谱定量分析法与其他定量分析方法相比，存在一些缺点，因此只在特殊的情况下使用。它要求所选择的定量分析峰有足够的强度，即摩尔吸光系数大的峰，且不与其他峰相重叠。红外光谱的定量方法主要有直接计算法、工作曲线法、吸收度比法和内标法等，常用于异构体的分析。

二、红外光谱仪的基本构造

红外光谱仪又称红外分光光度计，它是以光源辐射出来的不同波长红外线透过样品并对其强度进行测定，通过扫描产生的红外光谱对样品进行定性或定量分析的仪器。广泛应用于有机物、高聚物以及其他复杂结构的天然及人工合成产物的测定。

红外光谱仪可分为两类，即色散型红外光谱仪和干涉型红外光谱仪。色散型红外光谱仪又有棱镜分光型和光栅分光型两种。干涉性红外光谱仪为傅里叶交换红外光谱仪。

（一）色散型红外光谱仪

色散型红外光谱仪的部件类型与紫外-可见分光光度计类似，但在部件的排列顺序上有些差异，最基本的区别之一是红外光谱仪的吸收池在单色器之前，究其原因：一是红外光没有足够的能量引起样品的光化学分解，二是可使到检测器的杂散光能量减至最小。

1. 光源

红外光源应是能够发出足够强的连续红外光的物体。常用的有能斯特灯或硅碳棒。能斯特灯是用稀土金属氧化物混合烧结而成的中空小棒，高温下导电并发出红外线，但在室温下是非导体，因此在工作时要预热。它的优点是发光强度高，尤其在大于 $1000cm^{-1}$ 的高波数区。硅碳棒是利用碳化硅烧结而成，工作温度在1200～1500℃。它的优点是坚固、发光面积大，并且工作前不需要预热。

2. 吸收池

吸收池的光学窗口材料不应对红外光有吸收，而玻璃、石英等材料对红外光几乎全部吸收，因此吸收池窗口通常用 NaCl、KBr 等盐晶制成。NaCl、KBr 等材料制成的窗片要注意防潮。固体样品也常与纯 KBr 混匀压片，然后直接测定。吸收池各常用材料的透光范围如表 6-1 所示。

表 6-1 常用池体材料的透光范围

材料	透光范围/μm	材料	透光范围/μm
NaCl	0.2～17	CaF	0.13～12
KBr	0.2～25	AgCl	0.2～25
CsI	1～50	KRS-5	0.55～40
CsBr	0.2～55		

3. 单色器

单色器的作用是把通过样品池和参比池的复合光色散成单色光，再射到检测器上加以检测。单色器由色散元件、准直镜、狭缝构成。

4. 检测器

由于红外光能量低，不足以引发电子发射，紫外-可见光检测器中的光电管等不适用于红外光的检测。红外光区要使用以辐射热效应为基础的热检测器。目前使用的热检测器主要有真空热电偶、热电检测器和光电导检测器。

（二）傅里叶变换红外光谱仪

目前应用广泛的是傅里叶变换红外光谱仪。傅里叶变换红外光谱仪的工作原理和色散型红外光谱仪是完全不同的，它没有单色器和狭缝，是利用一个迈克尔逊干涉仪获得入射光的干涉图，通过数学运算将干涉图变成红外光谱图。傅里叶变换红外光谱仪由光学部分和计算机系统组成，光学部分的核心是干涉仪。如图 6-6 所示。

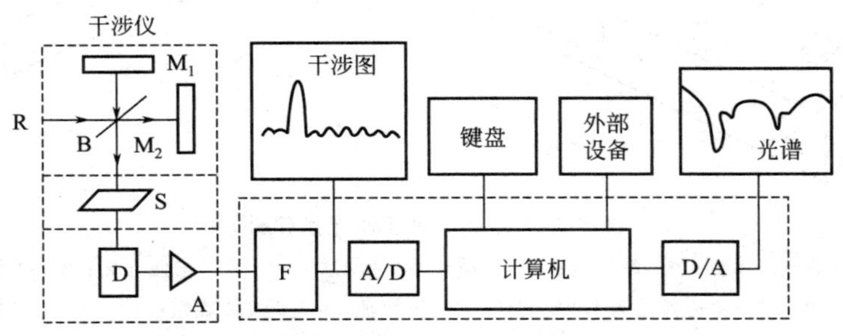

图 6-6 傅里叶变换红外光谱仪工作原理示意

R—红外光源；M_1—定镜；M_2—动镜；B—分速器；S—样品；D—检测器；A—放大器；F—滤光器；A/D—模数转换器；D/A—数模转换器

傅里叶变换红外光谱仪具有以下主要特点：

（1）测量速度快　在几秒钟内就可完成一张红外光谱的测量工作，比色散型仪器快几百倍。由于扫描速度快，一些联用技术也得到了发展。

（2）能量大，灵敏度高　因为傅里叶变换红外光谱仪没有狭缝和单色器，反射镜面又大，因此到达检测器上的能量大，它可检出 10～100μg 的样品，一些细小的样品也能直接测定。

（3）分辨率高　傅里叶变换红外光谱仪在整个波长范围内有恒定的分辨率，通常分辨率可达 $0.1cm^{-1}$，最高可达 $0.005cm^{-1}$。色散型红外光谱仪最高可达 $0.2cm^{-1}$ 以上。

（4）波数精确度高　在实际的傅里叶变换红外光谱仪中，除了红外光源的主干涉仪外，还引入激光参比干涉仪，用激光干涉条纹准确测定光程差，可以使波数更为准确。

（5）测定波数范围宽　傅里叶变换红外光谱仪测定的波数范围可达 $10\sim10000cm^{-1}$。

三、红外光谱仪的基本操作

目前红外光谱仪型号繁多，虽然不同型号的仪器其操作方法略有不同（在使用前应仔细阅读仪器说明书），但大体一致，下面介绍 IR-408 型红外光谱仪。

IR-408 型红外光谱仪是双光束光栅色散型仪器，以硅碳棒为红外光源，真空热电偶为检测器，测量波数范围为 $400\sim4000cm^{-1}$。

（一）仪器外形

IR-408 型红外光谱仪如图 6-7 所示。

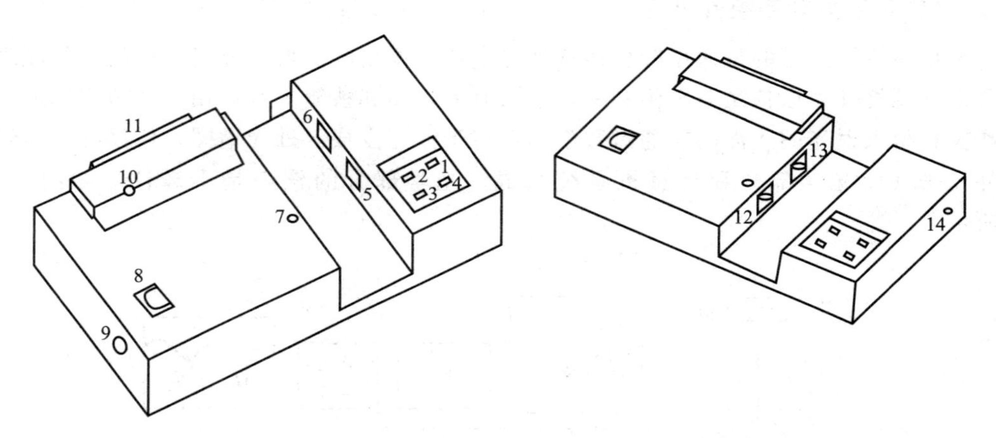

图 6-7　IR-408 型红外光谱仪外形

1—电源开关及指示灯；2—笔开关；3—扫描开关及指示灯；4—放大增益开关；5—样品遮光板；6—参比遮光板；7—调透射比为 100%旋钮；8—波数盘；9—调波数旋钮；10—笔托；11—记录笔；12—试样安放处；13—参比安放处；14—光强选择开关

（二）仪器操作方法

（1）打开稳压电源开关。按下主机电源开关 1，指示灯亮。

（2）将光强选择开关 14 旋至“1”处，预热 10min 以上。

（3）将放大增益开关 4 置于“1”处（若光源强度减弱，或被测物对红外光的吸收较弱时，可适当将此开关旋至高位）。

（4）先打开参比遮光板 6，然后打开样品遮光板 5。

（5）托住笔托，安装记录笔。

（6）转动调波数旋钮 9，使波数盘上的“4000”刻度对准游标尺的“0”刻度。

（7）将记录纸两端标有箭号→的小孔套在带白点的轮齿上。

（8）转动旋钮 7，调透射比为 100%。

（9）将样品架（夹）插入试样安放处 12。

（10）按下笔开关 2。

（11）按下扫描开关 3，扫描即开始。当扫描至 $650cm^{-1}$ 处，扫描结束，记录笔自动抬起。

（12）继续扫描时，需重新转动调波数旋钮 9，使波数盘上的“4000”刻度对准游标尺的“0”刻度，扫描方能开始。

（13）扫描结束后，按次序将样品遮光板、参比遮光板、主机电源开关、稳压电源开关复原。托住笔托，将笔取下。最后套好仪器外罩。

下面介绍傅里叶变换红外光谱仪的操作步骤。具体操作步骤如下：

（1）顺序打开计算机和红外光谱仪主机电源。

（2）双击 OMINC 图标——进入工作界面。

（3）点“采集”下拉菜单中的“实验设置”，检查“Y 轴格式”应为 Absorbance，“背景光谱管理”应为：已选采集样品前采集背景，其他参数为默认。

（4）点“光学台”——Max 为 8 左右，表示仪器稳定。点“确定”。

（5）点左起第 3 个图标“采集样品（s）”，点“确定”，先采背景，等待扫描完成，看左下角五个菱形图标全黑，出现对话框“准备样品采集”，快速将样品插入样品架，关好窗门，点“确定”，开始样品采集。出现对话框，输入谱图标题，点“确定”，采集完成点“是”。

（6）出现红外吸收光谱图，点“自动基线校正”图标，点“数据处理”下拉菜单中的“%透过率”，将原吸收曲线点红，按 Ctrl+Delete 键，删除原图。

（7）点“标峰”图标，点谱图右上角“替代”，点“满刻度显示”图标。若要增加峰波数标注，点左下工具栏 T 键，光标移至要标注的峰处，按住鼠标左键选取合适位置，标注完后，点工具栏箭头状图标。

（8）点“谱图分析”，“检索设置”，选“HR Aldrich FT-IR Collection Edition I”，点“加入”，点“确定”。回到样品红外图谱，点“检索”图标，出现检索结果。

（9）实验结束时，先关闭工作界面，再顺序关闭红外光谱仪主机和计算机电源。

点火炉丝位置与石英炉芯的出口相距远。

思考与练习 6.2

一、单选题

1. 在红外光谱分析中，用 KBr 作为试样池，这是因为（   ）。

A. KBr 晶体在 $4000\sim400cm^{-1}$ 范围内不会散射红外光

B. KBr 在 $4000\sim400cm^{-1}$ 范围内有良好的红外光吸收特性

C. KBr 在 $4000\sim400cm^{-1}$ 范围内无红外光吸收

D. 在 4000～400cm^{-1} 范围内，KBr 对红外无反射

2. 红外光谱主要测定的区域为（　　）。

A. 近红外光区　　B. 中红外光区　　C. 远红外光区　　D. 红光区

二、简答题

1. 产生红外吸收的条件是什么？是否所有的分子振动都会产生红外吸收光谱？

2. 红外光谱定性分析的基本依据是什么？简要叙述红外定性分析的过程。

第三节　气相色谱-质谱联用技术

色谱是一种很好的分离手段，可以将复杂的混合物中的各个组分分离开，但它的定性能力较差，通常只是利用各组分的保留特性进行定性，这在样品组分完全未知的情况下进行定性分析是非常困难的。随着一些定性、定结构的分析手段如质谱（MS）、红外光谱（IR）、核磁共振波谱（NMR）等技术的发展，确定一个纯组分是什么化合物相对就容易了。下面主要介绍气相色谱-质谱联用技术。

质谱法（mass spectrometry，MS）是通过将样品转化为运动的气态离子并按质荷比（m/z）大小进行分离记录的分析方法，所得结果即为质谱图（亦称质谱，mass spectrum）。根据质谱图提供的信息，可以进行多种有机物及无机物的定性和定量分析、复杂化合物的结构分析、样品中各种同位素比的测定及固体表面结构和组成分析等。

对 MS 而言，GC 是它的进样系统，对 GC 而言，MS 是它的检测器。由于质谱是对气相中的例子进行分析，因此 GC 与 MS 的联机困难较小，主要是解决压力上的差异。色谱是常压操作，而质谱是高真空操作，焦点在色谱出口与质谱离子源的连接。由于毛细管柱载气流量小，采用高速抽气泵时，两者可以直接连接。将气相色谱的毛细管直接插到质谱仪的离子盒中，组分被气相色谱仪分离后一次进入离子盒并电离，载气被抽走。

气相色谱-质谱联用技术（GC-MS）是基于色谱和质谱技术的基础上，取长补短，充分利用气相色谱对复杂有机化合物的高效分离能力和质谱对化合物的准确鉴定能力进行定性和定量分析的一门技术。在 GC-MS 中，气相色谱是质谱的样品预处理器，而质谱是气相色谱的检测器。两者的联用不仅仅获得了气相色谱中保留时间、强度信息，还有质谱中质荷比和强度信息。同时，计算机的发展提高了仪器的各种性能，如运行时间、数据收集处理、定性和定量分析、谱库检索及故障诊断等。因此，GC-MS 联用技术的分析方法不但能使样品的分离、鉴定和定量一次快速地完成，还对于批量物质的整体和动态分析起到了很大的促进作用。

一、气相色谱-质谱联用仪的组成

GC-MS 系统，如图 6-8 所示。由气相色谱单元、质谱单元、计算机和接口四大件组成，其中气相色谱单元一般由载气控制系统、进样系统、色谱柱与控温系统组成；质谱单元由离子源、离子质量分析器及其扫描部件、离子检测器和真空系统

组成；接口是样品组分的传输线以及气相色谱单元、质谱单元工作流量或气压的匹配器；计算机控制系统不仅用作数据采集、存储、处理、检索和仪器的自动控制，而且还拓宽了质谱仪的性能。

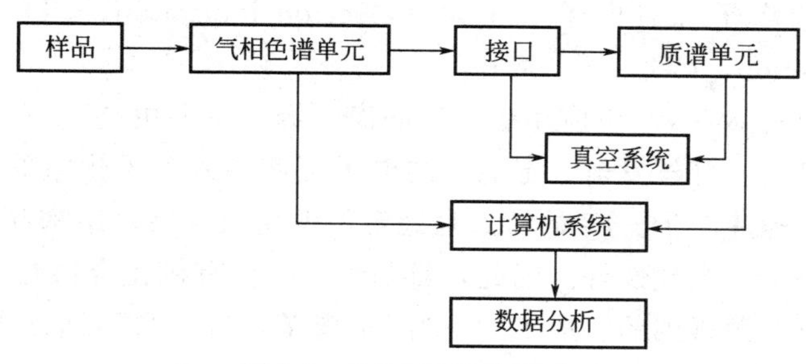

图 6-8 GC-MS 仪的组成

1. 气路系统

GC-MS 中载气由高压气瓶（约 15MPa）经减压阀减至 0.2～0.5MPa，再经载气净化过滤器（除氧、除氮、除水等）和稳压阀、稳流阀及流量计到达气相色谱的进样系统。GC-MS 的气源主要来自氦气。其优点在于化学惰性对质谱检测无干扰，且载气的扩散系数较低。缺点是分析时间延长。另外，载气的流速、压力和纯度（≥99.999%）对样品的分离、信号的检测和真空的稳定具有重要的影响。

如果配置化学电离源，GC-MS 还需要甲烷、异丁烷、氨等反应气体。对于具有 GC-MS 功能的质谱仪则需要氩气、氮气等碰撞气体和相应的气路系统。

2. 进样系统

进样系统包括进样器和汽化室。GC-MS 要求各种形态样品沸点低、热稳定性好。在一定汽化温度（最高 350～425℃）下进入汽化室后能有效汽化，并迅速进入色谱柱，无损失，记忆效应小。为解决进样的歧视现象，以提高分析的精密度和准确度，近几年来分流/不分流进样、毛细管柱直接进样、程序升温柱头进样等毛细管进样系统取得了很大的进步。一些具有样品预处理功能的配件，如固相微萃取、顶空进样器、吹扫-捕集顶空进样器、热脱附仪、裂解进样器等也相继出现。

3. 柱系统

柱系统包括柱箱和色谱柱。柱箱的控温系统范围广，可快速升温和降温。柱温对样品在色谱柱上的柱效、保留时间和峰高有重要的影响。由于分析样品时遵循气相色谱的“相似相溶”原理，所以根据应用需要可选择不同的 GC/MS 专用色谱柱。目前，多用小口径毛细管色谱柱，检测限达到 10^{-15}～10^{-12} 水平。

4. 接口

接口是连接气相色谱单元和质谱单元最重要的部件。接口的目的是尽可能多地去除载气，保留样品，使色谱柱的流出物转变成粗真空态分离组分，且传输到质谱仪的离子源中。GC-MS 联用仪中接口多采用直接连接方式，即将色谱柱直接接入质谱离子源。其作用是将待测物在载气携带下从气相色谱柱流入离子源形成带电粒子，而氦气不发生电离而被真空泵抽走。通常，接口温度应略低于柱温，但也不应出现温度过低的“冷区”。在 GC-MS 仪的发展中，接口方式还有开口分流型、喷射式分离器等。

5. 离子源

离子源的作用就是将被分析物的分子电离成离子，然后进入质量分析器被分离。目前常用的离子源有电子轰击源（electron ionization，EI）和化学电离源（chemical ionization，CI）。

电子轰击源是GC-MS中应用最广泛的离子源。主要由电离室、灯丝、离子聚焦透镜和磁极组成。灯丝发射一定能量的电子可使进入离子化室的样品发生电离，产生分子离子和碎片离子。EI的特点是稳定，电离效率高，结构简单，控温方便，所得质谱图有特征，重现性好。因此，目前绝大多数有机化合物的标准质谱图都是采用电子轰击电离源得到的。但EI只检测正离子，有时得不到分子量的信息，谱图的解析有一定难度，如醇类物质。

化学电离源CI结构与EI相似。不同的是，CI源是利用反应气的离子与化合物发生分子-离子反应进行电离的一种“软”电离方法。常用反应气有：甲烷、异丁烷和氨气。所得质谱图简单，分子离子峰和准分子离子峰较强，其碎片离子峰很少，易得到样品分子的分子量。特别是某些电负性较强的化合物（卤素及含氮、氧化合物）的灵敏度非常高。同时，CI可以用于正、负离子两种检测模式，而且是负离子的CI质谱图灵敏度高于正离子的CI质谱图2～3个数量级。但是，CI源不适于难挥发、热不稳定性或极性较大的化合物，并且CI谱图重复性不如EI谱，没有标准谱库。得到的碎片离子少，缺乏指纹信息。

6. 质量分析器

常用的气相色谱-质谱联用仪有气相色谱-四级杆质谱仪（GC/Q-MS）、气相色谱-离子阱串联质谱仪（GC/IT-MS-MS），气相色谱-时间飞行质谱仪（GC/TOF-MS）和全二维气相色谱-飞行时间质谱仪（GC×GC/TOF-MS），不同生产厂家型号、质量、扫描范围不同。

7. 离子检测器

质谱仪常用的检测器为电子倍增管、光电倍增管、照相干板法和微通道板等。目前四级质谱、离子阱质谱常采用电子倍增器和光电倍增管，而时间飞行质谱多采用微通道板。其检测器灵敏度都很高。

8. 真空系统

真空系统是GC-MS的重要组成部分。一般由低真空前级泵（机械泵）、高真空泵（扩散泵和涡轮泵较常用）、真空测量仪表和真空阀件、管路等组成。质谱单元必须在高真空状态下工作，高真空压力达10^{-5}～10^{-3}Pa。另外，高真空不仅能提供无碰撞的离子轨道和足够的平均自由程，还有利于样品的挥发，减少本底的干扰，避免在电离室内发生分子-离子反应，减少图谱的复杂性。

二、气相色谱-质谱联用技术的定性分析

一般GC-MS的使用过程为：将在气相色谱仪上优化后的色谱条件用到GC-MS上，通过全扫描分析进行定性，然后选择目标化合物的特征质量，采用选择性离子扫描方式进行定量分析。

采用全扫描方式获得的总离子流图与FID产生的谱图极为相似，总离子流谱图中每一个点的强度等于该时间所有离子丰度的总和，根据归一计算每一个点可获得一张对应的质谱图，定性的依据就是出峰的位置的质谱特征。

气质联用技术可以在有标准品的情况下根据色谱图和保留时间定性，与普通气相色谱的定性方法相同，即在色谱图中首先选定目标化合物的色谱峰，然后调出质谱图库进行比对，确定待测组分可能的结构及其他相关信息。对于在TIC中尚未完全分离的色谱峰，可以换用SIC提高分辨率。注意所选离子必须能够确证为待测组分主要的特征离子。若无标准品则可以利用质谱测定化合物特征离子并与标准质谱图库比对进行结构解析，以一般的质谱定性方法相同。

如果能够获得较纯的试样，可以不经过气相色谱分离而直接进行质谱分析，即采用直接进样模式（DI）进样。将试样盛入专用试样管后，放入质谱的直接进样杆，设定升温程序，使试样组分按沸点由低到高依次汽化，直接进入质谱进行分析。直接进样分析也可以选择全离子扫描（TIM）或选择离子扫描（SIM），所得到的图谱也称色谱图，解析方法与一般气质联用分析所获得的色谱图相同。

在气质联用中良好的分离是定性的基础，得到正确的质谱图是质谱定性准确的前提。质谱图不可靠则质谱图库检索匹配率低，增加质谱图解析的难度。对于未知化合物的结构鉴定，气质联用只能提供关于化合物结构特征的部分信息。质谱库的检索结果一般是提供几个可能的化合物结构、名称、分子量、分子式等信息，并依照匹配程度的大小列出以供参考。待测物质结构的最终确证必须结合其他手段，如核磁共振、全合成等。

三、气相色谱-质谱联用技术的定量分析

气质联用技术在定量方面具有一定优势，即可以在色谱峰分离不完全的情况下，采用选择性离子扫描，利用其各自特征离子保留时间的差异，根据化合物特征离子的峰面积或峰高与相应待测组分含量的比例关系，对其中的化合物分别进行定量。而且选择性离子流色谱图相对不易受干扰，定量结果更可靠。在用质谱进行定量前，应首先根据其保留时间和质谱图确认目标化合物的特征离子，以免产生假阳性。

定量的操作方法是，先选定目标色谱峰，选取该峰附近两侧的基线噪声作为本底干扰予以扣除，然后对峰面积进行积分或计算峰高，然后换算成待测组分的浓度。由于质谱灵敏度较好，常用的换算方法是TIC峰面积归一化法，对于成分复杂的待测物，应考虑使用校正曲线法，以排除未完全分离的峰中非目标组分的干扰。

同位素标记内标法是将稳定性同位素（如2H，13C，15N）标记到待测组分样品中的一种内标法，具有很高的灵敏度和专属性。这是气质联用技术独有的技术，除质谱以外，其他色谱检测器均不能使用。

四、气相色谱-质谱联用技术的应用

GC-MS的联用技术是目前将两种分析仪器联用中组合效果最好的仪器，其技

术也在不断进步，在各种行业得到了广泛的应用。如环保领域在检测很多有机污染物，特别是一些低浓度的有机物，如二噁英等的标准方法就是规定用GC-MS；药物研究、生产、质控以及进出口的许多环节中都要用到GC-MS；法庭科学中对燃烧爆炸现场的调查，工业产品领域如石油、食品、化工等行业都离不开GC-MS。

其他分析方法

思考与练习6.3

简答题

1. 简述气相色谱-质谱联用仪的组成。
2. 简述离子源的主要作用及分类。

实训项目

检验报告（样本）

<table>
<tr><td>项目名称</td><td colspan="5"></td></tr>
<tr><td>实验日期</td><td></td><td>温度/℃</td><td></td><td>实验湿度/%</td><td></td></tr>
<tr><td>一、方法原理</td><td colspan="5"></td></tr>
<tr><td>二、主要仪器与试剂</td><td colspan="5">(一)仪器
仪器型号：
(二)试剂
1.
2.
3.
4.</td></tr>
<tr><td>三、检验依据</td><td colspan="5"></td></tr>
<tr><td>四、检测样品</td><td colspan="5">1.样品名称：
2.生产企业：
3.产品批号：
4.生产日期：</td></tr>
<tr><td>五、实训实验记录</td><td colspan="5"></td></tr>
<tr><td>六、数据处理</td><td colspan="5"></td></tr>
<tr><td>七、检验结论</td><td colspan="5"></td></tr>
<tr><td>检验者：
日期：</td><td colspan="3">校对者：
日期：</td><td colspan="2">审核者：
日期：</td></tr>
</table>

实训项目1 直接电位法测定青霉素注射液的pH

检验任务单

<table>
<tr><td>项目名称</td><td colspan="2">直接电位法测定青霉素注射液的pH</td></tr>
<tr><td>目的</td><td colspan="2">1.学会用直接电位法测定溶液pH的方法和实验操作；
2.学会酸度计的使用方法；
3.学会配制常用标准缓冲溶液。</td></tr>
<tr><td>试剂器材</td><td colspan="2">1.试剂：
(1)pH＝4.00、pH＝6.86、pH＝9.18的标准缓冲溶液；
(2)广泛pH试纸。
2.样品：待测样品。
3.器材：酸度计、复合电极、电极架。</td></tr>
<tr><td rowspan="2">操作步骤与要求</td><td>操作步骤</td><td>要求</td></tr>
<tr><td>1.酸度计使用前的准备
(1)组装；
(2)将电极下端的电极保护套拔下，并且拉下电极上端的橡皮套，使其露出上端小孔；
(3)用蒸馏水清洗电极。
2.开机，把选择开关调到pH挡。
3.温度设置
用温度计测量缓冲溶液的温度，按照说明书的操作步骤将操作温度设置成当前缓冲液温度。如果电极内置温度探头，可不用进行温度设置。
4.酸度计的校正
(1)把清洗过的电极插入pH＝6.86的缓冲溶液中；
(2)调节“定位”，使读数与pH相一致，“确定”；
(3)把清洗过的电极插入pH＝4.00(或9.18)的缓冲溶液中；
(4)调节“斜率”使读数与pH相一致，“确定”。
注：实际操作按照说明书的操作步骤进行。
5.测量待测溶液的pH
(1)先用蒸馏水清洗电极，再用被测溶液清洗一次；
(2)用洁净烧杯加入待测样品，把电极浸入溶液中，读出pH。
6.结束
(1)关机；
(2)用蒸馏水清洗电极，用滤纸吸干；
(3)套上复合电极套，套内应放少量KCl补充液；
(4)拔下复合电极，放入电极盒内。
注：实际操作方法按照仪器说明书上的步骤进行。</td><td>(1)玻璃电极球泡易碎，操作要仔细；
(2)电极不要触及杯底，以溶液浸没玻璃球泡为限；
(3)烧杯先用蒸馏水润洗，再用缓冲溶液润洗后盛装缓冲溶液；校正完仪器后，倒回原来的容量瓶。</td></tr>
<tr><td>结果计算</td><td colspan="2">分别测定各样品的pH。每个样品测量3次，取平均值。</td></tr>
<tr><td>考核结果</td><td colspan="2">1.正确配制溶液　10分
2.正确使用仪器　40分
3.正确进行数据处理与分析　20分
4.实训报告　20分
5.实训过程中的卫生情况　10分</td></tr>
</table>

实训项目2　电位滴定法测定食醋的总酸度

检验任务单

<table>
<tr><td>项目名称</td><td colspan="2">电位滴定法测定食醋的总酸度</td></tr>
<tr><td>目的</td><td colspan="2">1. 学会电位滴定装置的安装与操作；
2. 初步掌握利用图解法确定滴定终点。</td></tr>
<tr><td>试剂器材</td><td colspan="2">1. 试剂：NaOH、邻苯二甲酸氢钾、酚酞。
2. 样品：食醋。
3. 器材：自动电位滴定仪、玻璃电极、饱和甘汞电极、电磁搅拌器。</td></tr>
<tr><td rowspan="2">操作步骤与要求</td><td>操作步骤</td><td>要求</td></tr>
<tr><td>1. 0.1mol/L NaOH 溶液的配制和标定
(1)称取 1g 左右的 NaOH。用小烧杯溶解后转移至 250mL 容量瓶中，用蒸馏水定容。
(2)用分析天平分别称取 0.15～0.20g 邻苯二甲酸氢钾 3 份，置入 3 个锥形瓶中，编号。
(3)各锥形瓶分别加入约 40mL 蒸馏水，摇动使邻苯二甲酸氢钾完全溶解后，再各加 2～3 滴酚酞指示剂。
(4)将配制的 NaOH 标准溶液装入碱式滴定管中，调好初液面，分别滴入三个锥形瓶中，观察瓶中溶液颜色由无色变成微红色，30s 内不褪色即为终点，记下所消耗的体积 V_1、V_2、V_3。
(5)数据记录并计算。
2. 待测样品准备
准确移取 5.00mL 食醋于 100mL 容量瓶中定容，再从中移取 5mL 于烧杯中，加水 30mL，待测。
3. 自动电位滴定仪的准备
按照电位滴定法操作流程进行。
4. 测定样品的总酸度
按照电位滴定法操作流程进行。</td><td>溶液的配制与标定操作的规范性。</td></tr>
<tr><td>结果计算</td><td colspan="2">记录实验数据、绘制电极电位与滴定体积的变化曲线、计算食醋的酸度并与国标对照。</td></tr>
<tr><td>考核结果</td><td colspan="2">1. 正确配制溶液　10 分
2. 正确使用仪器　40 分
3. 正确进行数据处理与分析　20 分
4. 实训报告　20 分
5. 实训过程中的卫生情况　10 分</td></tr>
</table>

实训项目 3　离子选择性电极法测牙膏中氟离子的含量

检验任务单

<table>
<tr><td>项目名称</td><td colspan="2">离子选择性电极法测牙膏中氟离子的含量</td></tr>
<tr><td>目的</td><td colspan="2">1. 学会正确使用离子计；
2. 掌握标准曲线法的操作过程及数据处理方法；
3. 能根据说明书操作其他型号的离子计。</td></tr>
<tr><td>试剂器材</td><td colspan="2">1. 仪器：PXS-215 型数字式离子计、氟离子选择电极、饱和甘汞电极、电磁搅拌器。
2. 试剂：100μg/mL NaF 标准储备液、10μg/mL 氟离子标准溶液、总离子强度调节缓冲剂(TISAB)。
3. 样品：含氟牙膏。</td></tr>
<tr><td rowspan="2">操作步骤与要求</td><td>操作步骤</td><td>要求</td></tr>
<tr><td>1. 仪器准备
将氟离子选择性电极和甘汞电极分别与离子计正确相接，开启仪器开关，预热仪器。
2. 清洗电极
取去离子水 50～60mL 至 100mL 烧杯中，放入搅拌磁子，插入氟离子选择性电极和饱和甘汞电极。开启搅拌器，使之保持较慢而稳定的转速，此时会观察到离子计示数升高。2～3min 后，若读数大于−300mV，则更换去离子水，继续清洗，直至读数小于−300mV。
3. 标准曲线的绘制
按附表 3-1 配制系列标准溶液。将标准系列溶液分别倒入一部分于塑料烧杯中，放入搅拌磁子，插入经洗净的电极，搅拌 2min 后，停止搅拌，读取稳定的电动势值 E(mV)并记录。按顺序从低浓度到高浓度依次测量，每测量一份试液，无需清洗电极，只需用滤纸吸干电极上的水珠。在方格绘图纸上绘制 E-lgc_{F^-} 标准曲线。</td><td>(1)氟离子电极使用前需在 10^{-3} mol/L 氟化钠溶液中浸泡 1～2h，然后用去离子水反复清洗电极至空白电位（约 300mV）。
(2)用氟离子选择性电极测量 F^- 浓度时，最适应的 pH 范围为 pH＝5.0～5.5。pH 过低易形成 HF，影响 F^- 的活度，pH 过高，易引起单晶膜中 La^{3+} 的水解，形成 $La(OH)_3$，影响电极响应。另外，与 F^- 易形成配合物的多价阳离子(Al^{3+}、Fe^{3+} 等)会干扰测定，一定要加入总离子强度缓冲剂 TISAB 进行调节。
(3)氟离子选择电极测定水中氟化物常采用标准曲线法和标准加入法等。当水体成分复杂时，宜采用标准加入法，以减少基体影响。
(4)测定时试样最好从低浓度到高浓度，若从高浓度到低浓度的溶液中测定时，必须先用去离子水清洗电极到低浓度的电位以下。</td></tr>
<tr><td>结果计算</td><td colspan="2">根据测得的试液中氟离子浓度值 c(μg/mL)，由下式计算牙膏样品中的氟含量：
$$\text{氟质量浓度}=\frac{c_{F^-}\times 100\times 10^{-3}}{m}(\text{mg/mL})$$
式中，c_{F^-} 为从标准曲线查得样品溶液 F^- 浓度，μg/mL；m 为牙膏样品的质量，g。</td></tr>
<tr><td>考核结果</td><td colspan="2">1. 正确配制溶液　10 分
2. 正确使用仪器　40 分
3. 正确进行数据处理与分析　20 分
4. 实训报告　20 分
5. 实训过程中的卫生情况　10 分</td></tr>
</table>

按附表 3-1 配制系列标准溶液。

附表 3-1　系列标准溶液配制

编号	1	2	3	4	5	6
10μg/mL 氟离子标准溶液体积/mL	0.25	0.50	1.50	2.50	4.00	5.00
TISAB 体积/mL	10					
定容体积/mL	50					
溶液浓度/(μg/mL)	0.05	0.10	0.30	0.50	0.80	1.00
电动势值 E(mV)						

实训项目4　紫外-可见分光光度计的认识和调校

检验任务单

<table>
<tr><td>项目名称</td><td colspan="2">紫外-可见分光光度计的认识和调校</td></tr>
<tr><td>目的</td><td colspan="2">1.掌握紫外-可见分光光度计的波长准确度和吸收池配套性检验方法；
2.学会正确使用紫外-可见分光光度计；
3.能根据说明书自主操作其他型号的紫外-可见分光光度计。</td></tr>
<tr><td>试剂器材</td><td colspan="2">仪器：754型紫外-可见分光光度计(或其他型号分光光度计)。</td></tr>
<tr><td rowspan="2">操作步骤与要求</td><td>操作步骤</td><td>要求</td></tr>
<tr><td>在阅读过仪器说明书后进行以下操作和调校：
1.开机前检查和开机预热
检查仪器，打开仪器电源开关，开启吸收池样品室盖，取出样品室内遮光物(如干燥剂)，预热20min。
2.仪器波长准确度检查和校正
紫外-可见分光光度计在使用过程中，由于机械振动、温度变化、灯丝变形等原因，经常会引起刻度盘上的读数(波长标示值)与实际通过溶液的波长不符合的现象，从而导致仪器灵敏度降低，影响测定结果的精度，因此需要经常进行检验和校正。
(1)可见光区波长准确度检查和校正　在吸收池位置插入一块白色硬纸片，将波长调节器从720nm向420nm方向慢慢转动，观察出口狭缝射出的光线颜色是否与波长调节器所指示的波长相符(黄色光波长范围较窄，将波长调节在580nm处应出现黄光)，若相符，说明该仪器分光系统基本正常。若相差甚远，应调节灯泡位置。
取出白纸片，在吸收池架内垂直放入镨钕滤光片，以空气为参比，盖上样品室盖，将波长调至500nm，按100%T，用吸收池拉杆将镨钕滤光片推入光路，读取吸光度值。以后在500～540nm波段每隔2nm测一次吸光度值。记录各吸光度值和相应的波长标示值，查出吸光度最大时相应的波长标示值。当波长标示值与529nm差值大于3nm时，则仪器波长误差大于允许值，用调节仪器波长调节螺杆的方法进行校正。若误差为正值时要反时针方向调节，为负值时要顺时针方向调节。反复测529±5nm处的吸光度值，直至波长标示值为529nm处相应的吸光度值最大为止，取出滤光片放入盒内。
(2)紫外光区波长准确度检查和校正　在紫外光区检验波长准确度比较实用的方法是：用苯蒸气的吸收光谱曲线来检查。具体做法是：在吸收池滴一滴液体苯，盖上吸收池盖，待苯挥发充满整个吸收池后，就可以测绘苯蒸气的吸收曲线。若实测结果与苯的标准光谱曲线不一致，表示仪器有波长误差，必须加以调整。</td><td>(1)每改变一次入射光的波长，都应调节参比溶液的透射比为100%。
(2)镨钕滤光片的吸收峰在529nm。
(3)吸收池内溶液不可装得过满，以免溅出，腐蚀吸收架和仪器。装入水后，池内壁不可有气泡。</td></tr>
</table>

续表

	操作步骤	要求
操作步骤与要求	3.吸收池的配套性检查 由于一般商品吸收池的光程精度往往不是很高，常常与其标示值有微小误差，即使是同一个厂出品的同规格的吸收池也不一定完全能够互换使用。所以，仪器出厂前吸收池都要经过检验配套，在使用时不应混淆其配套关系。实际工作中，为了消除误差，在测量前还必须对吸收池进行配套性检验。具体方法如下： ①用波长调至 600nm。 ②检查吸收池透光面是否有划痕的斑点，吸收池各面是否有裂纹。如有，则不应使用。 ③用蒸馏水冲洗吸收池 2～3 次，必要时可用体积比为 1∶1 的 HCl 溶液浸泡 2～3min，再立即用水冲洗净。 ④用拇指和食指捏住吸收池两侧毛面，分别在 4 个玻璃吸收池内注入蒸馏水到池高 3/4，用滤纸吸干吸收池外壁的水滴（注意：不能擦！），再用擦镜纸或丝绸巾轻轻擦拭光面至无痕迹。垂直放在吸收池架上，并用吸收池夹固定好。 ⑤打开样品室盖，调节透射比为 0，盖上样品室盖，将在参比位置上的玻璃吸收池推入光路，调节透射比为 100%。反复调节几次，直至稳定。 ⑥拉动吸收池架拉杆，依次将被测溶液推入光路，读取相应的透射比或吸光度。若所测各吸收池透射比偏差小于 0.5%，则这些吸收池可配套使用。超出上述偏差的吸收池不能配套使用。 4.结束工作 检查完毕，关闭电源。取出吸收池，清洗后晾干入盒保存。在样品室内放入干燥剂，盖好样品室盖，罩好仪器防尘罩。清理工作台，打扫实验室，填写仪器使用记录。	(1)每改变一次入射光的波长，都应调节参比溶液的透射比为 100%。 (2)镨钕滤光片的吸收峰在 529nm。 (3)吸收池内溶液不可装得过满，以免溅出，腐蚀吸收架和仪器。装入水后，池内壁不可有气泡。
结果计算		
考核结果	1.正确配制溶液 10 分 2.正确使用仪器 40 分 3.正确进行数据处理与分析 20 分 4.实训报告 20 分 5.实训过程中的卫生情况 10 分	

实训项目5 分光光度法测定生血片中铁的存在

检验任务单

<table>
<tr><td>项目名称</td><td colspan="2">分光光度法测定生血片中铁的存在</td></tr>
<tr><td>目的</td><td colspan="2">1. 掌握紫外-可见分光光度计的操作方法；
2. 理解吸收曲线及最大吸收波长的特点；
3. 掌握紫外-可见分光光度法定性分析的依据和方法。</td></tr>
<tr><td>试剂器材</td><td colspan="2">1. 试剂：邻二氮菲溶液 1.5g/L、盐酸羟胺溶液 100g/L（临时配制）、乙酸钠溶液 1.0mol/L、铁标准溶液 25μg/mL、0.8%硫酸溶液、盐酸、硝酸等。
2. 样品：某制药厂生产的生血片。
3. 器材：紫外-可见分光光度计、比色皿、容量瓶、吸量管、马弗炉、电炉等。</td></tr>
<tr><td rowspan="2">操作步骤与要求</td><td>操作步骤</td><td>要求</td></tr>
<tr><td>1. 样品预处理
取某制药厂生产的生血片 10 片，除去糖衣，精密称定，计算平均片重 m 后研细，按下式计算取样量 W(g)
$$W=m\times 0.6/1.35$$
式中，0.6 为相当于铁 0.6mg；1.35 为含量限度，不小于 1.35mg/片，取样量范围为±10%。
将称取的样品置于一个 50mL 坩埚中，均匀地平铺在坩埚底部，于垫有石棉网的电炉中缓缓加热至炭化完全后移入 450～500℃的马弗炉中灼烧至完全灰化。取出，冷至室温，用 2mL 刻度吸管加盐酸 2mL，用滴管加硝酸 8 滴，混匀，置水浴蒸至近干，取下坩埚，用 10mL 刻度吸管加 0.8%硫酸溶液 10mL，使溶解后移入 25mL 容量瓶中，用 0.8%硫酸溶液洗坩埚 3～5 次，放冷，然后用 0.8%硫酸溶液至刻度，摇匀，过滤，弃去初滤液，取续滤液为供试品溶液。
2. 显色溶液的配制
用吸量管分别准确吸取标准铁溶液 6mL 和供试品溶液 10mL，分别置于 2 只 50mL 容量瓶中。另取 1 只 50mL 容量瓶作为空白，再在 3 只容量瓶中用吸量管各加 100g/L 盐酸羟胺溶液 1mL，摇匀，稍停；再各加入 1.0mol/乙酸钠溶液 5mL 及 1.5g/L 邻二氮菲溶液 2mL，最后用水稀释到刻度。
3. 铁存在检测（吸收曲线的绘制）
用 1cm 吸收池，以试剂空白为参比，在 460～550nm 间，每隔 10nm 测量一次吸光度。在峰值附近每间隔 5nm 测量一次。以波长为横坐标，吸光度为纵坐标绘制吸收曲线，确定最大吸收波长 λ_{max}。</td><td>（1）灰化至土黄色，且坩埚内无任何黑色物质为完全灰化。
（2）显色过程中每加入一种试剂均要摇匀。
（3）每改变一次入射光波长，要求进行一次校正（用参比溶液将透光率调到 100%，然后再测量）。</td></tr>
<tr><td>结果计算</td><td colspan="2">1. 在坐标纸上，以波长为横坐标，吸光度 A 为纵坐标，绘制吸光度 A 和波长 λ 的吸收曲线。
2. 根据标准铁溶液和供试品溶液吸收曲线，确定生血片中铁是否存在。</td></tr>
<tr><td>考核结果</td><td colspan="2">1. 正确配制溶液 10 分
2. 正确使用仪器 10 分
3. 正确绘制吸收曲线 30 分
4. 正确进行数据处理与分析 20 分
5. 实训报告 20 分
6. 实训过程中的卫生情况 10 分</td></tr>
</table>

实训项目6 标准曲线法测定生血片中铁的含量

检验任务单

项目名称	标准曲线法测定生血片中铁的含量	
目的	1. 掌握紫外-可见分光光度计的操作方法； 2. 理解定量方法标准曲线法的制作和特点； 3. 掌握紫外-可见分光光度法定量分析的依据和方法。	
试剂器材	1. 试剂：邻二氮菲溶液1.5g/L、盐酸羟胺溶液100g/L（临时配制）、乙酸钠溶液1.0mol/L、铁标准溶液25μg/mL、0.8%硫酸溶液、盐酸、硝酸等。 2. 样品：某制药厂生产的生血片。 3. 器材：紫外-可见分光光度计、比色皿、容量瓶、吸量管、马弗炉、电炉等。	
操作步骤与要求	操作步骤	要求
	1. 样品预处理 同实训项目5样品预处理。 2. 显色溶液的配制 取7只50mL容量瓶，用吸量管分别准确移入标准铁溶液0.00mL、2.00mL、4.00mL、6.00mL、8.00mL、10.00mL和供试品溶液5mL，在各只容量瓶中用吸量管各加100g/L盐酸羟胺溶液1mL，摇匀，稍停；再各加入1.0mol/L乙酸钠溶液5mL及1.5g/L邻二氮菲溶液2mL。 3. 铁含量的检测（标准曲线的绘制） 用1cm吸收池，以试剂空白为参比，入射光为510nm，测定各显色溶液吸光度。	每加入一种试剂后，均摇匀后再加入另一种试剂。最后用水稀释到刻度。
结果计算	1. 在坐标纸上，以标准铁溶液的浓度为横坐标，吸光度 A 为纵坐标，绘制标准曲线。 2. 根据标准铁溶液的标准曲线，求出生血片中铁的含量。	
考核结果	1. 正确配制溶液 10分 2. 正确使用仪器 10分 3. 正确绘制吸收曲线 30分 4. 正确进行数据处理与分析 20分 5. 实训报告 20分 6. 实训过程中的卫生情况 10分	

实训项目7 生血片中测铁条件优化实验

检验任务单

<table>
<tr><td>项目名称</td><td colspan="2">生血片中测铁条件优化实验</td></tr>
<tr><td>目的</td><td colspan="2">1. 掌握紫外-可见分光光度计的操作方法；
2. 理解单因素法的特点。</td></tr>
<tr><td>试剂器材</td><td colspan="2">1. 试剂：邻二氮菲溶液 1.5g/L、盐酸羟胺溶液 100g/L（临时配制）、乙酸钠溶液 1.0mol/L、铁标准溶液 25μg/mL、1mol/L 氢氧化钠溶液等。
2. 样品：某制药厂生产的生血片。
3. 器材：紫外-可见分光光度计、比色皿、容量瓶、吸量管、马弗炉、电炉等。</td></tr>
<tr><td rowspan="2">操作步骤与要求</td><td>操作步骤</td><td>要求</td></tr>
<tr><td>1. 显色剂用量的选择
取 7 只洁净的 50mL 容量瓶，各加入 25μg/mL 铁标准溶液 5mL 和 100g/L 盐酸羟胺溶液 1mL，摇匀。分别加入 0.0mL、0.5mL、1.0mL、1.5mL、2.0mL、3.0mL、4.0mL 的 1.5g/L 邻二氮菲溶液，再分别加入 1.0mol/L 乙酸钠溶液 5mL，用蒸馏水定容至标线，摇匀。用 1cm 吸收池，以试剂空白溶液为参比溶液，在选定的波长下测定吸光度。
2. 溶液的 pH 影响
在 6 只洁净的 50mL 容量瓶中各加入 25μg/mL 铁标准溶液 5mL 和 100g/L 盐酸羟胺溶液 1mL，摇匀。再分别加入 2mL 的 1.5g/L 邻二氮菲溶液，摇匀。用吸量管分别加入 1mol/L 氢氧化钠溶液 0.0mL、0.5mL、1.0mL、1.5mL、2.0mL、2.5mL，用蒸馏水稀释至标线，摇匀。用精密 pH 试纸测定各溶液的 pH 后，用 1cm 吸收池，以试剂空白溶液为参比溶液，在选定波长下，测定各溶液的吸光度。</td><td>每加入一种试剂后，均摇匀后再加入另一种试剂。最后用水稀释到刻度。</td></tr>
<tr><td>结果计算</td><td colspan="2">1. 在坐标纸上，绘制显色剂用量吸光度（m-A）曲线、pH-吸光度（pH-A）曲线。
2. 根据曲线，确定最佳显色剂用量及溶液 pH。</td></tr>
<tr><td>考核结果</td><td colspan="2">1. 正确配制溶液 10 分
2. 正确使用仪器 10 分
3. 正确绘制吸收曲线 30 分
4. 正确进行数据处理与分析 20 分
5. 实训报告 20 分
6. 实训过程中的卫生情况 10 分</td></tr>
</table>

实训项目 8 原子吸收分光光度法测定水中铜的含量

检验任务单

<table>
<tr><td>项目名称</td><td colspan="2">原子吸收分光光度法测定水中铜的含量</td></tr>
<tr><td>目的</td><td colspan="2">1. 了解原子吸收分光光度计的结构和基本原理；
2. 了解原子吸收分光光度计的操作使用方法；
3. 掌握应用标准曲线法测水中铜的含量。</td></tr>
<tr><td>试剂器材</td><td colspan="2">1. 试剂：
（1）铜标准使用液：1.0μg/mL；
（2）硝酸（0.5%）：取 0.5mL 硝酸置于适量水中，再稀释至 100mL。
2. 样品：自来水、瓶装饮用水、果汁饮料。
3. 器材：原子吸收分光光度计、铜元素空心阴极灯、空气压缩机、乙炔钢瓶、10mL 容量瓶 7 只、吸量管、烧杯。</td></tr>
<tr><td rowspan="2">操作步骤与要求</td><td>操作步骤</td><td>要求</td></tr>
<tr><td>1. 铜标准系列溶液的配制
吸取 0.0mL、1.0mL、2.0mL、4.0mL、6.0mL、8.0mL、10.0mL 铜标准使用溶液（1.0μg/mL），分别置于 10mL 容量瓶中，加硝酸（0.5%）稀释至刻度，容量瓶中每毫升分别相当于 0μg、0.10μg、0.20μg、0.40μg、0.60μg、0.80μg、1.00μg 铜。
2. 绘制标准曲线
将上述各容量瓶中的铜标准系列溶液在相同的实验条件下，分别通过原子吸收分光光度计测定其吸光度。以铜标准溶液含量为横坐标，以吸光度为纵坐标绘制标准曲线，计算直线回归方程和相关系数。
3. 待测样品准备
自来水和瓶装饮用水可直接进行测定；果汁饮料用纯净水稀释 10 倍后进行测定。
4. 待测样品铜含量的测定
在相同实验条件下，测定处理后的待测样品溶液的吸光度，与标准曲线比较或代入方程求得含量。</td><td>（1）参考条件：灯电流 3～6mA；波长 324.8nm；光谱通带 0.5nm；空气流量 9L/min；乙炔流量 2L/min；灯头高度 6mm；氘灯背景校正。
（2）国家标准中对于铜含量的要求：GB 5749 生活饮用水卫生标准 Cu ≤ 1.0mg/L；GB 19298 食品安全国家标准包装饮用水 Cu≤1.0mg/L；GB 7101—2015 食品安全国家标准饮料 Cu≤ 5.0mg/L</td></tr>
<tr><td>结果计算</td><td colspan="2">记录实验数据，绘制标准曲线，计算待测样品中铜的含量并与国标对照，判断是否符合国家标准。</td></tr>
<tr><td>考核结果</td><td colspan="2">1. 正确配制溶液 10 分
2. 正确使用仪器 40 分
3. 正确进行数据处理与分析 20 分
4. 实训报告 20 分
5. 实训过程中的卫生情况 10 分</td></tr>
</table>

实训项目9 原子吸收法测定葡萄糖酸锌口服液中锌的含量

检验任务单

<table>
<tr><td>项目名称</td><td colspan="2">原子吸收法测定葡萄糖酸锌口服液中锌的含量</td></tr>
<tr><td>目的</td><td colspan="2">1.熟悉使用原子吸收分光光度计；
2.掌握原子吸收分光光度法的定量方法。</td></tr>
<tr><td>试剂器材</td><td colspan="2">1.仪器
原子吸收分光光度计(TAS990 型)。
2.试剂
(1)HNO_3(分析纯)。
(2)1.000mg/mL 的 Zn 标准储备液：称取 1g 金属锌(称准至 0.0002g)置于200mL 烧杯中，加 20～40mL HCl(1+1)溶液，使其溶解，待溶解完全后，加热煮沸几分钟，冷却。定量转移至 1000mL 容量瓶中，用蒸馏水稀至标线，摇匀。
(3)配制 100μg/mL 的 Zn 标准储备液：称取 10mL 质量浓度为 1.000mg/mL 的储备液于 100mL 容量瓶中，用蒸馏水稀至标线，摇匀。
(4)配制 10.0μg/mL 的 Zn 标准储备液：称取 10mL 质量浓度为 100μg/mL 的 Zn 标准溶液于 100mL 容量瓶中，用蒸馏水稀至标线，摇匀。</td></tr>
<tr><td rowspan="2">操作步骤与要求</td><td>操作步骤</td><td>要求</td></tr>
<tr><td>1.样品的预处理和试液制备
准确称取一定量样品(根据试剂锌含量确定样品量)，放在石英坩埚或铂坩埚中，于 80～150℃低温加热，赶去大量有机物，然后放于高温炉中，加热至 450～550℃进行灰化处理。冷却后再将灰分用 HNO_3、HCl 或其他溶剂进行溶解，如有必要则加热溶液以使残渣溶解完全，最后转移到 25mL 容量瓶中，稀释至标线。
2.配制系列标准溶液
分别吸取质量浓度 10.0μg/mL 的锌标准储备溶液 0.00mL、2.50mL、5.00mL、7.50mL、10.00mL、12.50mL 于 6 只 25mL 的容量瓶中，用体积分数为 1%的 $HClO_4$ 溶液稀至标线，摇匀即得。
3.打开仪器
调试至最佳工作状态。
4.测定系列标准溶液和试样吸光度
由稀至浓逐个测量系列标准溶液的吸光度，然后测量试液和试样空白溶液的吸光度并记录。
5.数据处理
在坐标纸上绘制 Zn 的 A-c 工作曲线，用样品吸光度减去空白溶液吸光度所得值，从工作曲线中找出相应浓度，然后按样品质量算出 Zn 的含量。
6.结束工作
实验结束，吸喷去离子水 3～5min 后，按操作要求关气，关电源；将各开关、旋钮置初始位置。清理实验台面和试剂，填写仪器使用记录。</td><td>(1)试样的吸光度应在工作曲线中部，否则应改变系列标准溶液浓度。
(2)经常检查管道气密性，防止气体泄漏，严格遵守有关操作规定。
(3)每测完一个溶液都要用去离子水吸喷调零后，再测下一个溶液。</td></tr>
<tr><td>结果计算</td><td colspan="2">在坐标纸上绘制 Zn 的 A-c 工作曲线，用样品吸光度减去空白溶液吸光度所得值，从工作曲线中找出相应浓度，然后按样品质量算出 Zn 的含量。</td></tr>
<tr><td>考核结果</td><td colspan="2">1.正确配制溶液　10 分
2.正确使用仪器　40 分
3.正确进行数据处理与分析　20 分
4.实训报告　20 分
5.实训过程中的卫生情况　10 分</td></tr>
</table>

实训项目10 GC测定丁醇异构体的含量（归一化法）

检验任务单

<table>
<tr><td>项目名称</td><td colspan="2">归一化法测定丁醇异构体的含量</td></tr>
<tr><td>目的</td><td colspan="2">1. 学会使用归一化法对样品进行定量测定；
2. 熟练使用热导池检测器(TCD)。</td></tr>
<tr><td>试剂器材</td><td colspan="2">1. 仪器
GC-4000A型气相色谱仪(或其他型号GC)、色谱柱(DNP柱)、氢气钢瓶、试剂瓶。
2. 试剂
异丁醇、仲丁醇、叔丁醇、伯丁醇(分析纯)。</td></tr>
<tr><td rowspan="2">操作步骤与要求</td><td>操作步骤</td><td>要求</td></tr>
<tr><td>1. 准备工作
(1)配制混合物试样　用一干燥且洁净的称量瓶称取0.5g叔丁醇、0.6g仲丁醇、0.5g异丁醇、0.5g伯丁醇(称准至0.001g)，混合均匀、备用。
(2)色谱仪的开机及参数设置　通入载气(H_2)，检查气密性完好后，调节载气流量为20～30mL/min。打开色谱仪电源，设置实验条件如下：柱温75℃，汽化室温度160℃，热导检测器温度80℃，桥电流150mA，纸速300mm/h，衰减比1∶1。打开色谱工作站软件。
2. 混合试样的分析
待仪器电路和气路系统达到平衡，基线平直后，用1μL清洗过的微量注射器，吸取混合试样0.6μL进样，分析测定，记录分析结果。
按上述方法再进样分析测定两次，记录分析结果。
3. 结束工作
实验完成后，清洗进样器，按正确的顺序关机，并清理仪器台面，填写仪器使用记录。</td><td>溶液的配制与标定操作的规范性。</td></tr>
<tr><td>结果计算</td><td colspan="2">1. 记录实验条件。
2. 根据色谱图上测量出的各组分的峰高、半峰宽，计算各组分的峰面积等。
3. 计算各组分的含量。</td></tr>
<tr><td>考核结果</td><td colspan="2">1. 正确配制溶液　10分
2. 正确使用仪器　40分
3. 正确进行数据处理与分析　20分
4. 实训报告　20分
5. 实训过程中的卫生情况　10分</td></tr>
</table>

实训项目 11 GC 测定八角茴香油中茴香脑的含量（内标法）

检验任务单

<table>
<tr><td>项目名称</td><td colspan="2">内标法测定八角茴香油中茴香脑的含量</td></tr>
<tr><td>目的</td><td colspan="2">1. 学会使用内标法对样品进行定量测定；
2. 熟练使用氢火焰离子化检测器(FID)；
3. 学会测定峰面积校正因子。</td></tr>
<tr><td>试剂器材</td><td colspan="2">1. 仪器
日本岛津 GC-14B 气相色谱仪，N2000 色谱工作站。
2. 试剂
茴香脑对照品[含量 99%(GC)]；萘(分析纯，含量 99%)；乙酸乙酯(分析纯)；八角茴香油对照药材；八角茴香油样品等。</td></tr>
<tr><td rowspan="2">操作步骤与要求</td><td>操作步骤</td><td>要求</td></tr>
<tr><td>1. 准备工作
(1)对照品溶液的制备 精密称取茴香对照品 2.06g 于 25mL 容量瓶中，以乙酸乙酯溶解并稀释至刻度，摇匀，作为茴香脑对照品溶液。
(2)内标溶液的制备 精密称取萘 1.26g 于 25mL 容量瓶中，以乙酸乙酯溶解并稀释至刻度，摇匀，作为内标溶液。
(3)供试品溶液的制备 取八角茴香油 0.18g，精密称定，置 10mL 容量瓶中，精密加入内标溶液 2mL，加乙酸乙酯稀释至刻度，摇匀，作为供试品溶液。
(4)色谱仪的开机及参数设置
①填充色谱柱：以聚乙二醇(PEG)-20M 和硅酮(OV-17)为固定液，涂布浓度分别为 10% 和 2%，涂布后的载体以 7∶3 的比例(质量比)装入同一柱内(PEG 在进样口端)，长度为 2m；程序升温：柱子初始温度 100℃，保持 5min；以 4℃/min 升至 140℃，保持 5min，以 10℃/min 升至 200℃，保持 5min。
②进样口温度：250℃。
③检测器：FID，温度 25℃。
④载气：N_2(60mL/min)。
⑤助燃气：空气(50mL/min)。
⑥燃气：H_2(60mL/min)。
⑦进样量：1μL。</td><td>根据八角茴香油气相色谱图、对照品＋内标气相色谱图、八角茴香油＋内标气相色谱图得到茴香脑和内标物萘的保留时间，计算其分离度，并判断是否完全分离。</td></tr>
</table>

续表

	操作步骤	要求
操作步骤与要求	2. 试样的分析 （1）线性关系的考察　待仪器电路和气路系统达到平衡，基线平直后，用 1μL 清洗过的微量注射器，分别精密吸取上述对照品溶液 0.5mL、1.0mL、2.0mL、3.0mL、4.0mL，分别置于 10mL 容量瓶中，各精密加入内标溶液 2mL，以乙酸乙酯稀释至刻度，摇匀，按上述色谱条件，各进样 1μL，进行测定。 （2）校正因子的测定　精密称取萘 1.25g，置 25mL 容量瓶中，加乙酸乙酯溶解并稀释至刻度，摇匀，作为内标溶液。精密称取茴香脑对照品 2.00g，置 25mL 容量瓶中，加乙酸乙酯溶解并稀释至刻度，摇匀，作为茴香脑对照品溶液。精密量取上述对照溶液和内标溶液各 2mL，置 10mL 容量瓶中，加乙酸乙酯稀释至刻度，摇匀，作为标准溶液（即 1μL 含茴香脑 16μg；含萘 10μg）。取 1μL 注入气相色谱仪，连续进样 6 次。 （3）精密度与重现性试验　取同一供试品溶液，连续重复进样 6 次；精密称取同一批样品 6 份，依法进样测定。 （4）样品测定　精密吸取供试品溶液 1μL，进样测定 2 次。 3. 结束工作 实验完成后，清洗进样器，按正确的顺序关机，并清理仪器台面，填写仪器使用记录。	
结果计算	1. 线性关系的考察 以茴香脑峰面积积分值和萘峰面积积分值的比值 y 对茴香脑进样量进行回归分析，得到回归方程，判断其线性关系范围。 2. 校正因子的测定 按平均峰面积计算校正因子，并计算其 RSD 值。 3. 精密度与重现性试验 以茴香脑峰面积积分值对萘峰面积积分值的比值计算相对标准偏差及 RSD，以茴香脑的质量分数（g/g）计算相对标准偏差和平均含量及 RSD。 4. 样品测定 以内标法计算样品中茴香脑的质量分数（g/g）。	
考核结果	1. 正确配制溶液　10 分 2. 正确使用仪器　40 分 3. 正确进行数据处理与分析　20 分 4. 实训报告　20 分 5. 实训过程中的卫生情况　10 分	

实训项目12 GC测定食品中山梨酸和苯甲酸的含量（外标法）

检验任务单

<table>
<tr><td>项目名称</td><td colspan="2">外标法测定食品中山梨酸和苯甲酸的含量</td></tr>
<tr><td>目的</td><td colspan="2">1.学会使用外标法对样品进行定量测定；
2.进一步熟练使用氢火焰离子化检测器(FID)。</td></tr>
<tr><td>试剂器材</td><td colspan="2">1.仪器
GC-4000A型气相色谱仪(或其他型号GC)、色谱工作站软件、色谱柱(DNP柱)、氢气钢瓶、试剂瓶。
2.试剂
乙醚；石油醚(沸程30～60℃)；盐酸(6mol/L)；无水硫酸钠；氯化钠；苯甲酸、山梨酸(分析纯)。</td></tr>
<tr><td rowspan="2">操作步骤与要求</td><td>操作步骤</td><td>要求</td></tr>
<tr><td>1.准备工作
(1)苯甲酸、山梨酸标准溶液的制备　准确称取苯甲酸、山梨酸各0.2000g，置于100mL容量瓶中，用石油醚-乙醚(3∶1)混合溶剂溶解后并稀释至刻度。此溶液每毫升相当于2.0mg苯甲酸或山梨酸。
(2)苯甲酸、山梨酸标准使用液的制备　吸取适量的苯甲酸、山梨酸标准溶液，以石油醚-乙醚(3∶1)混合溶剂稀释至每毫升相当于50μg、100μg、150μg、200μg、250μg山梨酸或苯甲酸。
(3)样品提取　称取2.5g混合均匀的样品，置于25mL带塞量筒中，加0.5mL 6mol/L盐酸酸化，用15mL、10mL乙醚提取两次，每次振摇1min，静置分层后将醚层移入另一个25mL带塞量筒中，合并乙醚提取液。用3mL 4%氯化钠酸性溶液洗涤两次，静止15min，用滴管将乙醚层通过无水硫酸钠移入25mL容量瓶中，用乙醚洗量筒及硫酸钠层，洗液并入容量瓶，加乙醚至刻度，混匀。准确吸取5mL乙醚提取液于5mL带塞刻度试管中，置40℃水浴上挥干，加入2mL石油醚-乙醚(3∶1)混合溶剂溶解残渣，备用。
(4)色谱仪的开机及参数设置
①色谱柱：玻璃柱，内径3mm，长2m，内装涂以5%(m/m)DEGS+1%(m/m)H_3PO_4固定液的60～80目Chromosorb W AW。
②气流速度：载气为N_2，50mL/min(N_2和空气、H_2之比按各仪器型号不同选择各自的最佳比例条件)。
③温度：进样口230℃；检测器230℃；柱温170℃。
2.试样的分析
进样2μL标准系列中各浓度标准使用液于气相色谱仪中，可测得不同浓度苯甲酸、山梨酸的峰高，以浓度为横坐标，相应的峰高值为纵坐标，绘制苯甲酸、山梨酸的标准曲线。同时进样2μL样品溶液。根据标准曲线，查出样品溶液中山梨酸和苯甲酸的含量。
测得峰高与标准曲线比较定量。</td><td>(1)乙醚提取液应用无水硫酸钠充分脱水，挥干乙醚后如仍残留水分，必须将水分挥干，进样溶液中含水会影响测定结果。
(2)本法适用于酱油、果汁、果酱等样品。</td></tr>
<tr><td>结果计算</td><td colspan="2">$$X=\frac{A\times 1000}{m\times\frac{5}{25}\times\frac{V_2}{V_1}\times 1000}$$
式中，X为样品中苯甲酸或山梨酸的含量，g/kg；A为测定用样品液中苯甲酸或山梨酸的质量，μg；V_1为溶解残渣时加入石油醚-乙醚(3∶1)混合溶剂的体积，mL；V_2为测定时进样的体积，μL；m为样品的质量，g；5为测定时吸取乙醚提取液的体积，mL；25为样品乙醚提取液的总体积，mL。</td></tr>
<tr><td>考核结果</td><td colspan="2">1.正确配制溶液　10分
2.正确使用仪器　40分
3.正确进行数据处理与分析　20分
4.实训报告　20分
5.实训过程中的卫生情况　10分</td></tr>
</table>

实训项目 13　反相色谱法测定有机化合物中甲苯的含量

检验任务单

<table>
<tr><td>项目名称</td><td colspan="2">反相色谱法测定有机化合物中甲苯的含量</td></tr>
<tr><td>目的</td><td colspan="2">1. 熟练掌握高效液相色谱仪的操作方法；
2. 理解反相色谱法原理。</td></tr>
<tr><td>试剂器材</td><td colspan="2">1. 试剂：苯酚（标准品），甲苯（标准品），甲醇（色谱纯）。
2. 样品：有机混合物。
3. 仪器：岛津 HPLC-10AT 高效液相色谱仪，旋转蒸发器，超声波清洗器，SPD-10Avp 紫外检测器，超声波清洗器，万分之一电子分析天平。</td></tr>
<tr><td rowspan="2">操作步骤与要求</td><td>操作步骤</td><td>要求</td></tr>
<tr><td>1. 确定实验条件
（1）流动相：甲醇∶水＝70∶30。
（2）流速：1.0mL/min。
（3）温度：25℃。
（4）检测波长：紫外检测器 254nm。
2. 溶液的配制
（1）内标物溶液的配制：准确称取一定量苯酚纯品，加甲醇溶解后制成 0.400mg/mL 的标准溶液。
（2）甲苯标准溶液的制备：准确量取一定量甲苯的标准品，加甲醇溶解后制成 0.500mg/mL 的标准溶液。
（3）样品溶液的制备：准确称取适量样品，加甲醇超声溶解，定容于 100mL 容量瓶中，过滤备用。
3. 相对校正因子的测定
取 1.00mL 甲苯标准溶液和 1.00mL 苯酚标准溶液混合，待仪器稳定后，注入 10μL 混合溶液，记录色谱图，平行测定 3 次。
4. 样品分析
取 1.00mL 内标标准溶液和 1.00mL 样品溶液混合，待仪器稳定后，注入 10μL 混合溶液，记录色谱图，平行测定 3 次。</td><td>（1）检查流动相是否充足、脱气。
（2）待仪器稳定后，进样器要充分洗涤再进样。
（3）实验完毕冲洗柱子，再关闭色谱仪。</td></tr>
<tr><td>结果计算</td><td colspan="2">1. 相对校正因子的计算
$$f=A_sW_i/A_iW_s$$
式中，$f=f_i/f_s$ 为内标物苯酚与被测组分甲苯校正因子的比值；W_i 为被测组分薄荷脑的含量；W_s 为内标物苯酚的含量；A_s 为内标物苯酚的峰面积；A_i 为甲苯的峰面积。
2. 样品中甲苯含量的计算
$$W_i'=fA_i'W_s'/A_s'$$
式中，W_i' 为被测组分甲苯的含量；W_s' 为内标物苯酚的含量；A_s' 为内标物苯酚的峰面积；A_i' 为甲苯的峰面积。</td></tr>
<tr><td>考核结果</td><td colspan="2">1. 正确配制标准品溶液　10 分
2. 正确进行样品前处理操作　10 分
3. 正确规范使用高效液相色谱仪　10 分
4. 正确进行工作站离线数据分析　20 分
5. 正确进行数据处理与分析　20 分
6. 实训报告　20 分
7. 实训过程中的卫生情况　10 分</td></tr>
</table>

实训项目14　高效液相色谱法测定乳制品中三聚氰胺的含量

检验任务单

<table>
<tr><td>项目名称</td><td colspan="2">高效液相色谱法测定乳制品中三聚氰胺的含量</td></tr>
<tr><td>目的</td><td colspan="2">1. 熟练掌握高效液相色谱仪的操作方法；
2. 理解高效液相色谱法的分析原理。</td></tr>
<tr><td>试剂器材</td><td colspan="2">1. 试剂：甲醇（色谱纯）、乙腈（色谱纯）、氨水（20%）、硫酸铅、冰醋酸、柠檬酸、辛烷磺酸钠（色谱纯）、三聚氰胺标准储备液（2.5mg/mL）、三氯乙酸溶液（1%）。
2. 样品：某品牌奶粉。
3. 仪器：岛津 HPLC-10AT 高效液相色谱仪，离心机（转速不低于 4000r/min）。</td></tr>
<tr><td rowspan="2">操作步骤与要求</td><td>操作步骤</td><td>要求</td></tr>
<tr><td>1. 样品提取
分别称取 3 份 5g（精确至 0.0001g）伊利学生奶粉于 50mL 具塞塑料离心管中，各加入 5mL 配制好的 2.5g/L 的三聚氰胺溶液，编号 1、2、3，往 1 号试管中加入 20mL 三氯乙酸溶液，往 2 号试管中加入 15mL 三氯乙酸和 5mL 乙腈溶液，往 3 号试管中加入 15mL 三氯乙酸和 5mL 硫酸铅-乙酸溶液，超声提取 10min，然后以 4000r/min 离心 10min。取上清液 10mL 于 25mL 容量瓶中用水定容，待测。
2. 高效液相色谱测定
（1）HPLC 条件
色谱柱：CNWSIL C18 液相色谱柱（4.6mm×250mm，5μm）。
流动相：A 液 0.9508g 辛烷磺酸钠（5mmol/L）+1.0640g 柠檬酸（pH=3～4）用高纯水品配制 1L 溶液；B 液甲醇；色谱条件 30%B+70%A。
流速：1.0mL/min。
柱温：40℃。
波长：240nm。
进样量：2μL。
（2）标准曲线的绘制　配制一系列三聚氰胺标准溶液，浓度分别为：0.01mg/mL、0.02mg/mL、0.05mg/mL、0.10mg/mL、0.25mg/mL、0.58mg/mL、1.00mg/mL，浓度由低到高进样检测，以峰面积-浓度作图，得到标准曲线回归方程。
（3）定量测定　待测样液中三聚氰胺的响应值应在标准曲线线性范围内，超过线性范围则应稀释后再进样分析。</td><td>（1）检查流动相是否充足、脱气。
（2）待仪器稳定后，进样器要充分洗涤再进样。
（3）实验完毕冲洗柱子，再关闭色谱仪。</td></tr>
<tr><td>结果计算</td><td colspan="2">试样中三聚氰胺的含量由色谱数据处理软件处理得出。</td></tr>
<tr><td>考核结果</td><td colspan="2">1. 正确配制标准品溶液　10 分
2. 正确进行样品前处理操作　10 分
3. 正确规范使用高效液相色谱仪　10 分
4. 正确进行工作站离线数据分析　20 分
5. 正确进行数据处理与分析　20 分
6. 实训报告　20 分
7. 实训过程中的卫生情况　10 分</td></tr>
</table>

实训项目15　依诺沙星片鉴别与含量测定

检验任务单

<table>
<tr><td>项目名称</td><td colspan="2">依诺沙星片鉴别与含量测定</td></tr>
<tr><td>目的</td><td colspan="2">1. 熟练掌握紫外-可见分光光度计、液相色谱仪的操作方法；
2. 理解液相色谱法的定量方法；
3. 掌握外标法。</td></tr>
<tr><td>试剂器材</td><td colspan="2">1. 试剂：依诺沙星对照品、0.1mol/L 氢氧化钠溶液、0.1mol/L 盐酸溶液、0.025mol/L 磷酸溶液。
2. 样品：依诺沙星片。
3. 器材：紫外-可见分光光度计、液相色谱仪等。
4. 色谱条件：C_{18} 柱，紫外检测器（波长为 269nm）、流动相为磷酸-甲醇-乙腈。</td></tr>
<tr><td rowspan="2">操作步骤与要求</td><td>操作步骤</td><td>要求</td></tr>
<tr><td>1. 依诺沙星鉴别
取本品细粉适量，加 0.1mol/L 氢氧化钠溶液制成 1mL 中含依诺沙星 4μg 的溶液，过滤，照紫外-可见分光光度法测定，在 266nm 与 346nm 的波长处有最大吸收。
2. 含量的测定
取本品 10 片，精密称定，研细，精密称取适量（约相当于依诺沙星 25mg），置 100mL 容量瓶中，加 0.1mol/L 盐酸溶液约 20mL 使之溶解，并用流动相稀释至刻度，摇匀，滤过，精密量取滤液 5mL，置 25mL 容量瓶中，用流动相稀释至刻度，摇匀。
精密量取 20μL 注入液相色谱仪，记录色谱图；另取依诺沙星对照品适量，同法测定，按外标法以峰面积计算供试品中依诺沙星的含量。</td><td>以 0.025mol/L 磷酸溶液（用三乙胺调节 pH 值至 3.0）-甲醇-乙腈（80∶10∶10）为流动相。</td></tr>
<tr><td>结果计算</td><td colspan="2">1. 根据依诺沙星的吸收曲线确定最大吸收波长。
2. 采用外标法计算依诺沙星的含量。</td></tr>
<tr><td>考核结果</td><td colspan="2">1. 正确配制溶液　10 分
2. 正确使用仪器　30 分
3. 正确绘制吸收曲线　20 分
4. 正确进行数据处理与分析　10 分
5. 实训报告　20 分
6. 实训过程中的卫生情况　10 分</td></tr>
</table>

实训项目 16 氯霉素滴眼液 pH 与含量测定

检验任务单

<table>
<tr><td>项目名称</td><td colspan="2">氯霉素滴眼液 pH 与含量测定</td></tr>
<tr><td>目的</td><td colspan="2">1. 熟练掌握紫外-可见分光光度计、酸度计的操作方法；
2. 理解紫外-可见分光光度法的定量方法；
3. 掌握两点校正法。</td></tr>
<tr><td>试剂器材</td><td colspan="2">1. 试剂：氯霉素标准储备液（20μg/mL）、pH 缓冲溶液。
2. 样品：氯霉素滴眼液。
3. 器材：紫外-可见分光光度计、酸度计等。</td></tr>
<tr><td rowspan="2">操作步骤与要求</td><td>操作步骤</td><td>要求</td></tr>
<tr><td>1. pH 测定
采用酸度计进行 pH 的测定。
2. 含量的测定
用吸液管分别移取 0.0mL、1.0mL、2.0mL、3.0mL、4.0mL、5.0mL 的氯霉素标准储备液于 6 只 50mL 容量瓶中，加蒸馏水稀释至刻度，得到氯霉素系列标准溶液。
取一定的标准溶液，以纯净水作参比液，在 200～400nm 波长范围内，每间隔 10nm 分别测定其吸光度。绘制吸收曲线，找出最大吸收波长。在最大吸收波长下，以纯净水作参比溶液，分别测定氯霉素标准溶液的吸光度，绘制标准曲线。
准确移取氯霉素滴眼液 0.2mL，稀释至 250 倍。在最大吸收波长下测定稀释后的滴眼液的吸光度。</td><td>酸度计的校正采用两点校正法。</td></tr>
<tr><td>结果计算</td><td colspan="2">1. 酸度计的 pH 测定平行测定 3 次，取平均值。
2. 根据标准氯霉素溶液的吸收曲线和标准曲线，计算氯霉素含量。</td></tr>
<tr><td>考核结果</td><td colspan="2">1. 正确配制溶液 10 分
2. 正确使用仪器 10 分
3. 正确绘制吸收曲线与标准曲线 30 分
4. 正确进行数据处理与分析 20 分
5. 实训报告 20 分
6. 实训过程中的卫生情况 10 分</td></tr>
</table>

参考文献

[1] 黄一石.仪器分析 [M].4版.北京：化学工业出版社，2020.

[2] 任晓棠.仪器分析技术 [M].武汉：华中科技大学出版社，2010.

[3] 曹国庆.仪器分析技术 [M].2版.北京：化学工业出版社，2018.

[4] 李晓燕.现代仪器分析 [M].北京：化学工业出版社，2011.

[5] 汪正范.色谱联用技术 [M].2版.北京：化学工业出版社，2007.

[6] 陈培榕.现代仪器分析实验与技术 [M].2版.北京：清华大学出版社，2006.

[7] 郭英凯.仪器分析 [M].2版.北京：化学工业出版社，2015.

[8] 刘立行.仪器分析 [M].北京：中国石化出版社，2008.

[9] 容蓉.仪器分析 [M].北京：中国医药科技出版社，2018.

[10] 孙义.分析仪器结构与维护 [M].北京：化学工业出版社，2019.

[11] 任玉红.仪器分析 [M].北京：人民卫生出版社，2018.

[12] 冯建波.仪器分析技术 [M].北京：化学工业出版社，2012.

[13] 方惠群.仪器分析 [M].北京：科学出版社，2016.

[14] 郭旭明.仪器分析 [M].北京：化学工业出版社，2014.

[15] 干宁.现代仪器分析.北京 [M]：化学工业出版社，2016.

[16] 胡润雄.实用仪器分析教程 [M].杭州：浙江大学出版社，2016.

[17] 黄沛力.仪器分析实验 [M].北京：人民卫生出版社，2015.

[18] 李志富.仪器分析实验 [M].武汉：华中科技大学出版社，2012.

[19] 国家药典委员会.中华人民共和国药典 [M].北京：中国医药科技出版社，2020.